国家重大出版工程项目

# Avian Disease Manual

# 禽病手册

## 第 7 版

Martine Boulianne　　等　　编著

匡　宇　孙洪磊　张　涛　　主译

赵继勋　　主审

中国农业大学出版社

·北京·

## 内 容 简 介

《禽病手册》是美国家禽学会最畅销的图书，它简明扼要但全面地介绍了影响禽类的常见疾病信息。随着商品禽类产品的快速发展，新病原的出现，微生物重新分类和命名，新版《禽病手册》更新和增加了这方面内容，继续保持了手册的高质量。它分章节对病毒、细菌、寄生虫等不同病原引起的疾病，营养代谢疾病，其他疾病以及鸭病，猎禽等动物疾病进行描述，并附有解剖和组织病理图片，鉴别诊断的表格及用药建议等。《禽病手册》已成为北美兽医和家禽科学学生的基础教学用书。

**图书在版编目(CIP)数据**

禽病手册:第7版/(加)马汀娜·博列尼(Martine Boulianne)等编著;匡宇,孙洪磊,张涛主译. —北京:中国农业大学出版社,2019.1

书名原文:Avian Disease Manual

ISBN 978-7-5655-2056-3

Ⅰ.①禽… Ⅱ.①马…②匡…③孙…④张… Ⅲ.①禽病-诊断-手册 Ⅳ.①S858.3-62

中国版本图书馆 CIP 数据核字(2018)第 169455 号

| | | |
|---|---|---|
| **书　名** | 禽病手册　（第 7 版） | |
| | Avian Disease Manual（seventh edition) | |
| **作　者** | Martine Boulianne 等 编著 | |
| | 匡　宇　孙洪磊　张　涛　主译 | |
| **策划编辑** | 梁爱荣　丛晓红 | **责任编辑**　梁爱荣 |
| **封面设计** | 郑　川 | |
| **出版发行** | 中国农业大学出版社 | |
| **社　址** | 北京市海淀区圆明园西路 2 号 | **邮政编码**　100193 |
| **电　话** | 发行部 010-62818525,8625 | 读者服务部 010-62732336 |
| | 编辑部 010-62732617,2618 | 出　版　部 010-62733440 |
| **网　址** | http://www.cau.edu.cn/caup | |
| **经　销** | 新华书店 | **E-mail** cbsszs @ cau.edu.cn |
| **印　刷** | 涿州市星河印刷有限公司 | |
| **版　次** | 2019 年 1 月第 1 版　　2019 年 1 月第 1 次印刷 | |
| **规　格** | 889×1 194　　16 开本　　20.25 印张　　585 千字 | |
| **定　价** | 228.00 元 | |

# Avian Disease Manual

# 禽病手册
## 第7版

M. Boulianne

M. L. Brash

B. R. Charlton

S. H. Fitz-Coy

R. M. Fulton

R. J. Julian

M.W. Jackwood          编著

D. Ojkic

L. J. Newman

J. E. Sander

H. L. Shivaprasad

E. Wallner-Pendleton

P. R. Woolcock

著作权合同登记图字：01-2018-3377

# 译者名单

**主译** 匡　宇　孙洪磊　张　涛

**参译** 常建宇　马云飞　寇秋雯　刘莉萍

　　　　廖翼飞　赵鑫静　王馨悦

**主审** 赵继勋

# 编著者

CONTRIBUTING AUTHORS

Martine Boulianne
Faculté de médecine vétérinaire
Université de Montréal
PO Box 5000
St Hyacinthe, QC Canada J2S 7C6

Marina L. Brash
Animal Health Laboratory
University of Guelph
PO Box 3612
Guelph, ON Canada N1H 6R8

Bruce R. Charlton
CAHFS Turlock Branch
University of California – Davis
3327 Chicharra Way
Coulterville, California 95311

Steve Fitz-Coy
Merck
PO Box 2074
Salisbury, MD 21802 United States

Richard M. Fulton
Diagnostic Center for Population
and Animal Health
Michigan State University
PO Box 30076
Lansing, Michigan, 48909

Mark W. Jackwood
Department of Population Health
College of Veterinary Medicine
The University of Gerogia
953 College Station road
Athen, Georgia 30602-4875

Richard J. Julian
Ontario Veterinary College
Dept of Pathobiology
Guelph, ON Canada N1G 2W1

Davor Ojkic
Animal Health Laboratory
University of Guelph
PO Box 3612
Guelph, ON Canada N1H 6R8

Linnea J. Newman
Merck Animal Health
17 Pine Street
North Creek, NY 12853

Jean E. Sander
Ohio State University-CVM
6828 Spruce Pine Drive
Columbus, OH 43235

H. L. Shivaprasad
CAHFS-Tulare Branch
999 E. Edgemont Drive
Fresno, CA 93720

Eva Wallner-Pendleton
Pennsylvania Animal Diagnostic Laboratory
System/PennState University
149 Centennial Hills Road
Port Matilda, PA 16870

Peter R. Woolcock
CAHFS - University of California – Davis
West Health Sciences Drive
Davis, California 95616

# 第 7 版前言

## PREFACE TO THE 7TH EDITION

《禽病手册》英文版目前已成为美国家禽学会最畅销的出版物。这本书的成功在于其包括家禽常见疾病简明而全面的信息,同时价格合理。本书成为北美兽医和家禽科学专业学生以及对禽病有浓厚兴趣者主要的学习资料,成为发展中国家最有价值的参考书。

商品家禽生产是快速发展的产业,随着新的病原不断出现,微生物重新分类、命名,不断有新发现,因此本手册需要不断再版。新版本对编者的挑战在于在更新信息并改进形式的同时要保持过去几版卓越的教学质量。此目标通过杰出团队的努力得以实现。目前,编委会由新成员和有经验的成员共同组成。成员们平时的专业工作都极其忙碌,但是都慷慨地接受并回应我的召唤,分享他们的知识和经验。我非常感谢他们及时勤奋地审阅并更新所著的章节。当然,我们也要感谢令人尊敬的同行 C. E. Whiteman 和 A. A. Bickford 自 1980 年开始写第一版《禽病手册》,为我们持续建设提供坚实基础。

《禽病手册》的章节是根据导致疾病的不同病原(例如病毒性的、细菌性的、真菌性的等)划分的。在每个章节中,疾病都是根据英文字母顺序排列的,增加的索引可以更好地帮助读者找到所需信息的位置。附录中包含一些表格,每个表格都列举了在身体各个系统中常见的疾病。我们的学生很喜欢这些表格,并对这些表格有助于读者快捷对比不同疾病给予了正面的评价。在以往的表格中,我们又添加了鸭子疾病和高地猎禽疾病两个表格,为的是覆盖更广泛的禽种。我们提供的家禽药物使用清单作为一般性的指导,在使用前,药物推荐量要与药物厂家的标签仔细核对。如今,我们的学生大多来自城市,他们从未见过活的鸡或是火鸡,更别说去过家禽农场了。为了弥补这个差距,也为让我们的家禽兽医更具有洞察力,我们在《禽病手册》加入了"如何调查一个发病禽群"这一新的章节。关于尸体剖检的章节做了较大修订,加入了尸检后的鉴别诊断程序的内容。

在主编 Dr. Bruce Charlton 的指导下,《禽病手册》第 6 版附了一张 CD,里面包含电子版照片。第 7 版将这些照片包含在书正文中以增加资料内容。不论怎样,一张图片比一千字的描述更加明了! 文字叙述中提到的参考图片可以在每个疾病内容之后查到。编委会对提供了超高质量和有重要组织学意义照片的所有作者表示诚挚的感谢。要给予 H. L. Shivaprasad 博士(加利福尼亚动物卫生与食品安全学院,加州大学戴维斯分校)和 H. J. Barnes 博士(北卡罗来纳州立大学)特别的感谢,由于他们给予极大的热情并提供令人赞叹的照片,同时还有许多同事主动检查他们的切片和照片,为读者提供高水平的图片。我们也采用美国家禽学会幻灯片集中的照片,向它们的作者致以谢意。我们鼓励读者进一步搜寻这些图库和禽病的书籍以获得更好的照片和信息。尽管每一次都试图正确地记录图片的作者和机构,但还是有遗漏,我们为因疏忽发生的错误道歉。

最后需要说明的是,我感谢美国家禽协会董事会持续支持和愿意批准编委会的建议,同时认识到美国家禽协会执行董事 Bob Bevans-Kerr 先生繁重的工作。他的耐心及在图像处理软件的能力和经验,使得整个编辑的过程成为愉快的经历。

Martine Boulianne

# 目 录

## CONTENTS

# 如何调查一个发病禽群

## 由 Martine Boulianne 编写

调查发病禽群的方法属于群体医学的一部分。不仅需要将这个群体作为关注点,而且必须严格检查其直接接触的环境。实际上,由于家禽经常饲养在禽舍内,它们的健康直接取决于禽舍条件。科赫法则:"一个传染源,一种疾病"可以变换为下列框图表示:

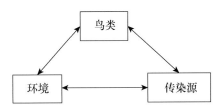

最佳的环境条件是为禽鸟提供高质量的饲料和饮水,使其舒适从而高效地转化为产品和生长率。

在接下来的章节中,将重点放在访问发病禽群时需要评估的各种参数上。

## 工具箱

除家禽兽医外,所有兽医都会告诉你其基本工具是温度计和听诊器。在调查发病群时,刀会更常用。但是无论进行何种诊疗实践,敏锐的观察力、与牧场主或饲养人员交流时收集有用信息的能力以及逻辑推理能力,这些与决定必要的行动步骤同样重要。

在家禽兽医的工具箱中,应该包括尸体剖检工具盒(例如:剖检刀、骨钳、切肠道的肠刀、外科手术刀、手术钳等),采样用器材(例如:针头和注射器、血液采集管、无菌塑料袋和棉签、标本盒、加或不加10%磷酸缓冲液的福尔马林),可用于观察肠道刮片中艾美耳球虫的显微镜,检测空气和水质量的各种工具,符合生物安全标准的合适的装备[干净的工作服或一次性工作服,一次性塑料靴,头部遮盖物(比如一次性百褶头罩),一次性手套和洗手液等]。

## 调查禽群

当禽群存在问题或牧场主要求兽医亲临现场,或者是例行健康检查时,都要进行禽群调查。与其他领域的临床兽医业务相比,家禽兽医没有急诊,也就是说很少会在下班之后接到紧急电话。然而,当死亡率明显增加或者出现疑似需要上报的疾病时,兽医应该尽快造访受影响的禽群。

给家禽兽医打电话最常见的原因有:死亡率增加,呼吸道临床症状,腹泻,跛行或者生产性能下降。基于家禽工业的结构体系,可先联系技术员,随后根据他或她的专业判断来告知兽医。

## 正常死亡率

当死亡率增加时,每日会有比预期死亡率多很多的禽鸟死亡。预期每日死亡量与禽群的年龄、种类、产品类型和饲养方式相关。例如,有一部分雏鸡、雏火鸡或雏鸭会因为不能在禽舍内找到食物和水,因储备营养的卵黄囊耗尽而死于饥饿或脱水。

在生长期,有些肉用禽鸟可能会死于心脏相关疾病(鸡和火鸡的猝死综合征,鸡的腹水和火鸡的双侧心肌病),或者进行性跛行,无法接近饲喂器或者饮水器会最终导致脱水或虚弱。从人道角度讲,这些动物应该屠宰以结束它们的痛苦。

种禽或蛋禽也有预期死亡率,通常是由于生殖相关的疾病造成(通常与肥胖症相关),也有跛行,在很多禽群中,啄癖是可见的另一个致死原因。

这些就是在禽群中所谓的预期死亡率,每日将死亡数记录在一个表格中,必须检查这些以确定问题的程度、发病和持续时间。

以下提供的死亡率可作为一般性指导,仅适用于高密度舍饲的肉禽和笼养蛋鸡(表1)。

表1 不同禽鸟的预料死亡率

| 禽鸟类型 | 育雏期 | 生长期 | 全群出栏死亡率 |
|---|---|---|---|
| 肉鸡 | ≤1%（0～2周龄） | 0.5只/（1 000只/天）（2～4周龄）<br><1只/（1 000只/天）（4周龄以上） | ≤2.5% |
| 肉用火鸡 | ≤2%（0～2周龄） | 0.5～1只/（1 000只/天）（2～10周龄）<br>1～2只/（1 000只/天）（10周龄以上） | 4%～6%（肉用火鸡）<br>6%～12%（雄火鸡） |
| 肉用种禽 | 1%～2%（0～2周龄） | 生长期≤0.25只/（1 000只/天）<br>生产期0.1%～0.25%/月（此时期死亡率总共约6%） | 10% |
| 蛋鸡 | 1%～2%（0～2周龄） | 生长期≤0.25只/（1 000只/天）<br>产蛋期<0.5%/月 | 2%～5% |
| 肉鸭 | <2% | 0.5～1只/（1 000只/天）（2～10周龄）<br>1～2只/（1 000只/天）（10周龄以上） | 7周龄屠宰时死亡率为3%～7% |
| 鹌鹑 | | ≤0.25只/（1 000只/天） | |
| 珍珠鸡 | | ≤0.25只/（1 000只/天） | |

## 正常禽鸟

检查禽群时，仔细观察禽鸟，重点是寻找不健康或者发病禽鸟。整体的身体检查和行为观察能够提供很好的指示。健康禽鸟行动时眼神机警，眼睛睁开并且有神。成熟火鸡和蛋鸡有亮红色的鸡冠。禽鸟干净，羽毛光滑，腿的鳞片光亮整洁。粪便成形，为棕色或灰色伴有白头（尿酸盐）。检查时可能会看到垃圾中有来源于盲肠的淡棕色泡沫状粪便，这在禽舍中是常见的。

在舍饲体系中，禽鸟应该能够站立、走动甚至跑动，仅有短时间的挠痒和卧地。火鸡和鸭不在垫料中挠痒，笼养的禽鸟也不能够挠痒，除非给它们提供沙盒。鸡会迅速躲开陌生的参观者，而火鸡却会尾随其后。年轻的肉鸡经常打架，即拍打翅膀跳到彼此身上。火鸡对配偶表现出好战的行为，同时会发出嘶嘶声，竖起羽毛在群体中慢慢走动，蓝色的头上有一伸长的肉垂。检查过程中应该还能看到种禽交配。当兽医的出现造成的应激降低时，就会有许多（但不是全部）禽鸟去饮水或者采食。

## 身体健康状况的评价

目前有多种生长曲线，因遗传、管理和饲料公司的不同而不同。要参考这些表格来证实禽鸟的体重和增长率是否在正常范围。也可以通过触诊胸肌来判断禽鸟的身体状况。一只手抓住鸟腿，将其头朝下，用另一只手的手掌触诊龙骨突，了解龙骨突侧面的胸肌发育情况，以及胸肌轮廓的凹凸。生长良好的禽鸟表现为胸部的轮廓呈凸面，圆形并且胸肌丰满，没有龙骨突的突起。而消瘦的禽鸟表现为胸部轮廓明显凹陷，龙骨突突出并且感觉不到胸肌。

## 临床症状

由于疾病和所侵袭系统的不同，临床症状不同且严重程度也各异。并非群体中所有禽鸟都会表现出临床症状。疾病早期可能仅有小部分个体发病，需要仔细观察并发现它们。

通常，发病禽鸟表现为无精打采，久坐，头下垂贴近身体、尾部，且可能有翅膀低垂。鸡冠和肉髯苍白，干瘪。眼神呆滞，有时闭眼。可能不吃不喝，因此减慢或停止生长，最终体重减轻。厌食的鸡通常排绿色粪便（由于胆汁着色），可能粘在泄殖孔周围的羽毛上。脱水的禽鸟可见腿部细且颜色暗，感觉它们更轻并且龙骨上的皮肤不能自由滑动。如果感冒或者发烧，羽毛会蓬松，并且禽鸟会蜷缩在角落或者与其他禽鸟待在一起取暖。如果病因得不到纠正，禽鸟会先高声鸣叫，然后精神沉郁。

如果是呼吸道疾病，在早期鸡会摇头并且用爪子挠头。随着病情发展，可能观察到流眼泪或流鼻涕，灰尘和泥土粘在湿润的羽毛和喙上会使它看起来很脏。肿胀的眶下窦会影响眼睛的形状，甚至可能挤压导致睁不开眼。呼吸音从轻微的摩擦音到较大的声音。禽鸟没有横膈膜,所以不会咳嗽。严重的呼吸困难会导致禽鸟伸长脖子,可见腹壁运动。如果想听到呼吸道疾病发病过程中病禽发出轻微摩擦音,可以轻吹口哨,鸡会被吸引住,停止咯咯叫并且会抬头。这个窍门不适用于火鸡,它们会用高声地咯咯叫回复你。

如果怀疑是肠炎,一些禽鸟泄殖孔周围的羽毛会很脏,根据感染源不同,甚至会有血液或者硫黄色的粪便。这些血液或者硫黄色的粪便在垫料中也能见到。

跛足的禽鸟会长时间卧姿,并且行走困难,翅膀展开。长期平卧的禽鸟能看到腕掌关节的腹面有外伤和胸骨的黏液囊炎。依据不同病因,关节可能会红肿。脚跖部表面可能会变脏、皮肤变硬、破裂和/或变红。

调查禽群性能下降时,体重减轻、更高的饲料转化、产蛋下降、孵化率降低等都需要仔细检查并且与预料结果比较以确定管理者发现的问题,并且回答以下基本问题:谁,发生了什么,何时发生的,在何地发生的,怎么发生的?

## 禽舍环境

正如前文所说,生存环境的质量会在很大程度上影响禽鸟的健康。禽舍内应该提供干净的饲料、饮水和新鲜的空气,防止捕食者,能够御寒遮阳、遮风挡雨和抵抗高热;同时为幼禽提供热源。视察过程中,你可以按 F－L－A－W－S 顺序检查这些最重要的因素。F 表示饲料,L 表示光/垫料,A 表示空气,W 表示水,S 表示环境卫生、安全、空间、工作人员。

饲料:对于肉用禽鸟,饲料和饮水通常任意采食,但对于种禽和蛋禽则要定量采食。饲喂器和饮水器应该放在适当的高度,以方便采食。采食量的变化可提示疾病的发生,但是也要考虑环境冷热、饲料本身(能量,纤维素,颗粒大小)和禽鸟各时期需求(例如产蛋期)。

光:由于光照能够刺激产蛋,所以光照计划和光照强度对蛋禽是非常重要的参数。对于许多肉用禽鸟,会在生长早期缩短日照时间来控制增长率。

垫料:垫料是粪便和垫层的混合物。后者应该是由有吸收性的材料做成的,而且要用量足够以保证舒适度。如果太干,呼吸道问题会增加;如果太湿,则会引发肠道和骨骼病症。如果你在手中紧握

一把垫料,松手后它能保持原来形状的话就说明太湿了。

空气:禽舍环境控制最重要的因素之一是空气质量,尤其是气流。大部分商业禽舍的通风系统是机械的,极其重要的是,如果电力短缺会因禽舍高温而迅速导致禽鸟死亡。良好的通风不仅能带来新鲜的空气,而且能带走有害气体($CO_2$ 和氨气等)、灰尘和湿气。空气质量差会导致呼吸道问题增加。更有甚者,如果通风不良,垫料会更加潮湿,为细菌和寄生虫营造理想的生存环境。也许最终禽鸟会因为球虫和跛行而死亡。禽舍温度由电子控制,而且有探针监控。在适宜的室温范围,生长率最高。由于雏禽不能保持身体恒温,必须提供热源。由于禽鸟没有汗腺,而是通过呼吸降温,温度高于 40℃ 就会非常不舒服,高于 46℃ 可能会致命。

水:饮水要保质保量。在一定的体重时,禽鸟的饮水量大致是采食量的两倍。饮水限制会减少采食量。在疾病的临床症状出现的前一到两天经常会表现出饮水量下降,饮水量也与环境温度密切相关。例如,在极度热应激时,水需求量可能轻易达到 4 倍。

环境卫生:在检查过程中应收集清洁度、消毒、害虫防治、停饲期、病史、日常用药情况和免疫程序等信息。生物安全措施要准备就绪,以降低疾病引入和传播的风险。

空间:禽鸟需要足够的空间进行运动、锻炼、采食和饮水。空间的需求依据饲养禽鸟的种系和所使用的生产体系的不同而不同。

工作人员:细心并熟练的管理人员和工作人员对于饲养并保证家禽健康是非常重要的。管理方面的任何变化都会给禽鸟带来负面影响。

关于禽舍标准,许多书和扩展服务的说明书都会提供合理的信息,要让禽鸟舒适必须重视这些原则。

## 尸体剖检

仔细观察禽鸟及其圈舍条件、评判死亡率表格和其他参数之后,你或许可以根据行为表现的数据列出所有可能的疾病。为了验证这些假设,可以在养殖场进行尸体剖检以验证病变是否存在。尸体剖检对于快速观察内部病变、建立诊断和确定行动步骤是必要的。理想情况是剖检有代表性症状的动物。准确的禽病诊断最重要的是识别整个群体

的主要问题而不是致力于个体的病变。对于大的家禽群体,应选出 5 只死禽和 5 只表现临床症状的个体进行剖检。据伦理学标准,对发病禽鸟要进行快速人道地安乐死。尸体剖检的具体步骤在本手册其他章节会有描述。为了进一步分析和确认你的试验性或是初步诊断,禽鸟或样品应该送检动物诊断实验室。

### 采样

有些样品可以从活禽采集(例如,血液样品和气管拭子等)或者在死后采取。血液样品通常用于血清学试验。如果某些疾病需要了解血清抗体变化,则两份血清最好间隔两周采集。对于成年禽鸟,由于抗体滴度能从卵黄中检测到,收集禽蛋也可以达到上述目的。

大多数禽鸟,如幼年和成熟的鸡,很容易从臂静脉采血;对于火鸡和鸭,从胫跗静脉采血也是很好的选择。由于禽鸟的皮肤很薄,拔掉一些羽毛,然后按压采血部位附近就很容易看到静脉。用 70% 的酒精湿润皮肤能帮助更好地确定静脉位置。

对于大多数禽鸟,长 0.5～1 in,21～22 号的针头(根据禽鸟大小而定)和 5 mL 注射器能够满足需求。不要用真空采血管采集禽鸟血液,其静脉很容易萎陷,要在注射器的活塞上施以平缓稳定的负压进行抽血。禽鸟血液很容易在采血过程中凝固。

对于大多数血清学分析,2 mL 血液样本已足够。血液样本要保存在无菌瓶子中,水平放置直到凝固。采集之后迅速将瓶子放在温水中可以加速凝固,而冷藏会阻碍凝固。采集之后血清可以转移到瓶子中,放于冰上然后运送到实验室。如果计划做凝集试验,不能冷冻血清,这样可能会导致假阳性结果。

一些生化或者其他分析需要非凝集的血液样品,请询问诊断实验室常用的抗凝剂(例如肝素和柠檬酸钠等)。样品应尽快置于冰上送往诊断实验室。

尸体剖检时,依据肉眼病变的需要可采集多个组织和器官的样品。如果需要细菌培养或者病毒样品,应使用灭菌外科手术刀片尽可能地无菌采样(例如采集关节/渗出液)。也可以将整块或者部分器官送往实验室。

用于病理学检查的组织要在死后立即用 10% 福尔马林(或其他固定剂)浸泡。样品应为小块以保证固定剂快速渗透,应保存在 10 倍于它们体积的固定剂中。要保证运输过程中容器密封,不泄漏液体。(另一种运输方法:将样品从罐中取出用福尔马林湿润的纸巾包裹,放入密封塑胶袋以保证组织湿润,由于运输人员较敏感,在运输途中不能破裂、泄漏或者溢出。同时,在袋上做好标记。)

当出现不明原因的拒食、死亡、产蛋下降、生长缓慢时,如果怀疑饲料原料、药物水平等有问题,要从饲养员那里收集饲料样品。

井水和水位线底部的水至少每年分析一次以确定水中微生物和生化性质。水的 pH 和氯含量可以采用特定的试纸条检测。

调查时,如果通风未达最优状态,氨气、二氧化碳、相对湿度可以很简单地通过仪器检测。用红外测温仪测量禽舍温度,确定舒适度范围。许多圈舍有电脑控制的通风系统,监控和记录最低、最高和平均禽舍温度以及相对湿度。

### 调查报告

调查报告应该包括养殖场或禽舍的名称,问题的描述(谁,发生了什么,何时发生的,在何地发生的,怎么发生的),临床观察,尸体剖检发现,结论和根据现有情况提出的建议。在等待实验室进一步检测结果前提出初步诊断结果。最终结果应尽快通过电话告知牧场主、管理人员或者技术人员。

# 病毒性疾病

## VIRAL DISEASES

由 Davor Ojkic，Marina L. Brash，Mark W. Jackwood 和 H. L. Shivaprasad 完成新增及修订部分

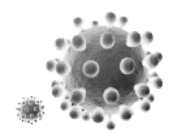

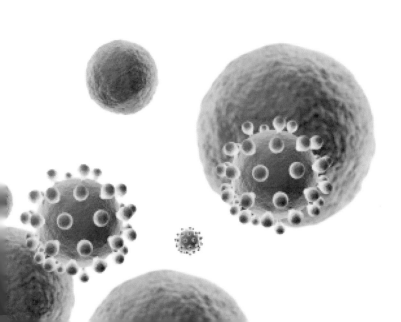

# 虫媒病毒感染
## （ARBOVIRUS INFECTIONS）

## 定义

虫媒病毒（Arbovirus）是节肢动物携带病毒（arthropod-borne virus）的缩写，病毒在节肢动物体内复制，然后通过吸血传播给其他宿主。

## 发病

在北美的家禽和牧场禽鸟中报道了四种虫媒病毒：东部马脑炎病毒（Eastern equine encephalitis virus，EEEV）、西部马脑炎病毒（Western equine encephalitis virus，WEEV）、高原 J 病毒（Highlands J virus，HJV）和西尼罗病毒（West Nile virus，WNV）。本章节将仅限于介绍北美地区的虫媒病毒感染。

## 历史资料

东部马脑炎病毒：1938 年首次发现于野鸡和鸽子体内。

西部马脑炎病毒：1957 年首次发现于火鸡体内。

高原 J 病毒：1960 年首次发现于佛罗里达州的冠蓝鸦。

西尼罗病毒：1999 年首次发现于美国东北部。

## 病原学

东部马脑炎病毒（EEEV）、西部马脑炎病毒（WEEV）和高原 J 病毒（HJV）属于披膜病毒科（Togaviridae）甲病毒属（Alphavirus）。病毒颗粒为球形，有囊膜，直径为 70 nm。是单股正链 RNA 病毒。

西尼罗病毒（WNV）属于黄病毒科（Flaviviridae），黄病毒属（Flavivirus）。病毒颗粒为球形，有囊膜，直径 40～60 nm。是单股正链 RNA 病毒。

## 流行病学

1. 病毒为季节性传播，由感染病毒的蚊虫叮咬易感禽鸟（感染马和人的是东部马脑炎病毒、西部马脑炎病毒和西尼罗病毒）时传播。鸟类是蚊虫病毒的重要来源，它们携带比大多数哺乳动物更高滴度的病毒。

2. 病毒血症、发病或者死亡的禽鸟被其他易感禽鸟啄食可能是感染群体中病毒传播的重要途径。而且，某些吸血昆虫（蠓虫、鹿虻和马蝇等）可能机械性地传播病毒。

3. 易感的野生鸟类和禽鸟会出现一过性感染，不表现临床症状。在它们的血清中可以检测到抗体。

## 临床症状

东部马脑炎病毒：神经系统疾病，有报道火鸡、野鸡（雉）、欧石鸡、鸭和鸡感染时死亡率会上升。东部马脑炎病毒感染会导致种火鸡产蛋下降。

西部马脑炎病毒：过去与火鸡的神经系统疾病有关。1999 年发生在加利福尼亚州的产蛋减少的火鸡体内分离到西部马脑炎病毒。

高原 J 病毒：高原 J 病毒与欧石鸡的神经系统疾病和种火鸡的产蛋下降相关。

西尼罗病毒：已有报道鹅和家鸭自然暴发西尼罗病毒感染。感染的鸭通常表现为虚弱、无法站立和死亡率上升（图 1b）。1 日龄雏鸡易感，实验接种后表现出神经系统疾病。火鸡对西尼罗病毒可耐受。

## 病理变化

东部马脑炎

1. 野鸡（雉）：无肉眼大体病变。神经的组织学病变包括血管内皮细胞肿大（图 1a）、血管炎、多灶性坏死、血管周围淋巴袖套、神经胶质细胞增多症、神经元变性和脑膜炎或者脑膜脑炎（图 2a 和图 3a）。也报道过脾脏纤维素性坏死、心肌坏死和肝坏死症状（图 4a）。

鹋鹑（山鹑）：尸体剖检时病变为多灶性心肌坏死和脾脏大理石样肿大。组织神经病变包括血管周围淋巴袖套、神经胶质细胞增多症、卫星现象以及非化脓性心肌炎。

2. 火鸡：火鸡雏鸡中，脑部病变包括血管周围淋巴袖套、神经元变性和内皮细胞肥大。实验感染火鸡雏鸡，尸体剖检病变包括脱水、嗉囊缺乏饲料、胸腺和法氏囊萎缩。有报道组织学可见多灶性心肌炎，肾脏和胰脏坏死，胸腺、脾脏和法氏囊淋巴组织缺损。种母鸡产蛋量下降，可见白壳、薄壳和无壳蛋。

3. 鸡：实验感染可见非化脓性心肌炎。多种脑组织病变，包括坏死和轻度血管周围淋巴袖套；多灶性肝坏死和胸腺、脾脏和法氏囊淋巴组织缺损。

### 西部马脑炎

无明显病变的报道。

### 高原 J 病毒

1. 欧石鸡（山鹑）：尸体剖检常见脾肿大，偶有多灶性心肌坏死的报道。组织学方面常报道病变包括多灶性心肌坏死伴有矿物化，纤维素性脾脏坏死伴有淋巴组织缺损以及较少见的脑部病变，包括轻度血管周围淋巴袖套、内皮细胞肥大和非化脓性脑膜炎。

2. 火鸡：实验感染的火鸡雏鸡症状与东部马脑炎相似，包括脱水、嗉囊缺乏饲料、胸腺和法氏囊萎缩。显微病变包括胸腺、脾脏和法氏囊淋巴组织缺损，偶见纤维素性脾脏坏死。也有多灶性心肌坏死、矿化，胰腺和肾脏坏死的报道。

### 西尼罗病毒

尸体剖检可见心脏扩张，无力并心肌有轻度苍白的条纹（图 2b）。组织学上可见多灶性非化脓性心肌炎（图 3b），脾脏坏死伴有淋巴组织缺损，胰腺坏死和偶发轻微多灶性肝脏坏死。脑损伤包括非纤维素性脑膜脑炎、血管周围淋巴袖套、局灶性神经胶质细胞增多症、神经元退化和卫星现象。小脑病变为灰质多灶性软化伴有浦氏细胞坏死和浦氏细胞层水肿。

## 诊断

1. 东部马脑炎病毒、西部马脑炎病毒和西尼罗病毒的常规检查不推荐分离病毒，这些活病原的操作需要三级生物防护设施。

2. ELISA 可用于检查东部马脑炎病毒、西部马脑炎病毒和西尼罗病毒的抗原。现在有敏感性和特异性更好的实时荧光定量 RT-PCR 可应用。

3. 东部马脑炎病毒（图 5a）和西尼罗病毒（图 4b 和图 5b）的免疫组化检测在多种组织中发现病毒抗原阳性着染，例如心肌、肠道和脑。在许多地区报道过东部马脑炎病毒、西部马脑炎病毒和西尼罗病毒的感染。

## 防控

1. 将禽鸟饲养于蚊虫无法生长的地方，或者用防护、喷雾器或其他防蚊方法。

2. 避免过度拥挤，保持禽或畜栏处于适宜的温度。

3. 保持圈舍黑暗，只用红色灯泡。

## 治疗

无治疗方法。

## 人畜共患

东部马脑炎病毒、西部马脑炎病毒和西尼罗病毒是人畜共患病原。

# 东部马脑炎

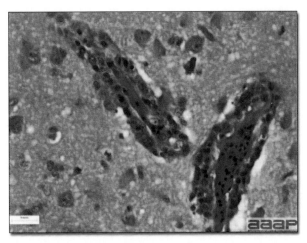

**图 1a**
野鸡脑组织内狭窄的血管周围淋巴袖套围绕着内肿大的血管内皮细胞。

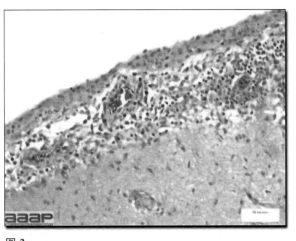

**图 2a**
野鸡受到东方马脑炎病毒感染引起的脑膜脑炎，可见脑膜内有低到中等数量的浆细胞，淋巴细胞和异嗜性细胞。

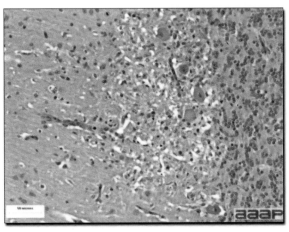

**图 3a**
死于东方马脑炎病毒感染野鸡的多灶性神经胶质细胞增多症，浦肯野细胞轻度消失，神经元坏死。

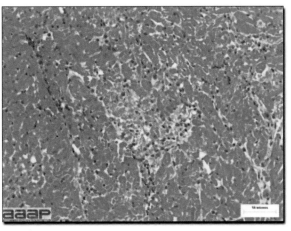

**图 4a**
感染东方马脑炎病毒的环颈野鸡（雉）的心肌坏死。

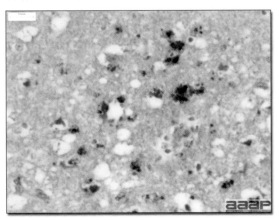

**图 5a**
东方马脑炎病毒抗原阳性的神经元和胶质细胞的免疫组织化学检测结果。

# 西尼罗病毒

**图 1b**
西尼罗病毒感染的鸭全身无力,无法站立。

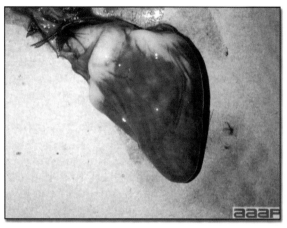

**图 2b**
心脏扩张,无力并有轻度苍白的条纹。

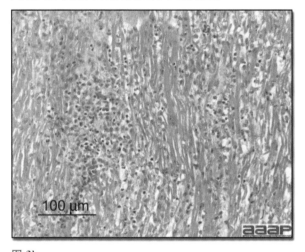

**图 3b**
心肌炎:组织学检查显示心肌细胞退行性变,纤维化和炎性细胞浸润,以单核细胞为主(HE,100 μm)

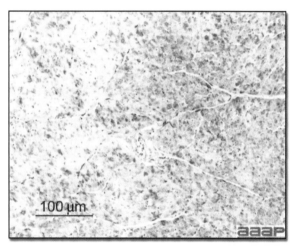

**图 4b**
感染的鸭心肌中西尼罗病毒抗原的大量着染(IHC,100 μm)

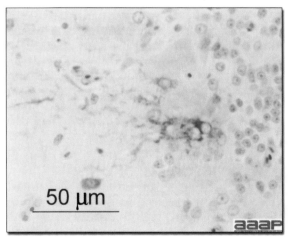

**图 5b**
感染鸭脑中的西尼罗病毒抗原阳性着色(IHC,50 μm)

9

# 禽腺病毒感染

## 〈AVIAN ADENOVIRUS INFECTIONS〉

## 定义

家禽感染腺病毒（Adenovirus）较为常见，有一些可以通过临床和病变特征确诊。然而，许多腺病毒感染为亚临床或者无特征的临床综合征。

## 发病

血清学调查表明许多家禽感染过一种或多种血清型的腺病毒。在许多综合征中腺病毒扮演原发或继发感染的角色，包括鸡的包涵体肝炎、心包积液综合征；火鸡的出血性肠炎；蛋鸡的产蛋减少综合征（减蛋综合征-1976）；鹌鹑的支气管炎、关节炎、脑炎和肠炎综合征，包括肌胃糜烂，胰腺炎和腺胃炎。然而，在健康的禽鸟中也经常有这些病毒存在，意味着它们在疾病中扮演的角色需要严格检查。

## 历史资料

1951年的鹌鹑支气管炎是第一个确认的禽鸟腺病毒感染。

## 病原学

1. 腺病毒是DNA病毒，在感染细胞的细胞核内复制并产生包涵体。病毒无囊膜，大小为70~90 nm。

2. 腺病毒的分类不明确。腺病毒科有5个属，其中感染禽鸟的有3个属：

    A. 禽腺病毒属（以前称为Ⅰ亚群禽腺病毒）（Aviadenovirus）；

    B. 唾液腺病毒属（以前称为Ⅱ亚群禽腺病毒）（Siadenovirus）；

    C. 胸腺病毒属（以前称为Ⅲ亚群禽腺病毒）（Atadenovirus）。

3. 禽腺病毒（Fowl adenoviruses，FAdV），鹅腺病毒，隼腺病毒1型，鸭腺病毒2型，鸽腺病毒1型和火鸡腺病毒1型和2型属于禽腺病毒属。火鸡腺病毒3型（出血性肠炎病毒）和猛禽腺病毒1型属于唾液腺病毒属。鸭腺病毒1型（减蛋综合征病毒）属于胸腺病毒属。

## 流行病学

腺病毒既可以垂直传播也可以水平传播。

## 临床症状

已经确定与腺病毒病源相关的疾病有包涵体肝炎、出血性肠炎、减蛋综合征-1976和鹌鹑支气管炎，这些疾病将在下面的部分详细介绍。其他报道的与腺病毒感染相关的疾病需要详细检查以明确病原在其中的作用。

## 病理变化

损伤与涉及的病毒、综合征有关，将在下面的部分详细介绍。

## 诊断

常规检查通常要结合病原分离和死后组织病理学检查，有时需要电镜检查和PCR检测。

## 防控

一些国家有获得批准的疫苗和自源疫苗可使用。

## 治疗

无。

## 人畜共患

没有人感染禽腺病毒的报道。然而，一个有争议的报道表明，血清学调查发现禽腺病毒可能与人类肥胖有关。

# Ⅰ．包涵体肝炎
（INCLUSION BODY HEPATITIS，IBH）

## 定义

包涵体肝炎（Inclusion body hepatitis，IBH）是发生于雏鸡的一种疾病，特征为突然发病、死亡率增加，伴有核内包涵体肝炎。

## 发病

禽腺病毒造成的肝炎在世界范围分布，在北美、欧洲、澳大利亚和新西兰命名为包涵体肝炎，在南美和亚洲命名为肝炎-心包积液综合征（hepatitis/hydropericardium syndrome，HHS）。

与腺病毒感染相关的肝炎在火鸡、鹌鹑、鸽子、隼和鹦鹉都有报道。许多其他动物，例如蛇、犬、猩猩和人都有与肝炎相关的腺病毒。

## 历史资料

1. 1963 年报道了鸡的包涵体肝炎，但是病原没有确定。那次暴发的疾病可能就是我们现在所说的包涵体肝炎。20 世纪 70 年代早期，在加拿大和美国的许多禽群中发生过一种类似的疾病。从印第安纳州的一次暴发分离到了腺病毒，随后在其他许多地方的禽群中分离出腺病毒。

2. 历史上，包涵体肝炎发生于早期感染了传染性法氏囊和鸡传染性贫血病毒的有免疫缺陷的禽群。然而，现在认为包涵体肝炎是原发病，并且无须以免疫缺陷为前提。

## 病原学

1. 大多数常见的包涵体肝炎与禽腺病毒 8 型和禽腺病毒 11 型（FAdV11）有关，但是散发病例与禽腺病毒 2 型（FAdV2）有关。

2. 肝炎-心包积液综合征与禽腺病毒 4 型（FAdV4）有关。

3. 包涵体肝炎暴发有时与免疫缺陷有关或者因得病的禽群免疫缺陷而导致病情恶化。

## 流行病学

1. 包涵体肝炎既可以垂直传播也可以水平传播。

2. 经卵传播的腺病毒在感染鸡或幼禽的体内可能依然保持潜伏状态直到母源抗体减少。雏鸡（1～2 周）暴发疾病通常与垂直传播有关，而成年禽鸟暴发此疾病通常是由于水平传播造成。当多个来源的肉鸡混合在一起时很难判断感染源。

3. 病毒通过消化道（有些经过结膜和鼻腔通道）进入宿主，在鼻咽部和肠道复制。感染后有一病毒血症期，病毒迅速分布至次级感染部位复制。抗体产生后，病毒活跃度降低，但是在有些器官中病毒持续存在，进入潜伏期。

4. 当处于免疫抑制或者应激状态时，病毒可能重新活跃。

5. 感染某一血清亚型的宿主不能对其他血清亚型的病毒产生免疫力。所以，禽鸟可能再次感染抗原性不相关的腺病毒。

6. 腺病毒相对能耐受物理和化学因素，在污染环境中可以保持感染性。

## 临床症状

1. 死亡率的突然增加通常暗示疾病发生。死亡率增加 3～5 天，平稳 3～5 天，再过 3～5 天下降至正常水平。总的死亡率可达 30%，但通常比这低。

2. 没有特征性的症状。鸡冠、肉垂和面部皮肤苍白。感染禽鸟消沉、无精打采。有些疾病暴发时，这些临床症状被其他疾病的症状掩盖。

## 病理变化

1. 皮肤苍白或者泛黄（图 1）。腿部骨骼肌可见出血形成的瘀点和瘀斑。

2. 肝脏肿大，颜色由黄色至褐色，在被膜下和实质中有大理石样松软的区域，伴有出血形成的瘀点和瘀斑（图 2）。

3. 肾脏肿大，苍白或者大理石样变（图 3）。

4. 法氏囊缩小。

5. 肝细胞广泛性变性坏死（图 4）伴有典型的肝细胞核内大的嗜碱性的腺病毒包涵体（图 5）。肾脏病变包括基膜增生性肾小球炎和皮质肾小管变性与坏死并管腔内有炎性细胞。法氏囊的滤泡减小和轻微的滤泡淋巴细胞损耗。

## 诊断

1. 幼禽和生长期的禽群死亡率突然增加预示有包涵体肝炎。典型的肉眼病变以及同一父母代群或同一饲养场之前的发病史有助于诊断。

2. 组织病理学：肝脏典型的显微病变包括特征性的细胞核内包涵体对包涵体肝炎的确诊是必要的。

3. 病毒分离：从病鸡的肝脏中分离出禽腺病毒。

4. PCR：检测病鸡的肝脏中禽腺病毒 DNA。

5. 血清学：通过微量中和试验可以检测包涵体肝炎相关血清型（禽腺病毒 2 型，禽腺病毒 8 型，禽腺病毒 11 型）的血清抗体变化。通过琼脂免疫扩散试验或者 ELISA 可以检测抗原，但是这些试验的价值有限，因为腺病毒感染很广泛，而且它们致病性和致病性血清型/毒株之间差异不大。

6. 基因分型：分析编码腺病毒六邻体（hexon）蛋白的核酸序列，六邻体蛋白是病毒表面最丰富的蛋白，包括主要的抗原决定簇，已被用于禽腺病毒的基因分型。

## 防控

澳大利亚有获得批准的控制禽腺病毒 8 型的活疫苗。灭活的自源疫苗也发挥了不同程度的作用。在北美，自源疫苗通常是包含禽腺病毒 8 型和禽腺病毒 11 型的二联苗。

## 治疗

无。

## 人畜共患

无。

## Ⅱ. 火鸡出血性肠炎
### （HEMORRHAGIC ENTERITIS OF TURKEYS, HE）

## 定义

出血性肠炎（Hemorrhagic enteritis, HE）是发生于火鸡雏鸡的一种病毒病，特征为突然发病、消沉、出血和高死亡率。相对于急性出血性肠炎，肿大的大理石样脾脏更常见于亚临床的出血性肠炎。

## 发病

出血性肠炎呈世界范围分布，常发于 6～12 周龄的火鸡，但是也报道过发生于两周龄的幼禽。由于母源抗体存在，4 周龄以下的火鸡很少发病。

## 历史资料

火鸡出血性肠炎首次报道于 1937 年，但当时病因不明。在接下来的 30 年内很少有疾病发生的报道。在 1972 年，证明此疾病是病毒感染造成的。从 1970 年开始有许多关于此病的研究和报道，出血性肠炎是火鸡的一种常见且重要的疾病。

## 病原学

出血性肠炎是由火鸡腺病毒，出血性肠炎病毒（hemorrhagic enteritis virus）造成的。

## 流行病学

1. 此病毒在环境中抵抗力强，随粪便排出，其传播途径是粪-口传播。在同一养殖场前后批次的禽群中反复感染。

2. 不经卵传播。

3. 火鸡感染出血性肠炎病毒会导致短暂的免疫抑制，通常继发大肠杆菌病。

## 临床症状

1. 感染出血性肠炎病毒后禽群首先表现为突然死亡，可能同时发生采食和饮水量下降。粪便中有鲜血或者黑色血液，尤其在饮水器附近可见。

2. 少数禽鸟表现消沉、排血便。死亡或者濒死的禽鸟泄殖孔处可缓慢流出血液或者附着在泄殖孔附近的羽毛上。如果挤压腹部可将血液挤出泄殖孔。大部分排便血的禽鸟会死亡。

3. 此病在禽群中的病程通常为 10～14 天。大多数死亡发生在 10 天的周期内。死亡率为 5%～10%，但也有的超过 60%。

4. 通常暴发大肠杆菌败血症后 12～14 天出现临床或亚临床感染的出血性肠炎病毒。大肠杆菌败血症可能是早期亚临床感染出血性肠炎的唯一暗示。

## 病理变化

1. 因为肠道血液流失，死亡的幼禽通常表现苍白。泄殖孔附近的皮肤和羽毛沾有血液或者含血的粪便。

2. 肠道，尤其是十二指肠，肿胀，暗紫色而且充满出血物（图 1）。肠黏膜，尤其是十二指肠肠黏膜充血，还可能覆盖有一层黄色的纤维素性坏死渗出物。

3.发病早期脾脏肿大,呈大理石样变(图2),随着病情发展,脾脏缩小,苍白。实验感染的禽鸟只在疾病发生前4天脾脏肿大。肺部可能充血。

4.微观病变:疾病发生早期脾脏网状内皮细胞含有许多大的核内腺病毒包涵体,而且包涵体周围的核染色质浓缩为戒指的形状(图3)。疾病发展后期,白髓广泛坏死退化。胸腺和法氏囊淋巴减少。肠道病变在十二指肠最明显,黏膜明显充血、退化,绒毛顶端上皮细胞脱落并从绒毛顶端至管腔内的出血,伴有固有层单核细胞、肥大细胞和异嗜性细胞的增加。很少在绒毛上皮细胞中见核内腺病毒包涵体。另外,在肝脏、骨髓、循环的白细胞、肺部、胰腺、脑和肾中可以见到核内腺病毒包涵体。

## 诊断

1.典型的病史和肉眼可见病变对诊断意义重大。在脾脏和肠道的网状内皮细胞中发现核内包涵体便可确诊,除非火鸡接受过出血性肠炎疫苗免疫。

2.通过静脉、口腔或者泄殖孔内给予易感家禽切碎的脾脏组织或者其上清液,在6周龄或者更大的禽鸟中可能再次产生疾病。通过口服和泄殖孔感染时,典型的肠道内容物也会再次引起发病。

3.如果有一已知的阳性抗血清和已知的感染的脾组织,可以利用琼脂扩散试验证明感染的火鸡脾脏内有抗原或者恢复禽鸟的血清中有抗体。

4.出血性肠炎必须区别于急性细菌败血症,包括大肠杆菌败血症、沙门氏菌病、禽霍乱和丹毒。胃肠道出血、黏膜充血可能与急性败血症、病毒血症、菌血症的疾病。同时也应该考虑肠道球虫病。出血性肠炎病毒感染生长期火鸡会导致免疫抑制而继发大肠杆菌败血症。

## 防控

1.无致病性的火鸡出血性肠炎和(野鸡)大理石脾脏相关的病毒作为疫苗。

2.疫苗可以通过天然脾脏匀浆或者细胞培养获得。

## 治疗

无治疗方法。良好的护理和管理可以降低死亡率和经济损失。应避免饲料和管理发生大的

变化。

## 人畜共患

无。

# Ⅲ. 减蛋综合征
## (EGG DROP SYNDROME, EDS)

## 定义

减蛋综合征(Egg drop syndrome,EDS)是血凝腺病毒(Hemagglutinating adenovirus)感染导致的一种蛋鸡的传染病。特征是蛋壳颜色变浅和产蛋下降,或者看似健康的禽鸟产薄壳或者无壳蛋。

## 发病

北美没有发现减蛋综合征,但是在欧洲、非洲和澳洲有此病。减蛋综合征的病原在其自然宿主水禽中分布广泛。

## 历史资料

1976年,此综合征首次在荷兰蛋鸡中报道为一种特殊的疾病,因此首先命名为减蛋综合征-1976。减蛋综合征病毒最早通过污染的疫苗感染鸡。

## 病原学

减蛋综合征由鸭腺病毒-1(DAdV-1)或者减蛋综合征病毒引起。

## 流行病学

此病毒既可以垂直传播又可以水平传播。野生禽鸟是潜在的传染源,但是这样的传播模式较少发生。病毒首先在壳腺囊复制。在感染的胚胎和幼禽中,病毒处于潜伏状态直到它们开始下蛋为止。

## 临床症状

产蛋下降,鸡蛋颜色变浅,早期症状为产无壳和薄壳蛋。当病毒存在于禽群后,蛋壳相关问题会少见,但是产蛋量不能达到预期峰值。感染水禽通常无明显症状。然而,在匈牙利的小鹅和加拿大的小鸭中报道过急性呼吸道疾病的暴发。

## 病理变化

自然感染除了非活动性卵巢和输卵管萎缩,未

见其他肉眼可见的病变。在实验感染的蛋鸡中可见子宫黏膜皱褶水肿和壳腺腔中有渗出物。实验感染中,组织学可见输卵管改变有上皮层水肿,感染后期单核细胞和异嗜性细胞混合浸润转变为单核细胞为主,管状腺萎缩和子宫部上皮细胞变性或脱落。在峡部、子宫部和阴道部的上皮细胞中可能可见核内腺病毒包涵体。

许多自然暴发疾病的病理描述没有包括急性输卵管炎症或者坏死,或者只能短暂地发现病毒包涵体等症状。

## 诊断

产蛋量减少、蛋壳颜色变浅和蛋壳变薄而缺乏其他临床症状时应该考虑减蛋综合征。分离和鉴定病毒的最好方法是使用不含减蛋综合征-1976病毒的鸭或鹅胚,或者鸭和鹅的细胞培养物。

收获的尿囊液或者细胞培养悬液可以用于检测病毒的红细胞凝集活性,红细胞凝集活性可以用减蛋综合征特异的抗血清阻断或通过 PCR 检测出的病毒 DNA。

发现产蛋变化后立即对可疑禽群开展红细胞凝集阻断试验有助于诊断,因为感染的禽群在生长过程中不能检测到抗体。

## 防控

有灭活疫苗可成功控制临床减蛋综合征。根除程序可以用于根除疾病。

## 治疗

无。

## 人畜共患

无。

## Ⅳ. 鹌鹑支气管炎
（QUAIL BRONCHITIS）

## 定义

鹌鹑支气管炎（Quail bronchitis,QB）是鹌鹑的一种急性、传染性和高致死性的呼吸道疾病,特征是卡他性气管炎和肺泡炎。

## 发病

鹌鹑支气管炎散发于美国圈养的鹌鹑。也有证据表明鹌鹑支气管炎也发于野生鹌鹑。

## 历史资料

造成鹌鹑呼吸道疾病（支气管炎）的病毒首次报道于 1951 年。

## 病原学

造成鹌鹑支气管炎的是禽腺病毒 - 1（fowl adenovirus-1）。

## 流行病学

1. 感染性腺病毒的来源是感染的种禽、携带病毒的禽鸟、污染的粪便或者污染物。

2. 一旦病毒进入禽群,通过粪-口途径迅速传播。易感禽鸟的死亡率可达 100%。

3. 疾病常发于相继饲养于污染禽舍的鹌鹑,主要由于致病性腺病毒对环境的抵抗力和持续的存在。

## 临床症状

1. 鹌鹑支气管炎会突然出现严重的呼吸道症状,包括气管音、咳嗽和打喷嚏。也可见流泪、关节炎和神经紊乱,但这些症状不会持续出现。

2. 幼年鹌鹑的疾病（4 周龄以下）更严重。8 周龄以上的禽鸟感染轻微或者为亚临床感染。

3. 鹌鹑支气管炎病毒的繁殖周期为 2~7 天,这就可以解释疾病在易感群体中扩散迅速的原因。发病率和死亡率在幼禽中为 10%~100%,感染禽鸟的病程为 1~3 周。

## 病理变化

1. 气管和支气管的主要病变是黏膜增厚增粗（图1）,伴有过量黏液。气囊轻微增厚,浑浊。偶见眼睛和鼻腔有分泌物。肺部充血。肝脏可见多处分布有小的白色病灶。大理石样脾脏,轻微肿胀。

2. 显微镜下可见气管和支气管的病变包括上皮细胞脱落、坏死,脱落的上皮细胞含有大的嗜碱性核内腺病毒包涵体。固有层有轻微到中度的淋巴细胞或者浆细胞浸润。管腔内的渗出物由脱落的上皮细胞组成,通常含有核内腺病毒包涵体、红细胞和炎性细胞与坏死细胞碎片的混合物。肺部病变包括广泛分布的局灶性肺炎。肝脏有多灶性的病变伴有单核细胞和少量异嗜性细胞。在坏死和炎症边缘的肝细胞常有大的碱性核内腺病毒包涵体。

3. 可见多灶性或局部广泛的脾脏淋巴坏死并伴有纤维蛋白渗出、轻微的白细胞浸润和少量腺病毒包涵体。严重的法氏囊病变是多种多样的，从单个淋巴细胞坏死造成的淋巴减少和滤泡萎缩到严重的滤泡淋巴细胞溶解。黏膜上皮细胞常见核内腺病毒包涵体。

### 诊断

1. 幼年鹌鹑出现急性呼吸道疾病并伴有高致死性，则高度怀疑为鹌鹑支气管炎，严重的气管和支气管炎、呼吸道上皮细胞有典型的核内腺病毒包涵体可以从组织学确定为鹌鹑支气管炎。

2. 分离出有感染性的腺病毒可以确诊为鹌鹑支气管炎。病毒从 9～11 日龄的 SPF 鸡蛋或者细胞培养物中分离。

3. 血清学试验意义有限，除非有急性期和恢复期的样本以确定血清抗体变化情况。

### 防控

没有获得批准的疫苗。

### 治疗

无治疗方案，但是升高圈舍温度、清理垫料和扩大空间在疾病暴发时也许可以起到支持疗法的作用。

### 人畜共患

无。

# 包涵体肝炎

**图 1**
包涵体肝炎病死鸡的黄疸。

**图 2**
鸡的包涵体肝炎：肝脏肿胀，变大，黄褐色，有斑点以及被膜下和实质的点状出血。

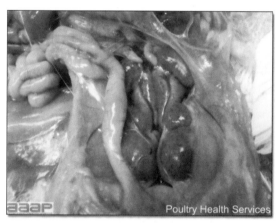

**图 3**
鸡的包涵体肝炎的肾脏明显肿胀，苍白并有斑点。

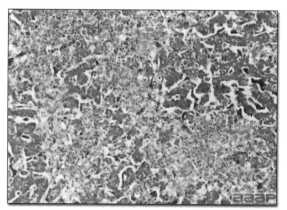

**图 4**
显微镜下可见多灶性到局部广泛肝细胞变性坏死。

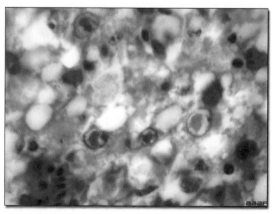

**图 5**
显微镜下，特征性的肝细胞内大的嗜碱性细胞核内腺病毒包涵体。

# 火鸡出血性肠炎

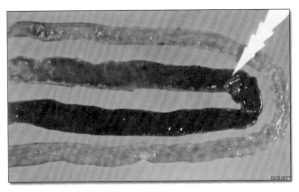

**图 1**
感染了火鸡出血性肠炎病毒的肠道,特别是十二指肠袢,肿胀,深紫色,充满出血性内容物。

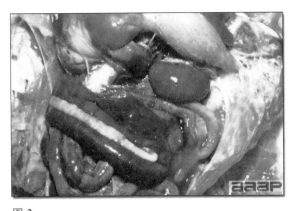

**图 2**
感染了火鸡出血性肠炎病毒的火鸡;脾脏通常肿大并有斑点,肠道充满出血性内容物。

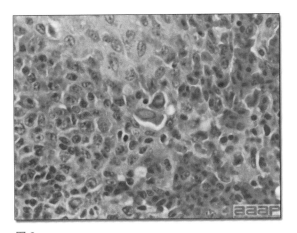

**图 3**
脾脏网状内皮细胞含有大的核内腺病毒包涵体。

# 鹌鹑支气管炎

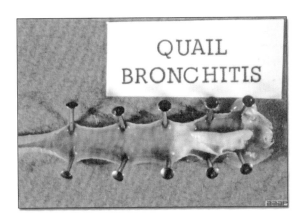

**图 1**
感染鹌鹑支气管炎的鹌鹑的气管的过量黏液和坏疽性分泌物。

(廖翼飞,译;匡宇,赵继勋,校)

17

# 禽脑脊髓炎

## （AVIAN ENCEPHALOMYELITIS）

［AE；流行性震颤（Epidemic Tremor）］

## 定义

禽脑脊髓炎（Avian encephalomyelitis，AE）是一种引起雏鸡、火鸡、野鸡（雉）和鹌鹑感染的病毒性疾病。幼禽感染以共济失调、进行性麻痹为特征，通常还伴有头颈震颤等症状，成年禽鸟感染后通常没有明显症状。

## 发病

临床发病的通常是鸡，1～3周龄雏鸡最易发病。火鸡幼雏、野鸡（雉）和鹌鹑也能发生自然感染，而幼鸭、珍珠鸡和刚孵育的幼鸽能够人工感染，较大日龄的禽鸟也会感染禽脑脊髓炎病毒但临床症状不明显。禽脑脊髓炎是一种在世界范围内分布的疾病。

## 历史资料

1. 1930年，禽脑脊髓炎首见于2周龄罗德岛红商品鸡。在短短几年时间内，该病在新英格兰的大多数州均有发生，因此该病也一度被称为"新英格兰病"。1955—1970年，在鹌鹑、野鸡（雉）和火鸡身上先后发现了禽脑脊髓炎的感染。

2. 一次全国范围的禽脑脊髓炎抗体水平检测发现美国很多的鸡群体内均有禽脑脊髓炎抗体。

3. 曾有孵化场淘汰了所有感染禽脑脊髓炎和孵化后不久就出现相应症状的雏鸡，造成了相当大的损失。20世纪50年代，种鸡首次成功接种疫苗。20世纪60年代，禽脑脊髓炎已经在家禽中得到了良好控制。

## 病原学

1. 禽脑脊髓炎由禽脑脊髓炎病毒引起，该病毒属于小RNA病毒科（Picornaviridae）肝病毒属（Hepatovirus）。尽管各毒株具有不同的组织嗜性，但没有明显的血清学差异。所有的野毒株都具有肠嗜性，部分毒株有较强的神经嗜性且毒株致病性有差异。

2. 禽脑脊髓炎病毒可以在不含母源抗体的鸡胚卵黄囊以及很多组织培养体系中生长。鸡胚适应株经过非口途径感染，具有较高的神经嗜性且接种的鸡胚会发生肌肉萎缩的症状。

3. 禽脑脊髓炎病毒存在于感染鸟类的排泄物中并且会在其中存活至少4周。

4. 禽脑脊髓炎病毒对乙醚和氯仿具有耐受性，并且对各种生存环境具有良好的适应性。

## 流行病学

1. 处于急性感染期的产蛋鸡，有些可通过产带病毒的鸡蛋排毒，且此时期长达一个月。尽管禽脑脊髓炎病毒垂直传播会影响孵化，但仍旧有部分雏鸡孵育成功，并早在1日龄就表现出禽脑脊髓炎临床症状。感染雏鸡排泄物中含有病毒，通过水平传播导致其他雏鸡感染。与大点儿的雏鸡相比，日龄越低，排毒的持续时间越长。

2. 成年易感鸡之间的病毒传播方式目前尚不明确，但极有可能是通过接触病毒污染物进行传播的。有多个日龄鸡群的饲养场较有单一日龄鸡群的饲养场感染的可能性更大。

## 临床病症

1. 对于雏鸡而言，在刚孵育时可能有临床症状表现，但通常感染雏鸡会在1～2周龄表现出明显的临床症状。若2～3周龄后暴露于病毒中，随着年龄的增加，抵抗性显著增强。

2. 雏鸡感染后会有呆滞、共济失调、进行性麻痹和双脚无力以及头颈震颤等症状（图1）。震颤可能不明显，但在受惊或头朝下手持的情况下震颤表现则会加重。病鸡双脚无力，常呈俯卧姿势，容易被其他禽鸟踩踏至死。

3.鸡群发病率不同,在某些情况下则可能会高达60%。发病率的平均水平保持在25%,如果禽群中的雏鸡多数来自免疫的种鸡,发病率通常较低。出现禽脑脊髓炎症状的禽鸟很少能够痊愈,幸存鸡通常伴有生长停滞、产蛋受阻等现象。许多幸存鸡的眼睛会因为晶状体出现蓝色浑浊物而导致视力受损(图2和图3)。

4.当禽群感染时,蛋鸡通常没有明显临床症状,然而较好的产蛋量数据会呈现明显的下降,一般持续时间不超过2周。

## 病理变化

1.一般没有肉眼病变。雏鸡肌胃壁肌层偶见白色区域(图4)。而成年禽鸟没有肉眼病变。

2.如果镜检病变典型则具有临床诊断意义。有广泛分布的弥散性非化脓性脑脊髓炎,以广泛的血管周围淋巴袖套为特征(图5)。两个镜检变化非常有帮助:中脑和小脑的神经元细胞核(圆核和卵圆核)发生肿胀和染色质溶解(图6)大量淋巴细胞聚集在腺胃肌层(图7),和/或肌胃以及心肌和胰腺。

## 诊断

1.就雏鸡而言,病史、禽鸟日龄和中枢神经系统(CNS)的病变是禽脑脊髓炎强有力的初步诊断依据。可以进一步通过病理组织学实验进行验证,或者用直接荧光抗体检测技术可证实感染雏鸡的禽脑脊髓炎病毒抗原。

2.从感染雏鸡的脑部组织分离鉴定禽脑脊髓炎病毒的方法也是可行的,但耗费时间并很贵。此外,这种方法需要有易感鸡胚,因此需要有从未接触过禽脑脊髓炎病毒的蛋鸡群。

3.禽脑脊髓炎病毒抗体最早可在感染后4天检测到,并且会持续存在至少28个月。可以使用包括

ELISA、免疫扩散试验、病毒中和试验、被动血凝试验和间接荧光抗体检测实验等血清学方法对禽脑脊髓炎病毒进行检测,连续的血清样品中抗体滴度升高意味着阳性结果。

4.禽脑脊髓炎必须与其他能引起雏鸟中枢神经系统病变的疾病进行区分,其中包括:新城疫、真菌性脑炎、虫媒病毒感染、脑部脓肿、维生素缺乏症(E、A和B)、马立克病、马脑脊髓炎、中毒以及其他病毒性疾病(还包括食盐和某些杀虫剂等引起的疾病)。

## 防控

1.免疫母鸡的雏鸡拥有母源抗体,能保护雏鸡在孵出后最关键的前几周内抵抗禽脑脊髓炎病毒的感染,种群接种疫苗能够为雏鸡提供最大限度的免疫保护。尽管接种疫苗通常会在产蛋前,有部分灭活疫苗可以在产蛋期使用。鸡胚易感试验可检测鸡群的免疫水平,是通过对种鸡的鸡胚卵黄囊接种禽脑脊髓炎病毒,观察鸡胚存活情况的方法完成的。

2.接种活疫苗和灭活疫苗都是切实有效的方法。活病毒免疫不能用鸡胚适应株,因其失去经口感染的能力,而当通过肠道外途径感染时则仍旧会引起临床疾病。活疫苗可采用翅膀网状刺种的方法,并通过饮水或喷雾等方式与痘病疫苗联合免疫。种禽至少需要到8周龄时才能够进行疫苗免疫,且一次免疫接种具有终生免疫的效果,至少在产蛋期前4周进行活疫苗接种。针对鸡制备的疫苗对火鸡也有保护作用。

3.经由自然感染过禽脑脊髓炎的禽群的雏鸡已经获得了足量的母源抗体,因此不会再得病。

## 治疗

目前没有有效的治疗方法。

# 禽脑脊髓炎

图 1
禽脑脊髓炎引起雏鸡呆滞和进行性麻痹。

图 2
幸存的幼禽眼睛晶状体出现蓝色浑浊物。

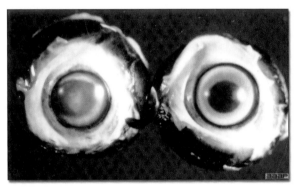

图 3
标志性晶状体蓝色浑浊物，感染过禽脑脊髓炎的鸡（左）
正常鸡（右）。

图 4
雏鸡肌胃壁肌层表面白色病灶。

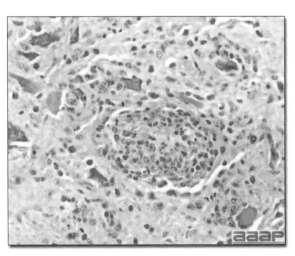

图 5
以血管袖套为特征的非化脓性脑脊髓炎，并伴有神经胶
质增生和神经细胞染色质溶解现象。

# 禽脑脊髓炎

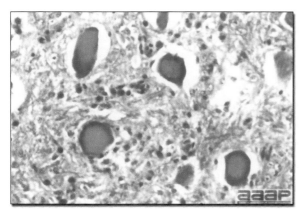

图 6
脑干发生弥散性神经胶质增生以及神经细胞中央染色质溶解。

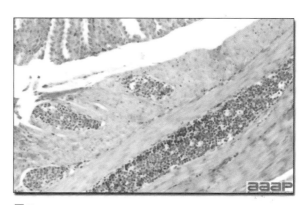

图 7
腺胃肌层淋巴细胞聚集。

# 禽流感

## （AVIAN INFLUENZA）

### 定义

禽流感（Avian influenza，AI）是一种病毒性疾病，以呼吸系统病症，伴有精神沉郁，饮水和食欲减少，产蛋量下降等为特征。

禽流感病毒毒株数量众多，一般可分为低致病性禽流感毒株（low pathogenic AI，LPAI）和高致病性禽流感毒株（highly pathogenic AI，HPAI）两类，前者不引起或引起轻微临床症状；后者则能够引起严重的临床症状，或者会导致禽鸟大量死亡。这些致命的禽流感病毒被列为需上报官方的高致病性禽流感（HPNAI）病毒。此外，H5 和 H7 亚型病毒血凝素的裂解位点与需上报官方的高致病性禽流感病毒具有相似性，不管对活体动物的毒力，也被归为需上报官方的高致病性禽流感。

H5 和 H7 亚型中非高致病性并且血凝素裂解位点的氨基酸序列与需上报官方的高致病性禽流感无相似之处的毒株被列为需上报官方的低致病性禽流感（LPNAI）病毒。

非 H5 或 H7 亚型的非高致病性的禽流感病毒归类为低致病性毒株。

### 发病

禽流感病毒在世界范围内的宿主——野生水禽和滨鸟中传播，同时禽流感也在全世界的商品禽鸟中暴发感染。过去需上报官方的高致病性禽流感的发病频率相对较低，但 2004—2010 年，亚洲 H5N1 毒株在亚洲，欧洲和非洲的 56 个国家中广泛传播，而由于需上报官方的高致病性禽流感的暴发，其他亚型（H5N2 和 H7N3）在同一时期内相对少见。

### 历史资料

毒力最强的禽流感曾被命名为鸡瘟（Fowl plague），100 多年前首次在意大利有相关记载。美国高致病力禽流感病例首次发生在 1924—1925 年，而现在的需上报官方的高致病性禽流感（HPNAI）、需上报官方的低致病性禽流感（LPNAI）、低致病性禽流感（LPAI）的分类是在 2009 年更新的。

### 病原学

禽流感病毒由 A 型流感病毒引起，属于正黏病毒科（Orthomyxoviridae），分段负链 RNA 病毒，主要有两种表面抗原，血凝素（HA）和神经氨酸苷酶（NA），两者是毒株亚型命名的依据（例 H4N6）。由血凝抑制试验和神经氨酸酶活性抑制试验将 AIV 进行亚型的分类，有 16 种血凝素和 9 种神经氨酸酶将禽流感病毒分为 144 种可能的病毒亚型。在不同亚型间不会出现交叉保护现象。

### 流行病学

1. 野生水禽和滨鸟是禽流感病毒的最主要原始储藏库。野生水禽在感染后通常没有明显症状，排泄物中可能会有多个亚型的病毒长时间存在，但其体内的抗体水平通常达不到可检测水平。在感染禽流感的野鸭栖息过的湖泊或水池中可直接检测到禽流感病毒的存在，大规模养殖的商品鸭与患病野鸭接触是禽流感暴发的重要原因。这一传染源常导致某些州的禽流感季节性暴发。

2. 活禽市场以及商品猪场是两大人为的流感病毒储藏库。

3. 活禽市场可见于大城市，而在某些地区正在兴起。它们是多种禽鸟聚集和储存的重点场所，然后售至城市各处以及邻近地区。这些场所不卫生且人口稠密。活禽市场里源源不断地供应易感家禽增加了病毒复制和变异的机会，而这相应又增加了病毒被带回易感禽群的机会。

4. 20 世纪 30 年代，证实猪可以感染猪流感病毒（H1N1），但最近发现另一亚型（H3N2）在猪群中广泛传播。已经证实，流感由猪传给了火鸡。

5. 从进口异国禽鸟身上分离出流感病毒，这些感染的禽鸟对笼养禽鸟、野生禽鸟和家禽构成了极大的潜在威胁。

6. 尽管水禽在排泄物中长期排毒，大多数鹑鸡类家禽在血清抗体阳转后便会停止排毒。禽流感病毒存在于感染禽鸟的呼吸系统分泌物和排泄物以及粪便中，受到有机物质的保护。禽流感病毒在温暖的条件下不稳定，但在寒冷环境下可存活数月。已经从火鸡的精子和卵中分离到流感病毒，但目前还没有流感病毒可以垂直传播的证据。若感染的卵处置不当则有可能使其他易感鸟类潜在暴露在病毒中，但目前为止这种传播方式尚未被查实。

7. 一旦禽流感病毒被带入家禽业中，则会通过直接或间接接触的方式在各个农场间传播，禽流感病毒可通过污染的鞋、衣服、货箱以及其他设施、运输禽鸟或粪便进行传播。

## 临床症状

1. 多数禽流感的暴发是由低致病性病毒引起的，其临床病症差异较大，取决于多个因素，包括：年龄、品种、病毒的毒力、并发感染和饲养管理等。多数禽流感发病的症状表现为呼吸系统症状——咳嗽、打喷嚏、流泪、出现呼吸啰音和鼻窦炎（图 1），并有精神沉郁，蛋鸡可见产蛋量和鸡蛋品质下降。

2. 此病在年轻火鸡或呈亚临床症状，或较为严重，尤其是巴氏杆菌活疫苗、大肠杆菌和博德特氏杆菌继发感染时临床症状严重。产蛋火鸡发病时经常伴随明显的产蛋量降低，常有蛋壳质量下降和异常的色素沉积。

3. 发病率和死亡率同样受到上述临床病症的因素所影响，有较大的差异。

4. 高致病性禽流感是流感的严重类型，通常见于鸡。高致病性病毒会引起致命的感染，之前少有症状。病情开始突然，病程短，病情严重，死亡率几乎接近 100%。症状主要与呼吸系统、肠道以及神经系统相关，可能会出现腹泻、头面部水肿（图 1）或神经紊乱。

## 病理变化

1. 家禽发生低致病性禽流感会引起气管、鼻窦（图 2）、气囊（图 3）和结膜等处轻度到中度炎症。产蛋禽鸟常会卵巢闭锁（图 4）、输卵管退化以及卵黄性腹膜炎（图 5），纤维素性及脓性支气管肺炎（图 6）可伴有继发感染，可见不同程度的充血、出血，漏出和坏死性病变。

2. 需上报官方的高致病性禽流感感染，鸡的大体病变范围广且严重。气囊、输卵管、心包腔或腹膜等处可见纤维蛋白性渗出物。在皮肤、鸡冠、肉髯、肝、肾、脾或肺等处有大量小坏死灶。血管损伤常出现多处充血、水肿、出血。

3. 需上报官方的鸡高致病性禽流感的典型病变包括：头部水肿和发绀（图 7 和图 8），鸡冠出现水疱和溃疡，足部水肿，小腿部出现异常的红色斑点（图 9），腹部脂肪，各处黏膜和浆膜表面可见出血点，腺胃和肌胃黏膜有出血或坏死（图 10）。

4. 需上报官方的火鸡高致病性禽流感的病变难以清晰描述。但有文献报道，会引起脑炎和胰腺炎。

## 诊断

1. 病史、临床症状以及病变对于低致病力禽流感有诊断价值，但与其他疾病有相似之处。

2. 疑似禽流感感染病例需要实验室检测来确诊，例如，血清学试验（AGID 和/或 ELISA）和病毒检测（如实时 RT-PCR 和/或病毒分离）。

3. 通常首先进行 A 型流感病毒交叉实时 RT-PCR 快速检测，然后对反应样本进行 H5 和 H7 亚型特异性的实时 RT-PCR 检测。

4. 确认是否为需上报官方的高致病力禽流感要了解病毒的分子特性，并给易感鸡注射病毒。

5. 流感病毒一般可从鸡胚、组织，或气管、肺、气囊、窦分泌物和泄殖孔等处的拭子样本中分离得到。一些禽鸟种类的流感病毒不能够很好地在鸡胚中生长，例如鹅，会引起鸡红细胞凝集。

6. 血清学检测可以用于验证急性感染期或恢复期的血清抗体变化。

7. 流感必须与其他禽病进行区分，包括：新城疫，其他副黏病毒感染，支原体病，衣原体感染以及禽霍乱。需上报官方的高致病性禽流感要与强毒嗜内脏型新城疫进行区分。由于禽流感病毒导致的高致病力禽流感是外来疾病，必须上报且要进行病毒的分离鉴定。

### 防控

1. 预防低致病力禽流感主要避免接触由水禽、滨鸟、活禽市场和猪场直接或间接传播的流感病毒。

2. 由于各州没有官方的扑灭措施，因此一旦发生非 H5、H7 的低致病力禽流感，管控很大程度上依靠养殖场自愿的努力。

3. 在疫区实施常规化的血清学检查和卵黄抗体检测，能对疫情暴发提供早期检测，并可在初期使用其他措施，如隔离和环境消毒。

4. 向养禽厂里直接或间接接触家禽的人员通报疫情是必要的，这样他们可采取恰当的防疫措施。

5. 自发地将感染禽群进行隔离是养殖户的责任，对防止病毒扩散至其他禽群也是必要的。为阻止疫情扩散应当采取严格措施防止污染，限制人和设备的活动及使用。

6. 不同的州和产业采取不同的后续措施。火鸡产业通常会限制流感康复火鸡的上市。而在某些肉鸡生产为主的州，则鼓励养殖户自愿扑杀患病鸡群。

7. 需要推迟禽舍内再次安置禽群以确保在引进其他禽群之前农场中没有活的流感病毒存在。

8. 历史记载表明，预防需上报官方的高致病性禽流感要对 H5、H7 亚型的低致病性禽流感进行有效控制。

9. 由于各州应对计划的不同，需上报官方的 H5、H7 亚型低致病性禽流感的应对措施有差异。通常来讲，H5、H7 亚型的低致病性禽流感都会引起迅速积极的反应，尽管用于控制的措施根据所涉及的禽鸟种类、养殖密度以及各州的控制计划的不同而不同。

10. 针对需上报官方的 H5 和 H7 高致病性禽流感，在政府部门指导下制定统一的应对措施，也有公共卫生、职业保健和污染控制等相关部门参与其中。

11. 一旦有疫情必须立即上报给州兽医机构或者其他卫生机构。

12. 疫苗：免疫是血凝素亚型特异性的。由于禽鸟对全部 16 种血凝素的流感病毒易感，所以预防接种是不可行的，但一旦疫情暴发且确定出病毒亚型后，接种疫苗就可以用于控制感染。由于流感病毒不稳定，目前几乎没有家禽活流感病毒疫苗的研究。针对 H3、H5 和 H7 亚型的灭活的、可注射的重组疫苗已有销售。

### 治疗

目前没有针对禽流感的有效治疗方法。但优质的饲养管理能够有效避免继发感染，从而减少经济损失。

### 人畜共患

尽管很少发生人类感染禽流感病毒，但已有人感染禽流感病毒 H5、H7 和 H9 亚型病例的记录。

2003—2010 年，H5N1 亚型病毒在家禽和野生鸟类间传播，造成了大部分亚洲、部分欧洲和非洲等地 247 例证实人类死亡的病例。部分 H1N1、H3N2 流感病毒株在猪和人之间循环，也可以感染禽鸟，反之亦然。

# 禽流感

图 1
低致病性禽流感病毒感染后,引起鼻窦炎。

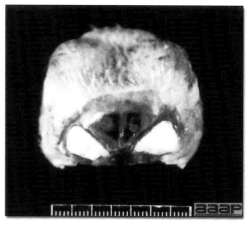

图 2
感染低致病性禽流感病毒火鸡的脑部横断面切片,可见窦中纤维素性化脓性渗出物。

图 3
感染低致病性禽流感病毒的火鸡出现气囊炎。

图 4
卵泡闭锁。

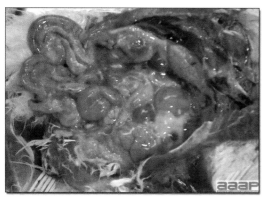

图 5
处于产蛋期的低致病性禽流感病毒阳性母鸡发生卵黄性腹膜炎。

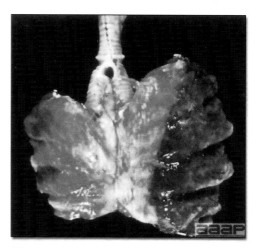

图 6
低致病性禽流感病毒阳性火鸡发生支气管肺炎。

# 禽流感

**图 7**
感染高致病性禽流感病毒的产蛋鸡有头部水肿现象。

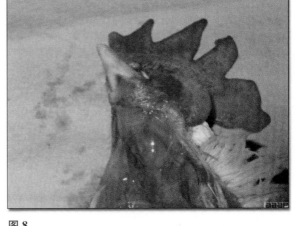

**图 8**
头部皮下水肿。

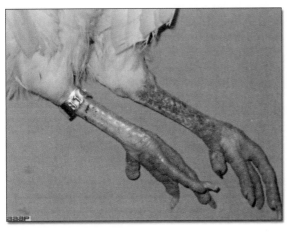

**图 9**
高致病性禽流感病毒阳性产蛋鸡小腿部出现异常的红色
斑点。

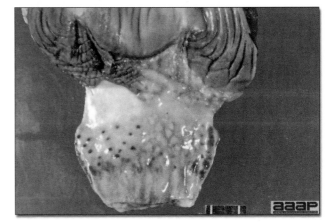

**图 10**
腺胃出血。

# 禽偏肺病毒感染

## （AVIAN METAPNEUMOVIRUS INFECTION）

## 定义

禽偏肺病毒（Avian metapneumovirus，aMPV）感染是一种具有高度传染性的呼吸道疾病，在鸡和火鸡身上主要表现为咳嗽、鼻窦水肿、流涕、饮食下降、饮水减少。最初由禽偏肺病毒感染引起的疾病被称为禽肺炎病毒感染，火鸡鼻气管炎或鸡的头部肿胀综合征。

## 发病

1. 世界大部分地区都有禽偏肺病毒感染的病例记录，加拿大和澳大利亚没有禽偏肺病毒感染，美国目前没有鸡感染禽偏肺病毒的病例报道。

2. 禽偏肺病毒有 A、B、C、D 四种亚型，美国所有分离出的病毒均为 C 亚型。

3. 从世界多地的火鸡身上分离出了禽偏肺病毒。实验研究表明，鸡、鸭、珍珠鸡和野鸡（雉）都是该病毒的易感动物。血清学研究在鸵鸟和银鸥身上检测到了禽偏肺病毒抗体；借助 RT-PCR 检测技术，在鹅、黑鸭、麻雀、燕子、欧掠鸟和猫头鹰体内检测到了禽肺炎病毒（APV）的 RNA。据观察，禽偏肺病为季节性发病，在春季和秋季是高发期。

## 历史资料

1. 20 世纪 70 年代晚期，首次在南非确定火鸡鼻气管炎是由禽偏肺病毒感染引起的。

2. 1997 年，在美国禽偏肺病毒首次在科罗拉多州火鸡确诊。随后在 1997 年春，通过血清学方法检测到明尼苏达州的火鸡感染该病，使用的是美国国家兽医实验室研发了 ELISA 检测方法。很可能 1997 年之前在明尼苏达州和科罗拉多州已发生感染。自 1997 年之后，每年明尼苏达州的火鸡禽偏肺病毒的感染率在 40％～50％，并仅传播到邻近的几个州。

## 病原学

1. 禽偏肺病毒属于副黏病毒科（Paramyxoviridae）偏肺病毒属（Metapneumovirus），是有囊膜的单链 RNA 病毒，有融合蛋白（fusion，F）和糖蛋白（glycoprotein，G）两种表面抗原。

2. 禽偏肺病毒存在于感染禽鸟的呼吸道分泌物和排泄物中，被一层有机物质保护。病毒对清洁剂和消毒剂敏感。然而在寒冷潮湿的环境下，病毒能长时间保持感染能力，例如，20～25℃条件下，病毒能够在家禽草垫中存活 3 天，而 8℃条件下能存活 14～30 天。

## 流行病学

1. 鸡和火鸡似乎是禽偏肺病毒的天然储存库，但有限的研究发现了几种野生和家养禽鸟感染禽偏肺病毒。目前还不清楚在康复火鸡体内是否仍有病毒。尽管已经从输卵管组织中检测到了病毒且观察到了雏禽感染的现象，但目前仍没有证据证明禽偏肺病毒可以垂直传染。

2. 病毒可以通过与易感或感染禽鸟的直接接触感染。据说也可以通过气溶胶小滴、病毒污染的靴子、衣物或设备等间接方式感染。实验室已经证明了该病毒可以通过空气传播，但在各饲养场之间传播还未被证实。

## 临床症状

1. 临床症状随着日龄、性别、并发感染以及管理方面等因素的差异而有所不同。幼龄火鸡的临床症状包括流鼻涕（图 1）、泡性结膜炎、眶下肿胀（图 2）且伴有下颌水肿的现象（图 3）。病禽有可能在临床症状减轻时死亡。商品火鸡的死亡率为 0～80％，死亡多数是由于继发感染。淘汰率通常会在病毒感染的前两周内有所升高。

2. 火鸡种母鸡的产蛋量会下降 10％～30％，死胎数有所上升。种禽的死亡率通常在 0～2％，但若火鸡群曾进行过巴斯德菌活疫苗免疫则会有较高的死亡率。

3. 鸡感染禽偏肺病毒后可能会有亚临床症状、或可能伴随其他病原的头部肿胀综合征（图 4）和产蛋的问题。

## 病理变化

1. 成年雌性火鸡，产蛋量显著性下降的同时有蛋壳质量不好的数量增加、腹膜炎和子宫部下垂的禽鸟数量增加的报道。实验室感染导致水样鼻涕、气管黏液增多且伴随坠卵性腹膜炎和产劣质卵和异常卵的现象。细菌性继发感染会加重气囊炎、心包炎、肝周炎和肺炎等病变。

2. 实验室感染病例镜下观察有局部纤毛减少、上皮细胞坏死、充血、鼻黏膜下层单核细胞为主的炎症以及暂时性纤毛脱落的报道。

3. 对于鸡来说，感染通常伴有由埃希氏大肠杆菌的继发感染，最后发展为在头部皮下组织有黄色胶状的脓性分泌物，眶周以及眶下窦肿胀的头部肿胀综合征。有上呼吸道局部短暂炎症的报道。

## 诊断

1. 病史以及打喷嚏、流鼻涕、鼻窦肿大等症状可提示为禽偏肺病毒感染，但与其他呼吸系统传染病相似，因此需要通过实验室检测来确诊。

2. 从感染禽鸟的组织和拭子很难分离到病毒，因此可用其他实验室技术进行检测，如对福尔马林固定的鼻甲骨进行免疫组化检测（图 5），对气管拭子、鼻后孔拭子或鼻甲骨进行 RT-PCR 实验以检测病毒的 RNA，以及通过 ELISA 检测肺炎病毒的特异性抗体。

3. 很难分离得到禽肺炎病毒，一旦感染禽鸟康复其胚胎和组织培养系统中会有禽偏肺病毒生长。与其他副黏病毒科的成员不同，偏肺病毒不能凝集红细胞。

## 管理

1. 禽偏肺病毒在自然界中的宿主目前还不明确，有可能是野禽。受感染禽群是否会终身携带病毒目前仍然未知，但它们应当始终是病毒潜在的来源。要避免直接或间接接触可能的病原库（野禽和感染禽）来控制偏肺病毒感染。

2. 有限的研究表明各种禽肺病毒间可能存在不完全交叉保护。

3. 由于该病通过直接或间接接触病原传染，严格的生物安全保护和良好的卫生措施是必要的。对于禽偏肺病毒最基础的生物安全保护措施应包含以下几点：

4. 与禽鸟接触（疫苗接种、搬运、运输活禽、受精）的人员必须严格监控，应当穿着一次性或刚洗干净的衣物及鞋子。

5. 跨农场运输或与家禽或禽鸟接触过的设备（粉刷工具、搬运设备、运输活禽的卡车、垫料装卸卡车、装卸器以及疫苗接种的设备等）需要使用清洁剂和消毒剂清洗。

6. 家禽使用的设备需要避免与野禽接触。

7. 美国中西部地区可以使用活弱毒疫苗，火鸡种禽接种活疫苗后再接种油乳剂自体灭活苗。

8. 在禽偏肺病毒感染地区应实行常规监测，血样的血清学检测和鼻后孔拭子的 PCR 检测能够提供早期检查，为建立其他控制疫情的措施打下基础。

## 治疗

目前没有有效治疗方法。通过减小养殖密度、增加供热以及优良管理等减少该病带来的经济损失。使用抗生素可以减少并发的细菌性感染。

# 禽偏肺病毒感染

图 1
幼龄火鸡流鼻涕。

图 2
感染禽偏肺病毒后发生鼻窦炎。

图 3
幼龄火鸡下颌肿大,呼吸困难。

图 4
29 日龄的肉用仔鸡发生肿头综合征。

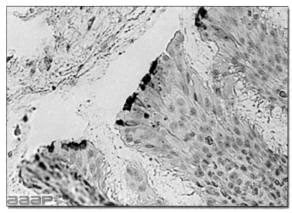

图 5
对感染偏肺病毒的火鸡幼禽的鼻甲上皮细胞进行免疫组织化学检测,病毒性抗原的过氧化物酶着色。

# 鸡肾炎病毒感染

## （AVIAN NEPHRITIS VIRUS INFECTION IN CHICKENS）

## 定义

鸡肾炎病毒（Avian nephritis virus，ANV）是一种造成幼龄鸡肾脏感染的星状病毒，多为急性的感染，且具有高度传染性，但自然状态下为亚临床症状，多以肾炎、肾脏和腹部器官尿酸盐沉积为主要特征。

## 发病

鸡肾炎病毒首次在日本报道，在美国和欧洲有疾病或其抗体的报道。

## 病原学

鸡肾炎病毒属于星状病毒，有别于2型、3型鸭肝炎病毒，火鸡和鸡星状病毒。星状病毒是一种无囊膜单股正链RNA二十面体病毒，直径28～30 nm，在电子显微镜下病毒可能呈五角或六角星状。鸡肾炎病毒属于星状病毒科（Astroviridae）新设立的禽星状病毒属（Aviastrovirus），鸡肾炎病毒不同分离毒株有基因水平上的差异。

## 流行病学

病毒通过直接与感染禽鸟接触而进行传播，并且可以垂直传播。

## 临床症状

1. 鸡肾炎病毒感染后唯一的临床症状是1日龄雏鸡有短暂性腹泻，但并非所有鸡都会有此种症状，大于4周龄的雏鸡感染后会有一些典型的病变。

2. 雏鸡感染会发育障碍，体重下降。

3. 死亡率在0～6%。

## 病理变化

1. 肉眼，雏鸡感染鸡肾炎病毒后肾脏体积增大，颜色苍白，尿酸盐增多（图1）。

2. 在心包膜、肝脏被膜、腹腔内和皮下组织等处有内脏尿酸盐沉积（痛风）。

3. 镜检可见近曲小管上皮细胞变性、坏死、扩张并伴有淋巴细胞性间质肾炎并有痛风石形成。痛风石及相关炎症在其他器官有发生。

## 诊断

1. 通过雏鸡的临床症状、死亡方式以及肉眼和镜下病变可对疾病做出初步诊断。

2. 很难分离得到鸡肾炎病毒，但可以通过接种卵黄囊和鸡胚肾细胞，从6日龄的鸡胚得到病毒。

3. 可通过其他技术，如：RT-PCR，免疫荧光技术，ELISA和电子显微镜检验等方法对鸡肾炎病毒诊断。

## 防控和治疗

目前没有控制和治疗的有效方法，但生物安全措施或许能够限制病毒的传播。

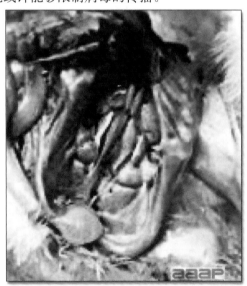

**图1**

雏鸡感染鸡肾炎病毒后肾脏体积增大，颜色苍白，尿酸盐增多。

（刘丽萍，译；匡宇，校）

# 禽病毒性肿瘤病

## AVIAN VIRAL TUMORS

### 定义

尽管以前认为鸡和火鸡的病毒性肿瘤疾病是一个"综合征",但实际上是不同的疾病。某些病例中,单一的肿瘤病毒株可以引发多个疾病综合征,因此使人困惑这些肿瘤是应该按照病原还是病变类型进行分类。另外,一些病变类型非常罕见以致不被关注。

为了简化问题,我们这里只考虑四个对经济影响较大的肿瘤疾病综合征:①马立克氏病,是一种常见的由 α 疱疹病毒引起的鸡淋巴组织增生性疾病;②禽白血病或肉瘤病,是一种常见的逆转录病毒引起的疾病,主要特征为形成淋巴瘤或其他肿瘤,降低成年鸡产蛋量;③网状内皮组织增生病,是由非缺陷型逆转录病毒引起的火鸡、鸡和多种其他鸟类的慢性淋巴瘤和矮小症;④淋巴组织增生病,是由逆转录病毒引起的火鸡疾病,以慢性淋巴瘤为特征,目前在美国未见报道,但在其他地方已被发现,并且必须进行鉴别诊断。

### Ⅰ. 马立克氏病
#### (MAREK'S DISEASE)

### 定义

马立克氏病(Marek's disease,MD)是由疱疹病毒引起的鸡的肿瘤性疾病,特点是多形性淋巴细胞侵润各种神经干和/或器官。

### 发病

马立克氏病在鸡非常重要,在鹌鹑轻得多,在火鸡、野鸡(雉)和原鸡等很少见。火鸡和其他种类的敏感性较低。这种疾病在年轻、未性成熟的 2～7 月龄的鸡群中最常见,实际可发生在任何大于 3 周的鸡群中。此病可发生在世界各地所有接触致病病毒的鸡群。

### 历史资料

1907 年,由匈牙利兽医 Jozsef Marek 报道,首次描述了发生在公鸡的瘫痪性疾病,现在称之为马立克氏病的病例。该病于 1914 年在美国首次报道。在 1950 年之前,马立克氏病样死亡是死亡的重要原因,20 世纪 50 年代末至 60 年代突然上升的死亡率加速了对该病的研究。1962 年完成了可靠的感染实验,1967 年完成疱疹病毒的分离和鉴定。1970 年在美国生产出可供使用的疫苗,在预防疾病方面非常有效。然而,散在发病的损失和对病毒毒力增加的担忧使得马立克氏病始终是最重要的家禽疾病之一。

### 病原学

1. 马立克氏病病毒是细胞相关的 a3 亚群的 α 疱疹病毒(Herpesvirus α)。与马立克氏病相关的疱疹病毒分为三种血清型。血清 1 型分离株在鸡群中普遍存在,其致病力不同,从毒力强的(w+)(致瘤)到几乎无致病力的(温和的)都有。血清 2 型分离株在鸡很常见,是非致瘤性的。血清 3 型分离株也称为火鸡疱疹病毒,在火鸡中普遍存在,非致瘤性。三种血清型有较大的抗原交叉反应。

2. 血清 1 型病毒可以在 1～3 周龄雏鸡肾细胞和鸭胚成纤维细胞上生长。明显的细胞病变为产生核内包涵体。鸡胚肾细胞和鸡胚成纤维细胞对低代次病毒不太有效。血清 2 型和 3 型两种病毒可以在鸡胚成纤维细胞中分离得到并培养繁殖。病毒通常紧密地与活细胞结合,这种形式很不稳定。游离病毒从毛囊上皮细胞释放并对环境耐受力相对较强。细胞结合病毒和游离病毒都对多种常见的消毒剂敏感。

## 流行病学

感染鸡脱落的含有病毒的毛囊皮屑是其他鸡呼吸道的感染源。病毒携带者临床可以发病或不发病，但带毒禽鸟可以在一生中零星排毒。疾病传染性很强，传染性皮屑可以散播很远的距离。尽管感染鸡的排泄物和分泌物可能含有病毒，但皮屑包裹着有传染性的病毒颗粒是最主要的传播方式。病毒不通过蛋传播。由于孵化场对病毒不利的环境条件，通过污染蛋壳传播也不太可能。

## 临床症状

受马立克氏病侵袭的鸡有临床症状，但对诊断没有帮助。内脏出现肿瘤的禽鸟精神沉郁，死前通常极度消瘦。发生淋巴浸润周围神经的禽鸟可能表现为不对称的局部瘫痪（图 1）和/或出现由于迷走神经麻痹而导致的嗉囊扩张。淋巴浸润虹膜导致失明（图 2）。临床症状通常不会出现在 3 周龄之前，在 2～7 月龄达到峰值。

## 病理变化

1. 需要识别至少 4 个不同的病变形式：外周神经增粗肿大（图 3）和/或变黄以及横纹消失（图 4）；虹膜变色（图 5）；毛囊肿大（图 6）变红（皮肤白血病）；内脏肿瘤（图 7）包括肝脏（图 7，图 8）、心脏（图 7 和图 9）、脾（图 8）、性腺、肾（图 10）、腺胃（图 11）和其他的器官和组织。内脏肿瘤是最常见的病变，但不同病变模式的组合很常见。

2. 显微镜下，淋巴瘤具有多形性淋巴细胞混合的特征（图 12）。其中一些可能是真正的肿瘤细胞具有 T 细胞表面抗原和马立克氏病肿瘤相关表面抗原（MATSA）。其他的可能是抵抗病毒或肿瘤抗原的宿主细胞，有 T 细胞和 B 细胞。

## 诊断

1. 通常经过仔细考察病史、病禽的年龄、有代表性病禽丰富的样本中肿瘤病变的部位等可做出诊断。除了淋巴白血病和网状内皮组织增生症很少有禽病与马立克氏病相像。

2. 马立克氏病通常发生在 2～5 月龄（未性成熟）的鸡，但也可以发生于产蛋鸡。暴发在已接种的产蛋后禽群的疫情被称为"迟发型马立克氏病"，常常伴有更新、更高毒力病变类型 w+。

3. 马立克氏病病变鉴别诊断的重要特征包括：神经侵犯（当出现时），未见法氏囊的病变或极少情况下出现的广泛性黏液囊增厚，以及多形性淋巴细胞浸润组成的病变，部分展现马立克氏病肿瘤相关表面抗原，其中只有少数免疫球蛋白 M（IgM）阳性。自然情况下马立克病毒无处不在使得血清学诊断的价值不大。

## 防控

1. 商品鸡群通常是在 18 天的胚龄或孵化时通过注射免疫。必须注意确保每一个胚胎或雏鸡给予有效的注射剂量。由于免疫接种后的 7～10 天没有完全保护，所以减少早期感染至关重要。需要仔细进行环境清洁和消毒，特别是马立克病毒在禽舍中可以很好地生存几个月。没有必要再次接种疫苗，因为免疫是终身有效的。成年鸡发病归因于环境应激导致的免疫抑制或强毒株感染。

2. 最常见的疫苗包括火鸡疱疹病毒（（HVT），细胞制备的血清 3 型病毒，口服二价疫苗由火鸡疱疹病毒和血清 2 型病毒（SB-1 或 301 B）组成。血清 1 型（CVI988 1 和 648 A80）弱毒疫苗也在使用。必须小心处理细胞制备的疫苗，因为它们非常容易受到不良环境条件的影响。

3. 与主要组织相容性（B）复合体相关的遗传差异可有助于对马立克氏病的抵抗和疫苗的应答。

## 治疗

没有有效治疗马立克氏病的方法。发生肿瘤或多个皮肤病变的鸡只将被淘汰。

## Ⅱ. 禽白血病或肉瘤群
（AVIAN LEUKOSIS/SARCOMA VIRUSES）

## 定义

禽白血病（Avian leukosis/sarcoma viruses, AL）或肉瘤群是由逆转录病毒引起的年轻鸡或成年鸡的肿瘤疾病。群分类的依据是其所致病变的类型和病毒的亚群。最常见的淋巴白血病（LL）的特点是：逐渐出现、持续的低死亡率，以及由法氏囊形成的肿瘤转移到其他内脏器官，尤其是肝脏、脾脏和肾脏。新近发现的新亚型的禽白血病毒"J"，可能是内源性和外源性病毒重组的病毒，主要引起髓细胞白血病（Myelocytomatosis）。

## 发病

淋巴白血病通常发生在 16 周龄或以上的鸡,引起死亡。这种疾病在全球范围内分布,并广泛流传于美国。现在认为几乎所有鸡群都暴露于病毒中,但由于主要育种公司努力净化,一些鸡群感染率有所减少。虽然偶尔会出现重大损失,但总的来说,淋巴白血病的发病率很低(1%~2%)。法氏囊病的发病率高可能会降低淋巴白血病的发生率。与蛋鸡相比,肉用型鸡对 J 亚型禽白血病病毒似乎更敏感。

## 历史资料

Roloff 在 1868 年第一次报道了淋巴白血病。然而,对于该病始终没有确切的描述,直至 1962 年才找到了区分该病与马立克氏病的依据。

## 病原学

禽白血病是由禽白血病病毒群引起的疾病,该病毒为逆转录病毒(α逆转录病毒)家族,分为 10 个亚型 A,B,C,D,E,F,G,H,I 和 J。在美国,最常见的是引发淋巴白血病的 A 亚型病毒,由 J 亚型禽白血病病毒引发的髓细胞瘤次之。偶尔分离到 B 亚型病毒,而 C 和 D 亚型罕见。E 亚型病毒是常见的,认为是内源性病毒,因为它们来自永久性整合到宿主细胞 DNA 的前病毒的基因:它们很少与肿瘤有关。F,G,H 和 I 亚型主要引起除鸡以外其他物种的白血病。病毒产生一个特异性抗原,能在鸡蛋的蛋白和身体组织或体液检测到。J 亚型禽白血病毒在亚型内抗原变异广泛。禽白血病病毒可以在鸡胚成纤维细胞中培养,但大多数不生产细胞病变,需要通过抗原检测试验进行检测。有简单的抗原检测方法,可用于育种的净化措施。抗体试验可以用于监测已进行病毒净化禽群的状态。

## 流行病学

经卵传播是禽白血病病毒传播的重要机制。鸡蛋感染的频率通常较低,但受感染鸡蛋孵出的小鸡是永久性病毒血症(免疫耐受),不产生抗体,因淋巴白血病死亡的风险会增加,可能不产蛋,也可能会将病毒排到自己生产的鸡蛋,从而造成持续的感染。鸡也可以通过接触感染,特别是 J 亚型禽白血病,可形成有效的水平传播。肉鸡中,J 亚型禽白血病病毒血症阴性或抗体阳性的禽鸟可以排出病毒并且孵化后受感染的禽鸟亦可成为免疫耐受的排毒者。有些鸡,尤其是那些因内源性病毒感染或没有母源抗体的更敏感的鸡,由于孵化后不久发生接触感染可以将病毒传播给后代。

## 临床症状

鸡发生淋巴白血病可出现非特异的或没有临床症状的疾病。发生肿瘤的鸡只不活跃或瘦弱,冠和肉垂苍白。肝脏严重肿大可能造成腹部的膨大。可将一个手指插入泄殖孔检查肿瘤的发生,有些禽鸟死亡之前通过触诊发现法氏囊肿大并呈结节状。发生骨骼髓细胞瘤的禽鸟可观测到小腿、头部和胸部有明显的包块。可能发生长骨的骨硬化病(图 1)或小腿"靴"。鸡群的高感染率使得鸡蛋生产下降。

## 病理变化

1. 没有特殊的外部病变。16 周龄以上的鸡的许多器官发生淋巴瘤,特别是在肝、肾、卵巢和法氏囊等(图 2 和图 3)。白色到灰色的肿瘤病变在组织中有时是分散的,有时是局灶性的。如果切开法氏囊通常可见小结节状病变,否则不会被发现。J 亚型禽流感最常见的是髓细胞瘤(图 4);然而,也可见其他肿瘤类型,如:血管瘤(图 5)等。

2. 显微镜下,淋巴瘤的肿瘤细胞形态是一致的淋巴母细胞且细胞嗜派若宁(染料)。同时,细胞表面几乎都是免疫球蛋白 M(IgM)阳性。肿瘤起源于法氏囊淋巴细胞(B 细胞),病毒的前病毒 DNA 在复制过程中整合到宿主细胞基因组接近原癌基因的位置上,正常的宿主细胞基因与存在于家禽的逆转录病毒 MC29 的致癌基因同源。目前认为癌基因的活化是启动肿瘤的关键步骤。

## 诊断

1. 淋巴白血病要仔细考察以下因素做出诊断:发病鸡的日龄、禽群发病的过程和死亡率的模式,一定数量的典型发病鸡只肉眼病变的位置等。虽然不切开器官并观察上皮表面无法发现病变,但法氏囊的病变几乎总是存在的。与马立克氏病相比法氏囊的肿瘤通常发生在滤泡内,一般导致更多的结节性增大(图 6)。肿瘤细胞的特点是有 B 细胞和 IgM 表面标记。在研究性实验室中有分子生物学方法可以检测到肿瘤细胞的 DNA,禽白血病病毒的前病毒 DNA 位置靠近原癌基因(c-myc gene)。

2. 由于淋巴白血病经常出现类似于马立克氏病的病变,并可与网状内皮组织增生病病毒实验室感染有相同的表现,使得诊断更加困难。由于禽白血病在鸡群普遍存在,病毒学和血清学方法为确诊提供的帮助很少。

3. J 亚型禽白血病是通过肉眼病变和肿瘤组织病变以及从肿瘤或泄殖孔拭子、阴道部拭子分离的病毒进行诊断的。尽管已经开发了 PCR 检测方法,但病毒的频繁变异需要设计新的引物。

## 防控

1. 由于经卵传播是淋巴白血病最重要的传播方式,所以该病不易传染,净化成为首选的控制方法。净化工作主要在育种公司进行。许多原种鸡群和祖代种鸡群对母鸡进行产蛋前检测并淘汰那些可能会传播病毒给后代的母鸡,从而显著降低蛋用型种鸡垂直传播的比例。一些种鸡就来自病毒表面上已经净化的鸡群。这些种鸡的商品代鸡群应该呈现低感染率,从而得到低肿瘤死亡率和更高的产蛋率。

2. 虽然淋巴白血病不是商品肉鸡的疾病,J 亚型禽白血病却是个问题,种禽的净化工作已经取得了显著的进展。然而,由于 J 亚型禽白血病水平传播明显,通过净化来进行控制非常困难。

3. 遗传基因抵抗 A 亚型病毒感染的肉用型鸡很常见,在蛋用型鸡却很少见。当有这种鸡时,这种抗感染的特性可以提供一种备选的控制方法。

4. 没有疫苗可以对抗肿瘤和死亡的发生。先天感染的雏鸡免疫耐受,不能免疫。疫苗接种禽白血病已经净化的父母代鸡群是为后代提供母源性免疫的一种手段。

## 治疗

没有有效的治疗淋巴白血病的方法。

## Ⅲ. 网状内皮组织增生病
### (RETICULOENDOTHELIOSIS)

## 定义

网状内皮组织增生病(Reticuloendotheliosis,RE)是逆转录病毒引起的各种症状的总称,该病毒在细胞培养过程中的复制可以是有缺陷的或无缺陷的。矮小综合征和慢性淋巴瘤,均由非缺陷网状内皮组织增生病病毒引起,都具有经济的重要性。

## 发病

非缺陷网状内皮组织增生病病毒并非无处不在,但是在鸡和火鸡感染相当普遍,尤其是在美国的南部地区。这种疾病是不常见的。矮小症与使用被网状内皮组织增生病病毒污染的疫苗相关。慢性淋巴瘤自然发生在火鸡,包括野生火鸡、鸭子、鹌鹑、野鸡(雉)、鹅、孔雀、北美草原松鸡和鸡,但非常罕见。一些国家不允许出口血清阳性的禽鸟。

## 历史资料

1958 年,从火鸡发生淋巴瘤的地方性病例分离的一个病毒,在鸡和火鸡迅速传代后,可在 3 周内引起高的肿瘤致死率。虽然这个分离株 T 株,一直被视为一个原型,但它不是典型的野生毒株。1974 年从鸭子和鸡分离的其他毒株组成了一个网状内皮组织增生病病毒群。

## 病原学

网状内皮组织增生病病毒是一种逆转录病毒,通常有广泛的宿主范围。它可以生长在细胞中,细胞可来源于鸡、鸭、火鸡、鹌鹑和其他品种,甚至一些哺乳动物。它感染各种各样的禽鸟种类。没有禽鸟物种可以抵抗网状内皮组织增生病病毒的感染。所有分离株都是一个血清型,但已发现较小的亚型差异。

## 流行病学

病毒可水平传播。蚊子是被动的携带者。禽痘病毒也可以携带传染性网状内皮组织增生病病毒。经卵传播也被确认,但通常传播比例很低。

## 临床症状

矮小综合征,通常在 1 周龄或更小的时候,接种被网状内皮组织增生病病毒污染的生物学制剂时发生,产生严重发育不良和羽毛变形,表现为羽小枝在其近端部分异常向羽轴压缩。慢性淋巴瘤没有症状,但是死亡之前鸡只可能会变得沉郁。

## 病理变化

1. 矮小综合征的特点是胸腺和法氏囊严重萎

缩。感染禽鸟免疫抑制并伴有并发感染。通常没有发现到肿瘤，但有些禽可能出现神经肿大、腺胃炎、肠炎和贫血等。

2.用非缺陷性网状内皮组织增生病病毒实验性感染鸡得到的慢性淋巴瘤综合征在各方面与淋巴白血病是相同的。在某些品系的鸡实验性诱导出一个不同的与马立克氏病相似的淋巴瘤，有神经病变，肝脏（图1）、胸腺和心脏肿瘤，并且早在6周龄就出现。在鸡以外的其他物种，慢性淋巴瘤以肝、脾肿瘤为特点，但法氏囊的肿瘤并不常见。

## 诊断

1.诊断网状内皮组织增生病最好是在典型病变的基础上通过病毒或抗体检测来证明致病抗原的感染。目前，可以使用PCR检测、免疫过氧化物酶空斑实验、酶联免疫实验。

2.鸡的网状内皮组织增生病必须与淋巴白血病和马立克氏病进行区别。然而到目前为止，鸡自然发生的慢性淋巴瘤没有资料。矮小综合征必须区别于其他免疫抑制疾病，特别是传染性法氏囊病和鸡传染性贫血。

3.对于火鸡，在发生淋巴组织增生症的国家，网状内皮组织增生病必须与该病进行区别。通常可以通过注意发病日龄，没有严重脾脏肿大，组织学上肿瘤细胞形态一致为淋巴母细胞，并使用PCR检测病毒核酸等检查来完成。

## 防控

没有控制或治疗方法的报道，其原因最有可能为低比率的垂直传播、零星的发病率以及此病自然自限的特点。严格的环境卫生和昆虫控制措施可以防止环境来源的感染。净化方案仿照淋巴白血病，对于打破经卵传播途径可能是有用的。

**禽肿瘤的鉴别诊断**

鸡和火鸡肿瘤的鉴别诊断是很困难的，需要充分了解病史并认真剖检数量充足的有典型病变的禽鸟样本。在某些情况下，额外的检测，如：组织学、免疫荧光检测表面抗原、原位杂交检测和分子技术（PCR）对于诊断将是有益的。在下表中特征可能有助于得到正确的诊断。

| 特征 | 鸡 | | | 火鸡 | |
|---|---|---|---|---|---|
| | MD[A] | LL | RE[B] | RE | LPD |
| 剖检病变 | | | | | |
| 　肝脏 | ＋＋＋ | ＋＋＋ | ＋＋＋ | ＋＋＋ | ＋＋＋ |
| 　脾脏 | ＋＋＋ | ＋＋＋ | ＋＋＋ | ＋＋＋′ | ＋＋＋ |
| 　神经 | ＋＋＋ | － | ＋＋ | ＋＋＋ | ＋ |
| 　皮肤 | ＋＋＋ | ＋ | ＋ | ＋ | ＋ |
| 　生殖腺 | ＋＋＋ | ＋＋＋ | ＋＋＋ | ＋＋＋ | ＋＋＋ |
| 　心脏 | ＋＋＋ | ＋ | ＋＋＋ | ＋＋ | ＋ |
| 　法氏囊 | ＋ | ＋＋＋ | ＋＋＋＋/－－ | ＋＋＋ | ＋ |
| 　肠道 | ＋ | ＋＋ | ＋＋＋ | ＋＋＋ | ＋＋＋ |
| 　肺脏 | ＋＋＋ | ＋＋ | ＋＋ | ＋＋ | ＋＋＋ |
| 　肾脏 | ＋＋＋ | ＋＋＋ | ＋＋＋ | ＋＋＋ | ＋＋＋ |
| 组织学变化 | | | | | |
| 　多形细胞 | ＋ | － | －/＋ | － | ＋ |
| 　一致的白细胞 | － | ＋ | ＋/－ | ＋ | － |
| 抗原 | | | | | |
| 　MATSA＋ | － | － | ? | ? | |
| 　igM | ＋ | ＋＋＋ | ＋/－ | ? | ? |
| 　B-cell | ＋ | ＋＋＋ | ＋/－ | ? | ? |
| 　T-cell | ＋＋＋ | ＋ | －/＋ | ? | ? |
| 发生的月龄（月） | | | | | |
| 　达峰时间 | 2～7 | 4～10 | 2～6 | 4～6 | 2～4 |
| 　时间范围 | ＞1 | ＞3 | ＞1 | ＞4 | ＞2 |

缩写：MD＝马立克氏病，LL＝淋巴白血病，RE＝网状内皮组织增生病，LPD＝淋巴增殖性疾病。
[B]两个实验性综合征是公认的：法氏囊性淋巴瘤特征类似于LL，非法氏囊性淋巴瘤特征类似于马立克氏病。

# 马立克氏病

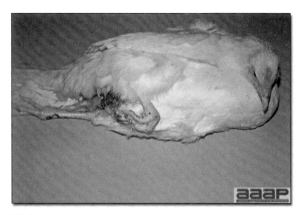

图 1
马立克氏病典型周围神经性的偏瘫。

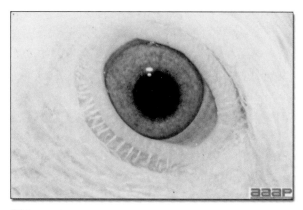

图 2
虹膜淋巴浸润。

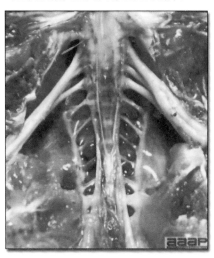

图 3
右侧坐骨神经肿大。

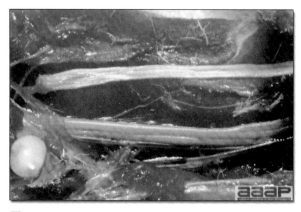

图 4
下方的扩大坐骨神经肿胀，与正常坐骨神经比横纹消失。

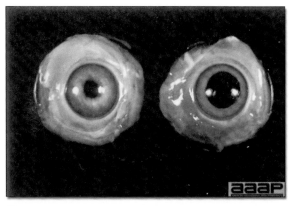

图 5
马立克氏病的眼部病变。注意正常的眼睛（右）瞳孔边界清晰和虹膜颜色正常；发生马立克氏病的眼睛（左）虹膜变色以及由于单核细胞浸润使得瞳孔边界不规则。

图 6
皮肤白血病：由于淋巴细胞浸润羽毛毛囊扩大。

# 马立克氏病

图 7
内脏淋巴瘤在肝脏和心脏发生集中的大小不等的结节性增生。

图 8
内脏淋巴瘤：与右边正常肝脏和脾脏相比较左侧病变肝和脾弥漫性肿大。

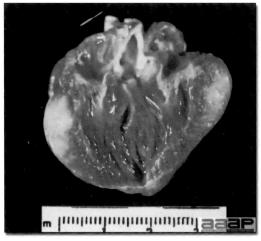

图 9
多发性淋巴瘤的心脏。

图 10
肾脏肿瘤。

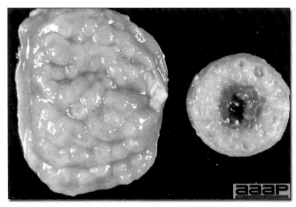

图 11
腺胃肿瘤。

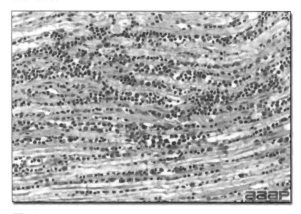

图 12
发生马立克氏病的鸡神经断面：迅速增殖的多形性淋巴细胞渗透入神经之间。

# 禽白血病或肉瘤病毒病

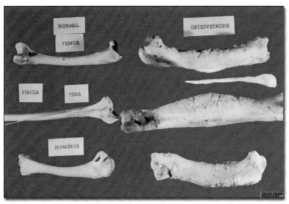

图 1
骨硬化病影响的骨。

图 2
内脏肿瘤，包括肝脏、心脏和脾脏。

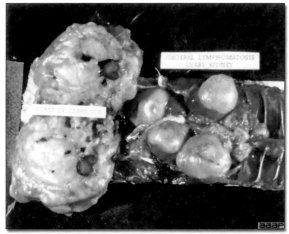

图 3
内脏肿瘤，包括法氏囊、肾脏和卵巢。

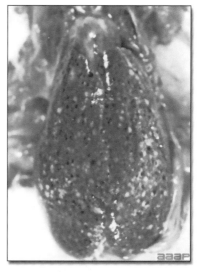

图 4
髓细胞瘤。

图 5
J 亚型禽白血病阳性肉用鸡的血管瘤。

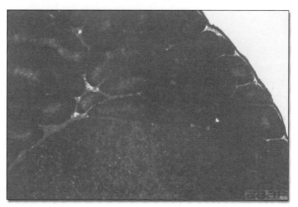

图 6
腔上囊正常滤泡底部出现发生转化的腔上囊滤泡。

# 网状内皮组织增生病

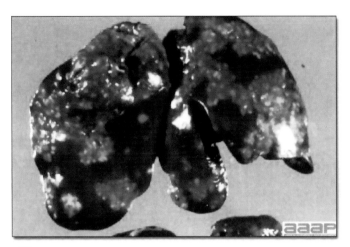

**图 1**
肝脏肉眼可见的淋巴瘤。

(常建宇,译;匡宇,校)

# 鸡传染性贫血病

## （CHICKEN INFECTIOUS ANEMIA）

[鸡贫血病毒(Chicken Anemia Virus)；鸡贫血因子(Chicken Anemia Agent)；蓝翅病(Blue Wing Disease)]

## 定义

鸡传染性贫血病（Chicken infectious anemia，CIA），是由鸡传染性贫血病毒引起的雏鸡再生障碍性贫血、全身淋巴组织萎缩、皮下和肌肉出血为特征的一种免疫抑制性疾病。

## 发病

鸡传染性贫血病普遍存在于世界各个养鸡地区。

## 历史资料

1979年，Yuasa在日本首次分离到鸡传染性贫血病毒（CIAV）。曾经称为鸡贫血因子、鸡贫血病毒、细小病毒样因子。临床症状和病变先前描述为蓝翅病、贫血性皮炎综合征、出血性贫血，这些症状都可能是由鸡传染性贫血病毒引起的。

## 病原学

1. 鸡传染性贫血病毒属于圆环病毒科（Circoviridae）环转病毒属（Gyrovirus）。

2. 病毒粒子无囊膜并且在环境中非常稳定。

3. 病毒粒子直径大约25 nm，含有一个单股环状DNA。

4. 虽然鸡传染性贫血病毒分离株之间存在基因差异，但抗原性或致病力是否存在差异未见报道。

## 流行病学

1. 各种年龄的鸡均可感染，临床发病只见感染于2～4周龄的雏鸡，然而，当与传染性法氏囊病毒混合感染或有继发感染时，日龄稍大的鸡也可感染发病。

2. 鸡传染性贫血病毒可进行垂直传播和水平传播。由感染的产蛋鸡垂直传播是本病最重要的传播途径。无抗体的鸡感染后易出现临床症状。鸡传染性贫血病毒也可通过鸟类的排泄物在群体中传播。

## 临床症状

1. 本病唯一具体的症状是贫血，红细胞压积值在6%～27%（正常值在29%～35%）（图1）。

2. 非典型症状包括精神沉郁，组织苍白，增重下降，易继发病毒、细菌、霉菌感染。

3. 发病率和死亡率受不同病毒、宿主、环境以及同时感染的其他病原等许多因素的影响，无并发症的鸡传染性贫血病引起较低的死亡率并且表现不佳，若出现其他并发症死亡率可达30%左右甚至更高。

4. 早期感染鸡传染性贫血病毒会干扰马立克氏病或传染性法氏囊疫苗的免疫效果。

## 病理变化

1. 明显的胸腺萎缩是最常见的病变（图2）。

2. 特征性的脂肪性黄骨髓，特别是在股骨（图3）。

3. 少部分病例可见法氏囊萎缩。

4. 有时可见到腺胃黏膜、皮下组织与肌肉出血（图4）。

5. 若有继发细菌感染，可见到坏疽性皮炎，或当翅膀受到侵袭得蓝翅病（图5）。

6. 组织学变化有：明显的胸腺淋巴组织萎缩（图6），骨髓所有细胞系严重减少（图7），法氏囊淋巴滤泡细胞中度到严重缺失（图8）。脾脏及其他淋巴组织不同程度减少。可能出现继发细菌感染的病理组织学特征，包括坏疽性皮炎。

## 诊断

1. 根据临床症状和肉眼病理变化可做出初步诊断。

2.在细胞培养物（MDCC-CU147 或者 MSB1）中分离病毒，并从大多数组织、软层细胞和泄殖孔内容物中鉴定病毒。

3.应用血清学试验检测抗体，例如：病毒中和试验、间接免疫荧光试验、酶联免疫吸附试验（ELISA）等。

4.PCR 检测技术可用于鉴定细胞培养物或鸡组织中的鸡传染性贫血病毒。

## 防控措施

最好的预防措施是在种鸡群产蛋前进行免疫接种（种鸡在 13～15 周龄进行免疫接种，不能在接近产蛋前 4 周免疫接种）。

## 治疗

本病目前尚无治疗方法。

## 人畜共患

目前无此类报道。

# 鸡传染性贫血病

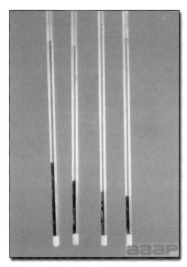

图 1
与正常对照鸡相比,感染鸡传染性贫血病毒的鸡红细胞压积值(左侧)低(15%～22%)。

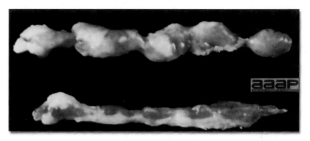

图 2
与健康鸡相比,感染鸡传染性贫血病毒后病鸡胸腺萎缩。

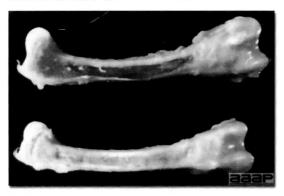

图 3
与健康鸡相比,感染鸡传染性贫血病毒后病鸡股骨骨髓呈脂肪色。

图 4
两只有可能继发出血综合征的患传染性贫血病的雏鸡胸肌的出血点和瘀血斑。

图 5
15 日龄雏鸡自然感染鸡传染性贫血病病毒的皮炎症状。

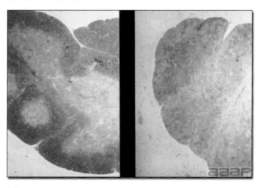

图 6
胸腺:感染鸡传染性贫血病毒鸡的胸腺与左侧健康鸡相比,小叶萎缩,皮质和髓质界限消失(H&E,9,5×)。

# 鸡传染性贫血病

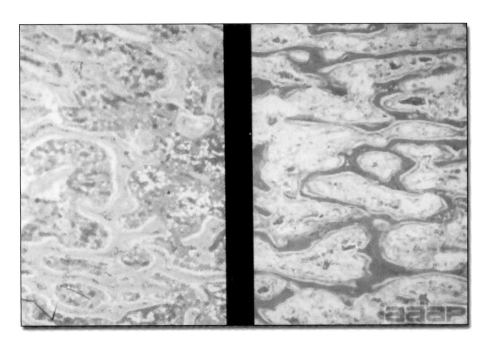

图 7
骨髓：与健康鸡相比，感染传染性贫血病病毒后病鸡的髓细胞和红细胞发育不全并被脂肪组织所代替。

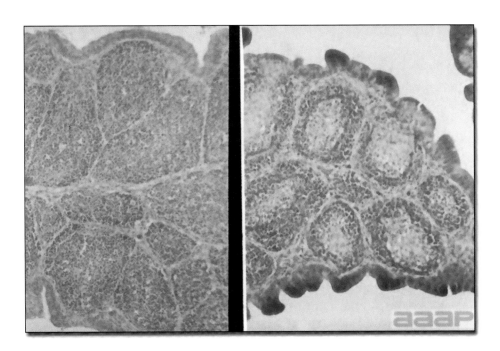

图 8
法氏囊：与健康鸡相比，感染鸡传染性贫血病病毒后病鸡法氏囊皱襞的淋巴组织萎缩和间质增生。

# 鸭病毒性肠炎

## （DUCK VIRUS ENTERITIS）

鸭瘟（Duck Plague）

## 定义

鸭病毒性肠炎（Duck virus enteritis, DVE）是鸭、鹅和天鹅等（雁形目）的急性疱疹病毒病，特征是虚弱，口渴，腹泻，病程短，死亡率高；在心血管系统、消化系统和淋巴系统均有病变。

## 发病

1. 野生的或家养的鸭、鹅和天鹅等（雁形目）禽鸟都会患病，所有年龄群和许多品种都易感。而多数成年禽鸟受侵袭。蓝翅野鸭最易感，针尾鸭不易感染。

2. 在美国，该病主要流行在纽约州、宾夕法尼亚州、马里兰州、加利福尼亚州和南达科他州。在加拿大、新西兰、法国、中国、比利时和印度均有本病发生的报道。因为野生水禽具有迁徙的习性，因此，鸭病毒性肠炎可能发生在其他具有迁徙性水禽的国家。

## 历史资料

1. 1923年在荷兰首次发现本病，开始误认为是禽流感，直到1942年首次提出鸭瘟的名称，并确认是一种不同于禽流感的新病毒病，之后在许多其他国家都确认发生该病。

2. 1967年，饲养在纽约长岛的商品代北京白鸭中出现鸭病毒性肠炎，在野生水禽中也可分离到。净化家养北京白鸭的病毒性肠炎已获得成功。

3. 加利福尼亚多个地区暴发鸭病毒性肠炎，并将它归为法定上报传染病。1973年本病出现在野生水禽的聚集地南达科他州，结果导致大约48 000羽水禽（主要为鸭）死亡。

4. 现在在美国认为鸭病毒性肠炎是地方性动物传染病，1973年鸭病毒性肠炎暴发前，USDA认为鸭病毒性肠炎为外来传染病。因为本病可以将

群体易感水禽致死，因此颇受关注。

## 病原学

1. 病原为疱疹病毒（Herpesvirus），毒株间在致病性上有差异，但免疫原性相同。

2. 病毒粒子无血凝性，这点与具有血凝性的新城疫病毒和禽流感病毒不同，可作为诊断的鉴别方法。

3. 本病毒在9～14日龄鸭胚绒毛尿囊膜中或鸭胚成纤维细胞上生长良好。开始时病毒不能在鸭蛋中直接生长但可以适应这个环境。在雏鸭中同样可以分离到该病毒，雏番鸭最为敏感。

4. 该病毒粒子可在多种宿主细胞中产生核内包涵体。

## 流行病学

1. 本病毒可通过与易感禽的接触或通过与污染环境（尤其是水源）的接触而直接或间接地水平传染。自然感染仅限于鸭、鹅和天鹅。

2. 野鸭带毒时间可达一年之久，也有证据表明带毒禽鸟在应激的情况下会间歇性排毒，进而感染易感禽鸟。

3. 发病禽鸟可以出现病毒血症，因此寄生于禽鸟的节肢动物也可以是传染媒介，然而这一传播方式还未经证明。

4. 报道本病在实验时可发生垂直传播。

## 临床症状

1. 商品雏鸭感染的潜伏期为3～7天。发病鸭表现腹泻，有血迹，脱水，喙周围发绀。1～5天后死亡。

2. 种蛋鸭产蛋量突然下降25%～40%，持续高死亡率。病禽食欲不振，精神沉郁、虚弱，共济失调，畏光，眼睑粘连，流涕，极度口渴，阴茎下垂，水

性腹泻,很快疲倦,不能站立。头下垂、翅膀伸开下垂,会出现震颤。通常具有较高发病率和死亡率,5%～100%不等,大多数禽出现临床症状后死亡。野生水禽有相似临床症状。它们通常隐藏自己,死于近水的植被中。

## 病理变化

1.许多部位都表现出血症状,体腔、肌胃、肠内出现积血,肝脏、消化道黏膜(包括食道连接处)、心脏、心包膜、卵巢等通常表现出血。

2.有重度肠炎。在食管、盲肠、直肠、泄殖孔、法氏囊内形成厚的硬壳,雏鸭食管黏膜脱落。

3.肠黏膜上有环形带状或斑点状出血或坏死,脾脏通常表现正常或者萎缩。

4.开始肝变色并有出血斑。后来出现黄疸,包括散在的小的白色斑点,也可以有出血。

5.镜检发现在变性的肝细胞、肠道上皮细胞、网状内皮细胞中存在核内包涵体。

## 诊断

1.典型临床症状和病理变化及流行病学,即可高度提示为鸭瘟。如果有核内包涵体或者利用荧光抗体检测技术证明组织内有病毒则进一步加强诊断的准确性。

2.可利用鸭胚进行病毒的分离和培养,病毒最初在鸭胚中生长,但不能在鸡胚中繁殖。利用鸭病毒性肠炎抗血清进行中和实验可确认病毒。

3.回顾分析,及时对急性期和恢复期鸭进行血清检测,若鸭瘟病毒抗体滴度上升即可确诊鸭病毒性肠炎暴发。

4.鸭病毒性肠炎应与鸭病毒性肝炎(Duck viral hepatitis)、出血性败血病(Pasteurellosis)、新城疫(Newcastle disease)、禽流感(Avian influenza)、球虫病(Coccidiosis)和其他可引起肠炎的疾病区别开。

## 防控

1.农场主应避免家养水禽与野生水禽共栖或者接触。做好检疫和卫生消毒工作,预防疾病发生。

2.怀疑发生疫情应及时向相关政府部门报告,联邦政府及时制定出控制疫情的措施。对商业饲养的水禽,曾经采用屠宰与赔偿相结合并采取隔离措施来控制疫情。目前,屠宰与补偿已经中止,政府要求在一定范围内接种疫苗。

3.活的弱毒疫苗和灭活疫苗均可预防本病,但在使用前应获取动物卫生防疫部门的批准。大多使用都未得到授权。

4.美国已建立对鸭病毒性肠炎的检测监控系统,疑似暴发的疫情需通过政府官方或者联邦诊断实验室进行处理。

## 治疗

尚无治疗方法。

# 鸭肝炎

## （DUCK HEPATITIS）

（鸭肝炎，鸭肝炎病毒，鸭病毒性肝炎）
(Duck Hepatitis(DH),Duck Hepatitis Virus(DHV),Duck Viral Hepatitis)

## 定义

鸭肝炎(Duck hepatitis,DH)是一种急性的、传播迅速的引起雏鸭感染的病毒病,其特点是病程短,死亡率高,肝脏呈点状或瘀斑状出血。三种不同型的病毒均能引起鸭肝炎。

## 发病

Ⅰ型鸭肝炎病毒最早发生在商业养殖的北京鸭雏鸭,而且几乎只感染小于 5 周龄的雏鸭。在其他物种至今还未有该病暴发的报道。鸭肝炎可能存在于世界范围内所有的鸭养殖区。Ⅱ型鸭肝炎病毒只见于英国,引起 6 周龄的鸭感染发病。Ⅲ型鸭肝炎病毒只见于美国,5 周龄的雏鸭易感。

## 历史资料

1945 年鸭肝炎首次发生于纽约,病原可能是Ⅰ型鸭肝炎病毒。1949 年长岛出现类似的鸭病毒性肝炎,造成大约 750 000 只雏鸭死亡。随后,该病在其他多个州和世界许多国家均有报道。在美国,鸭肝炎仍被列为养鸭业的主要疫病之一。1965 年,英国首次报道在Ⅰ型鸭肝炎病毒免疫鸭群中发生Ⅱ型鸭肝炎病毒感染。1969 年,长岛的Ⅰ型鸭肝炎病毒免疫的小鸭群中出现Ⅲ型鸭肝炎病毒感染。

## 病原学

1.Ⅰ型鸭肝炎病毒属于小 RNA 病毒科(Picornaviridae)的肠道病毒。与其他病毒病不同的特点是抗氯仿、无血凝性。该病毒较稳定,难以从受污染的环境中清除。已有报道Ⅰ型鸭肝炎病毒发生血清学变种。

2.Ⅱ型鸭肝炎病毒属于星状病毒(Astrovirus),与Ⅰ型鸭肝炎病毒类似,其抵抗力较强。Ⅲ型鸭肝炎病毒也属于星状病毒,但是与Ⅰ型鸭肝炎病毒无关。

3.Ⅰ型鸭肝炎病毒可以从鸡胚或鸭胚、1 日龄雏鸭的病肝中分离,或用鸭胚肾细胞或肝细胞进行培养。Ⅱ型鸭肝炎病毒难以分离,而Ⅲ型鸭肝炎病毒可以在 9~10 日龄鸭胚绒毛尿囊膜中分离。

4.鸭肝炎病毒在感染后幸存的雏鸭和免疫接种的成鸭可以刺激产生高度免疫。

## 流行病学

1.Ⅰ型鸭肝炎病毒是一种高度传染性疾病。感染后处于恢复期的雏鸭排毒时间长达 8 周。易感雏鸭可通过与感染的雏鸭或污染的环境直接接触而发生感染。病毒可在受污染的育雏室存活 10 周,在排泄物中存活 37 天。Ⅱ型鸭肝炎病毒通过口腔和泄殖孔途径均可传播。存活鸭在感染后 1 周内可持续排毒。Ⅲ型鸭肝炎病毒危害性与Ⅱ型鸭肝炎病毒相似,但程度轻。

2.野鸟疑似是病毒短距离传播的机械性携带者。病毒未显示经卵传播,目前还不清楚该病的传播媒介。

## 临床症状

### Ⅰ型鸭肝炎病毒

1.潜伏期非常短,试验感染大约为 24 h,发病率接近 100%。该病在群内的发生与传播很迅速,多数感染发病 1 周死亡。

2.发病雏鸭起初行走缓慢落后于群体,短时间内呈眼半闭呈蹲坐状态,身体倒向一侧,痉挛性踢腿,很快死亡。常呈角弓反张姿势死亡(图 1)。通常症状出现 1 h 内死亡。

3.死亡率与年龄相关,发病情况如下:小于 1 周龄死亡率达 95%;1~3 周龄的雏鸭死亡率 50%;大于 4 周龄以及以上鸭死亡率可忽略。

4.成年鸭或部分免疫鸭临床症状和损失很小,

可被忽视。

Ⅱ型和Ⅲ型鸭肝炎病毒

雏鸭通常在感染后 1～4 天出现临床症状,临床症状出现后 1～2 h 死亡。临床症状有抽搐和角弓反张。死亡率达 10%～50%。Ⅲ型与Ⅰ型鸭肝炎病毒类似,但死亡率低于 30%,而发病率更高。

## 病理变化

1.三种病毒引起的病变相似。

2.多数死亡鸭尸体呈角弓反张姿势。

3.肝脏肿胀并呈点状或弥散性出血(图 2)。肾脏稍肿,脾脏增大。显微镜观察可见肝坏死、胆管增生以及一定程度的炎性反应(图 3)。

## 诊断

1.雏鸭突然发病,传播迅速,病程短,以及病灶性、出血性肝炎提示为鸭肝炎病毒感染。

2.Ⅰ型鸭肝炎病毒通常可在鸡胚、鸭胚或一日龄易感雏鸭中分离到。一旦分离到病毒,可利用已知鸭肝炎抗血清进行中和试验来鉴定病毒。也可以将病毒同时接种于易感鸭和免疫雏鸭来进行鉴定。Ⅱ型鸭肝炎病毒可通过电镜检查肝脏或血液来识别。Ⅲ型鸭肝炎病毒不能在鸡胚中分离得到而且难以在雏鸭体内繁殖,鸭胚绒毛尿囊膜是接种的首选途径。已有报道可在鸭肝脏上进行直接免疫荧光试验进行鉴定。

3.鸭肝炎要与鸭病毒性肠炎、新城疫和禽流感进行区别,与鸭肝炎病毒相反,其他病原体的特点是其对氯仿敏感;同时,新城疫和禽流感病毒有血凝性。

## 防控

Ⅰ型鸭肝炎病毒

1.在暴发初期,所有易感雏鸭应当肌肉注射鸭肝炎抗血清。如果抗血清效力高,一次注射即可。高效血清可以从自然感染或实验感染的鸭血中获得。在屠宰时可收集血液并获得血清。预防鸭肝炎病毒用的抗体也可以从免疫种鸭或病毒高免鸡所生产的卵的卵黄获得。

2.未感染雏鸭可主动用鸡胚适应的非致病性疫苗免疫接种。然而,体内存在母源抗体的雏鸭对疫苗不应答。

3.多数鸭养殖户间隔 3～4 个月对鸭种群进行免疫接种,以维持高水平的抗体滴度。免疫鸭会将抗体通过卵传给子代,子代可在生命关键的前几周受到抗体保护。种鸭应至少在产卵孵育的前 2 周进行免疫接种,活疫苗或灭活苗均可购得。

Ⅱ型和Ⅲ型鸭肝炎病毒

只允许试验性对种鸭进行疫苗接种。必须实施严格的生物安全措施。若要获得关于疫苗或抗血清的信息,可以联系鸭研究实验室,东港,长岛,NY11941。

## 治疗

目前无有效措施治疗该病。

# 鸭肝炎

图1
感染鸭肝炎病毒的雏鸭，死亡呈角弓反张姿势。

图2
肝脏肿大并呈斑点状至弥散性出血。

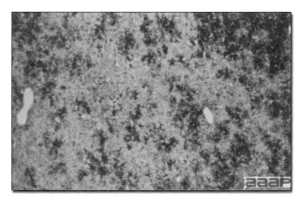

图3
感染鸭肝炎病毒雏鸭肝脏的微观病变，注意大量的肝细胞坏死和出血。

# 禽痘

## （FOWL POX）

## 定义

禽痘(Fowl pox, FP)是鸡、火鸡和其他禽鸟传播缓慢的一种病毒病，特点是引起头、颈、腿、脚等无羽毛部位的皮肤病变，或者在嘴、上消化道和呼吸道出现白喉病变。

## 发病

家禽中，禽痘主要发生于鸡和火鸡。其他禽鸟，如鸽子、金丝雀、鹦鹉时常感染，许多野生禽鸟也偶见发病。或许所有禽鸟都易感。除新孵化的幼禽外，各日龄禽均可感染痘病，并且该病在世界范围内分布。

## 历史资料

禽痘是一种古老疾病，在遥远的过去，该病误认为与人的天花和水痘有关。以 1873 年 Drs. Bollinger 发现痘包涵体（博林格氏小体）和 1904 年 Borrel 发现原生小体（包柔氏包涵体）为特征。在美国，痘病已是一种普通且常发的家禽疾病。近年来，在野生禽和笼养禽中，痘病越来越受关注，实验室的送检频率在增加。

## 病原学

1. 禽痘病毒为痘病毒科（Poxviridae）痘病毒属（Avipoxvirus）的 DNA 病毒，许多毒株以公认的自然感染的物种名字命名。例如：

禽痘病毒（fowl poxvirus）
鹌鹑痘病毒（quail poxvirus）
火鸡痘病毒（turkey poxvirus）
八哥痘病毒（mynah poxvirus）
鸽痘病毒（pigeon poxvirus）
鹦鹉痘病毒（psittacine poxvirus）
金丝雀痘病毒（canary poxvirus）

2. 各种痘病毒株之间的关系密切，然而，多数病毒株的宿主特异性强。在一些病例中，接触一种痘病毒，机体会产生对本病毒以及本属其他多种痘病毒的免疫力。自夏威夷森林禽鸟体内分离的痘病毒（夏威夷乌鸦和白臀蜜雀痘病毒）的相互关系比其他禽痘病毒的关系更密切，这表明该区域的痘病毒在遗传学上的不同。可能所有的痘病毒株都是来源于同一病毒的宿主修饰性的变异毒株。

3. 各种株的禽痘病毒形态一致，传统的病毒分类依赖于禽鸟体内交叉保护试验，但这些在常规诊断中无法实际应用。DNA 的限制性内切酶分析已成功运用于毒株分类。

4. 痘病毒感染后的恢复期通常产生对后面接触的同一类病毒强烈持久的免疫力。在火鸡和鸡之间接种痘疫苗可以有效预防痘病。然而，最近数次禽痘病的大暴发发生于免疫鸡群。

5. 病毒存在于病灶和脱落的痂皮中，痘病毒可抵抗各种环境因素并在环境中存活数月。

6. 大多数痘病毒刺激感染上皮形成包涵体（博林格氏小体），细胞质包涵体包括原生小体（包柔氏包涵体）。细胞质包涵体相当大，在显微镜下容易识别。

## 流行病学

1. 在皮肤上形成含病毒的结痂脱落于环境中，病毒在环境中持续存在，通过皮肤轻微擦伤感染易感禽鸟。通过同类相食发病禽鸟的机械传播是某些痘病大暴发的关键因素。吸入含病毒的雾化的羽毛和结痂屑引起呼吸道感染。

2. 某些蚊子以及一些吸血节肢动物可以将病毒从感染禽鸟传播给易感禽鸟。蚊子传播病毒长达数周，蚊子传播的发病可以引起病毒的快速散播。

3. 通过人工授精，将病毒从雄火鸡传播至雌火鸡，引起痘病毒感染。

## 临床症状

1. 在家禽中，发病是渐进的过程，禽群出现大量明显的皮肤病之前检测不到病毒。疾病传播缓慢，严重暴发可持续数周。火鸡痘病毒感染比禽痘病毒感染进程更缓慢。金丝雀呈全身感染且死亡率高。症状随两种痘病的交叉形式而变化。

A. 皮肤型

这种形式在多数痘病中占主导，禽鸟无明显症状表现，增重轻微到中度下降，产蛋量暂时下降，群体精神差。当无合并症时，死亡率低。

B. 白喉型

上呼吸道或消化道白喉样病变引起呼吸困难或食欲不振。鼻腔或结膜病变导致鼻腔和眼出现分泌物。死亡率较低至中等，通常由于窒息、饥饿和脱水而死。

## 病理变化

1. 皮肤病变表现多样，可观察到丘疹、水泡、脓疱和结痂。在多数发病最后阶段，一些禽鸟出现由红棕色转变为黑色的结痂，可作为诊断依据（图1）。丘疹是起始病变表现，皮肤呈现出浅色结节，接着出现黄色的水泡和脓疱。偶尔出现小的乳头状瘤样病变。通常在头部（图2）和颈部无羽毛部位发生病变，但是也可能出现在泄殖孔周围、脚或腿（图3）。笼养和野生禽鸟脚部或腿部经常出现病变，多数出现角质增生。

2. 白喉病变表现为黏液薄膜上出现浅黄色至黄色斑块。通常发生在嘴部，也可能发生在鼻窦、鼻腔、结膜、咽、喉头、气管或食管（图4、图5）。白喉病变经常伴随着皮肤损伤，但是在一些禽鸟白喉病变可能单独出现。

3. 用禽痘疫苗免疫的火鸡体内曾发现火鸡痘病毒（图6）。禽鸟有时出现结膜、嘴和上消化道病变。经济损失常由于低饲料转化率造成。

4. 显微镜下可见皮肤型或白喉型病变都表现为上皮增生（图7），有嗜酸性胞浆包涵体（图8），病变部位周围出现炎症反应等。

## 诊断

1. 典型的皮肤病变可作为疾病的诊断依据。并可通过病变部位染色的切片或刮片中的胞浆内包涵体进一步确诊。

2. 在同种易感禽鸟可以复制出典型皮肤病变。

多数病变物质在有伤口皮肤或空的毛囊处接种，5～7天在接种部位产生典型痘痂。

3. 含病毒的病变物可在鸡胚绒毛尿囊膜上产生痘痕，病变包括典型的胞质内包涵体。

4. 一些痘病毒株，尤其是火鸡痘病毒，在组织切片中无明显的包涵体。电镜可以辅助诊断。

## 防控

1. 可以通过对鸡、火鸡、鸽子、金丝雀和鹌鹑的免疫接种来预防痘病。通常在禽鸟4周龄时完成免疫接种，如果必要可以在任何年龄实施免疫。小母鸡在开产前1～2个月进行疫苗接种。

2. 鸡和鸽子通常在翅膀刺种，用带有两个开槽针的涂药器蘸取疫苗，刺入翅膀。火鸡可以通过翅膀接种，但病变可能从接种部位转移至头部。当禽鸟2～3月龄时腿部穿刺接种也是推荐的接种方法。育种火鸡应再次免疫接种。

3. 目前鸽痘疫苗被广泛应用于鸡，可单独使用也可以配合禽痘疫苗使用。如果购买用于替代蛋鸡的鸡是在10周龄前进行初免的，应再次免疫。鸽痘疫苗若不合理使用会在鸽子引起严重反应。

4. 通常用禽痘疫苗给火鸡进行免疫接种。如果证实火鸡痘病毒、鹌鹑痘病毒、金丝雀痘病毒等毒株是致病病原时，可使用相应的商品化的疫苗。禽痘疫苗和鸽痘疫苗与以上毒株无交叉保护性，禽痘疫苗不能用来免疫鸽子。

5. 免疫接种会在接种部位产生轻微病变，应在接种后5～7天大量检测禽鸟免疫病变的样本。火鸡痘疫苗接种造成的病变通常出现得比禽痘疫苗晚（接种后8～10天）。大部分禽鸟应该有病变，否则需要再次进行免疫。

6. 除非周围出现痘病，肉鸡无须免疫。肉鸡一般在1日龄进行温和的组织培养的痘疫苗皮下接种。该疫苗不产生可见的病变，但可能在接种后4～12天，引起小部分鸡出现中枢神经系统病变。卵内注入该疫苗可能增加出现中枢神经系统病变的小鸡的数目。

7. 通过适当断喙和降低环境光强度来控制同类相啄的发生。

8. 目前禽痘在重组疫苗中充当载体。

## 治疗

无合适的治疗措施。

# 禽痘

**图 1**
育种肉鸡发生禽痘感染,红棕色结痂转为黑色结痂。

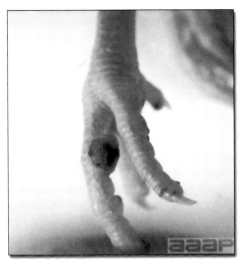

**图 2**
母鸡头部无羽毛皮肤出现痘病变。

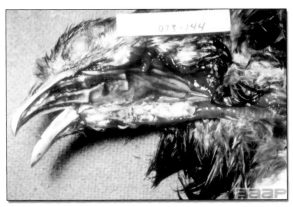

**图 3**
实验感染禽鸟的皮肤的痘病变(脚)。

**图 4**
自然感染雏鸡口的白喉痘病变。

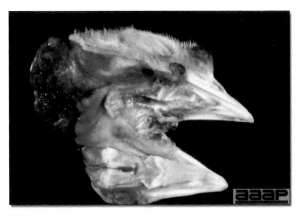

**图 5**
自然感染母鸡出现气管栓塞样白喉痘病变。

**图 6**
发生干痘病的年轻火鸡。

# 禽痘

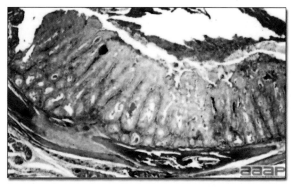

**图 7**
气管的显微病变显示上皮增生和炎性反应。注意内腔有坏死细胞。

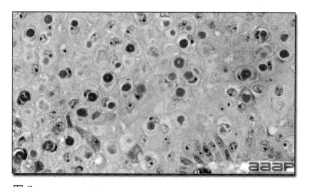

**图 8**
显微病变显示感染细胞发生空泡变性和特征性嗜酸性胞浆内包涵体。

# 戊型肝炎病毒

## （HEPATITIS E VIRUS）

（戊型肝炎病毒或者鸡肝炎-脾肿大综合征）

(Hepatitis E Virus, HEV or Hepatitis-Splenomegaly Syndrome in Chickens)

## 定义

戊型肝炎病毒（Hepatitis E Virus, HV）导致蛋鸡和肉鸡的肝炎-脾肿大综合征，典型病症为死亡率上升和产蛋量下降。死禽的病征为肝脏出血，在肝、腹腔和肿大的脾周围有瘀血。美国、澳大利亚、加拿大、欧洲和中国，以及世界其他地区都有此病发生。

## 发病

1991年第一次报道在加拿大西部出现肝炎-脾肿大综合征（HS），之后在美国、澳大利亚和欧洲都有该病的发生。该疾病在美国和澳大利亚有多种叫法，如出血性肝病（Weeping liver disease），出血坏死性肝脾肿大（Necrotic hemorrhagic hepatospleno-megaly），坏死出血性肝炎（Necrohemorrhagic hepatitis），坏死出血性肝炎-脾肿大综合征（Necrotic hemorrhagic hepatosplenomegaly syndrome），慢性暴发性胆管肝炎（Chronic fulminating cholangiohepatitis）和坏死出血性肝炎-脾肿大综合征（Necrotic hemorrhagic hepatitis splenomegaly syndrome）。在澳大利亚，这种疾病也被称为大肝大脾病（Big liver and spleen, BLS）。

## 病原学

肝炎-脾肿大综合征（HS）主要由戊型肝炎病毒引起，该病毒同人和猪的戊肝病毒亲缘关系较远（解旋酶基因相似性为58%～61%）。戊肝病毒为球形，无囊膜，直径32～34 nm的对称病毒。它是单股正链RNA病毒，属于新的戊型肝炎病毒科（Hepeviridae）和戊型肝炎病毒属（Hepevirus）。不同地区分离得到的禽戊肝病毒毒株具有不同的遗传差异，比如澳大利亚，美国和欧洲。禽戊肝病毒也可从临床表现正常的鸡群中分离到。

研究表明，造成肝炎-脾肿大综合征（HS）和大肝大脾病（BLS）的禽戊肝病毒的核苷酸序列有79%的相似性。肝炎-脾肿大综合征常见于30～72周龄的产蛋母鸡，尤其在40～50周龄最高发。笼养的来航鸡典型发病，在一些农场肝炎-脾肿大综合征经常会反复发生。肝炎-脾肿大综合征在美国的禽群中呈地方性流行。美国的血清学调查表明71%的禽群和30%的鸡是戊型肝炎病毒抗体阳性。17%的小于18周龄的鸡和36%的成年鸡都呈禽戊型肝炎病毒抗体阳性。在美国已检测到大肝大脾病抗体阳性的鸡。

## 流行病学

1. 禽戊型肝炎病毒的传播途径主要为粪—口传播，但试验复制该病时主要通过口鼻途径接种病毒。

2. 实际上，禽戊型肝炎病毒很容易在鸡群之间和鸡群内部传播。

3. 处于胚胎期的鸡蛋也可由静脉接种途径感染。

## 临床症状

1. 肝炎-脾肿大综合征的临床表现不特异，包括厌食、精神沉郁、鸡冠和肉垂苍白，泄殖孔粪便污染。

2. 有一些禽鸟会无任何临床症状地突然死亡。

3. 在实际饲养过程中，发病率和死亡率都低。每周死亡率大约为1%，发病持续3～4周。

4. 产蛋下降在正常水平之上，但在一些发病鸡群中明显，产蛋率下降可高达20%。在肉鸡中可见小鸡蛋，壳薄且着色浅。

## 病理变化

1. 肉眼病变主要包括腹腔和/或肝脏出血（图1），且腹腔中有红色液体。

2. 肝脏肿大易碎，有红色、白色和黄褐色花斑的病灶。偶见肝被膜下血肿。

3.脾极度肿大,有白斑(图2)。卵巢常退化。

4.在显微镜下,肝脏病变从多灶性到广泛性肝坏死和出血(图3),并在肝汇管区有单核细胞浸润。肝脏血管周围淋巴细胞浸润是鸡肝炎-脾肿大综合征的典型病变。脾脏显微病变包括淋巴细胞缺失、单核巨噬细胞系统增生、小动脉和血管窦间隙的嗜酸性物质积累。同样,嗜酸性物质也存在于肝脏间质中(图4)。这种嗜酸性物质用刚果红染色后对淀粉物质呈阳性(图5)。

## 诊断

1.基于临床症状、死亡姿势、肉眼和微观病变,可以做出一个初步的诊断方案。然而,肝炎-脾肿大综合征的肉眼病变与鸡出血性脂肪肝综合征(HFLS)症状类似。但在肝炎-脾肿大综合征中,不管是肉眼还是微观,我们都观察不到脂肪肝,同时在鸡出血性脂肪肝综合征中肝脏也无淀粉样变性。

2.通过静脉注射接种后也可从鸡胚中分离到病毒,但由于该方法比较困难且鸡胚死亡率过高,所以此方法并不实用。同时也可用负染电镜法检测到患有肝炎-脾肿大综合征的鸡的胆汁、粪便中含有病毒颗粒。

3.免疫组化方法可用于该病的检测。

4.ELISA 和琼脂凝胶免疫扩散试验也可作为该病的诊断方法。

5.目前,禽戊型肝炎病毒的诊断主要通过 RT-PCR 检测粪便和肝脏中病毒 RNA。

## 防控和治疗

生物安全措施的实施能够限制病毒的传播,但目前为止,没有有效的方法可以控制肝炎-脾肿大综合征。一项研究表明,免疫禽戊型肝炎病毒重组 ORF2 衣壳蛋白并用含铝的佐剂,可以产生免疫保护从而抵抗禽戊型肝炎病毒的感染。

# 戊型肝炎病毒

图 1
63 周龄的感染戊型肝炎病毒的鸡肝脏肿大、出血。

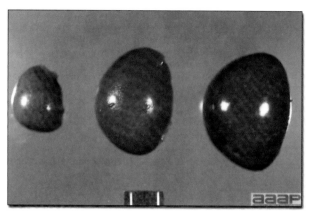

图 2
右侧两个肿大的带有白色斑点的脾脏,来源于 56 周龄感染戊型肝炎病毒的鸡。左侧脾脏为正常大小。

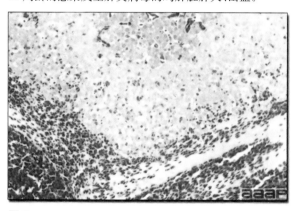

图 3
急性出血并且肝索和肝血窦结构破坏(HE 染色)。

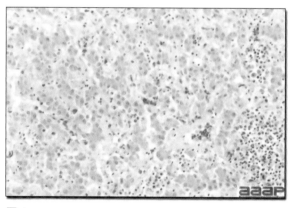

图 4
感染了戊型肝炎病毒的鸡的肝脏表现为沉积嗜酸物质、淀粉间质 HE 染色的照片。

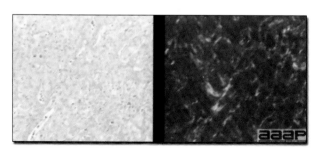

图 5
刚果红染色阳性显示橘黄色的淀粉(左侧)以及淀粉在偏振滤光片下的苹果绿色双折射特性。

# 传染性支气管炎

## （INFECITOUS BRONCHITIS）

## 定义

传染性支气管炎（Infecitous bronchitis, IB）是由传染性支气管炎病毒引起的鸡的一种急性、高度接触性病毒病，临床特征主要表现为呼吸道症状（气喘、打喷嚏、咳嗽和流鼻涕），肾型毒株会导致严重的肾病和明显的产蛋下降。

## 发病

1. 在自然感染状态下本病只感染鸡。若鸡群从未感染过该病毒或没有接种疫苗，各种日龄的鸡都易感。

2. 目前所有国家的大规模鸡群里都有传染性支气管炎病毒感染。在美国，传染性支气管炎的感染很常见，并且全年流行，甚至是在免疫过的鸡群。

## 历史资料

1. 1930 年，首次在雏鸡中观察到传染性支气管炎。在 20 世纪 40 年代，传染性支气管炎在产蛋鸡群是一种严重的疾病，可以导致产蛋量大幅下降。肾病型传染性支气管炎在 1960 年首次发现。

2. 1936 年，Beach 和 Schalm 首次分离到病毒，1956 年第一次报道传染性支气管炎有多种血清型。

3. 在 20 世纪 50 年代出现商品化疫苗，目前在全世界范围内使用。

## 病原学

1. 传染性支气管炎病毒（IBV）属冠状病毒（Coronavirus），该病毒相当不稳定，可以被多种普通消毒剂破坏。

2. 大多数传染性支气管炎病毒不经酶处理就没有凝集红细胞的能力，这方面不同于新城疫和流感病毒。

3. 传染性支气管炎病毒各个毒株间都有较大的抗原变异，并且分为不同的血清型。在美国，常见的血清型（Connecticut, Massachusetts, Arkansas 99, DEO72 and GA98）用于疫苗的制备。不同血清型之间没有或很少有交叉免疫保护。

4. 一些传染性支气管炎病毒毒株对肾组织有明显的偏好，这些肾型毒株可以导致显著的死亡率。

5. 传染性支气管炎病毒有较高的突变率，使得该病难以诊断和防控。

## 流行病学

1. 传染性支气管炎病毒的传播主要是通过吸入病鸡排出的含有病毒的小液滴，气溶胶传播可以在相当远的距离发生，所以传染性支气管炎病毒可以快速地感染整个鸡群。

2. 在污染的环境中，病毒在适宜的环境下可以存活 4 周或更长时间。易感禽鸟如果在此期间处在这种环境中也会感染该病毒。

3. 少量禽鸟在感染传染性支气管炎病毒后可能会周期性地持续排毒几个月。间歇性的排毒会污染环境，并且会成为易感鸡的传染源。

4. 没有垂直传播的资料。

## 临床症状

### 雏鸡

1. 症状主要包括咳嗽、打喷嚏、呼吸啰音、流鼻涕和眼泪（图 1）。实际发病率 100%，尽管症状的严重程度不一样。感染后 48 h 之内出现症状。

2. 病禽体虚，精神抑郁，在热源附近扎堆。

3. 雏鸡死亡率一般较低，除非同时混合感染其他病源。肾型毒株可以造成较高死亡率。

### 蛋鸡和肉鸡

1. 常见症状包括咳嗽、打喷嚏、啰音。几乎不流鼻涕或眼泪。

2. 产蛋量显著下降（高达 50%），可持续 6～8

周影响产量甚至更长时间。常出现软壳畸形蛋(图2)。蛋清呈水样。传染性支气管炎暴发后相当长的一段时间鸡蛋质量低并且蛋壳不平整。低于2周龄的鸡感染传染性支气管炎或是对疫苗反应强烈则会对输卵管造成永久性伤害,导致产蛋能力下降或是丧失产蛋能力。

3.鸡感染传染性支气管炎或是对疫苗反应强烈会造成对其他继发病原易感性增加(如大肠杆菌或鸡败血性支原体),发生气囊炎。这种并发症非常严重,可能会加剧呼吸道症状,特别是对雏鸡。

4.雏蛋鸡,甚至是成年鸡,若感染肾型毒株后会引起肾脏苍白肿大和结石病(图3),并且导致高死亡率。

## 病理变化

1.上呼吸道主要呈现轻度到中度炎症(图4)。可能会伴有气囊炎(图5)。严重的气囊炎主要表现为气囊膜显著增厚,不透明,同时伴有渗出物。气囊炎可以导致雏鸡和育成鸡死亡,特别是在饲养环境差的情况下。年龄较大的鸡多具有抵抗力。

2.特别在雏鸡,(包括肉鸡)中有时会出现肾肿大,输尿管和肾小管会有尿酸结晶。

3.腹膜腔中出现卵黄物质,卵泡发育迟缓。这些病变不仅出现在感染传染性支气管炎病毒的鸡群中,在蛋鸡的其他急性疾病中也存在。

4.患有传染性支气管炎或是有严重疫苗反应并且小于2周龄的蛋鸡会发生输卵管畸形。输卵管发育不全或有囊肿的禽鸟可能会在腹腔存有卵黄或完全形成的卵,被称为内排卵(internal layers)。

5.从组织学上来说,气管炎主要特征为黏膜水肿、纤毛细胞脱落、上皮细胞变圆脱落、炎性细胞浸润(图6)。肾脏的病变主要体现为间质性肾炎(图7)。

## 诊断

1.配对检测急性发病和康复期的血清可以有效地验证特异性的免疫反应。诊断的方法包括:病毒和血清的中和实验(VN)、ELISA及改良的血凝抑制实验(HI),但是只有中和实验和部分血抑实验是血清型特异的。

2.想要做出正确的诊断必须要分离毒株并确定毒株亚型。分离毒株时需用9~12日龄的鸡胚。通常从气管,肺,气囊和肾分离病毒。感染病毒超过1周后,可从盲肠扁桃体和泄殖孔拭子中分离出病毒。确定病毒亚型可以利用中和实验、血凝抑制实验、单克隆抗体和RT-PCR及测序。

3.9~12日龄鸡胚上清液接种病毒,产生病变更有利于疾病的诊断。接种病毒5~7天后存活鸡胚的中肾有过多的尿酸盐。传染性支气管炎病毒可导致一些鸡胚矮小和发育障碍,也可使羊膜和尿囊膜增厚,紧贴覆盖着胚胎。从第一次分离出病毒后需要传3~5代之后获得鸡胚病变。与新城疫弱化毒株的胚胎病变相似。

4.自然分离的传染性支气管炎病毒毒株都没有凝集红细胞的能力,但用神经氨酸酶处理后会有凝血能力。新城疫病毒和禽流感病毒不需要任何前处理就能凝集红细胞。

5.利用荧光抗体技术和电镜检测气管样品可以快速诊断出鸡群是否感染传染性支气管炎,但不能确定血清型。

## 防控

1.改良的传染性支气管炎病毒活疫苗可用于雏鸡的防疫。当一个地区只流行同源血清型的传染性支气管炎病毒时,该血清型的疫苗才能产生有效的保护。通常首免在1日龄,大约在2周龄加强免疫,前期有母源抗体的保护。通常也用多价传染性支气管炎疫苗,但可能会在雏鸡中造成较严重的疫苗反应。传染性支气管炎病毒疫苗通常是和新城疫疫苗放在同一容器内,但如果不是商品化的联合疫苗可能会干扰新城疫疫苗的效果。疫苗通常是通过饮水或喷雾接种。保存时需要极小心,保证疫苗的完整性,因为在不利条件下疫苗很容易失活。

2.接种疫苗后要仔细观察,防止禽鸟患上气囊炎。若观察到出现气囊炎症状或病变,要及时在饲料和饮水中加入广谱抗生素减小气囊炎及反应。

3.现在主要是应用灭活疫苗防疫该病。通过皮下或肌内注射,免疫14~18周龄种鸡和蛋鸡。灭活苗免疫可以产生持续较高的抗体水平。

## 治疗

1对传染性支气管炎目前尚无有效的治疗方法,采用广谱抗菌药物控制并发症。如果传染性支气管炎病毒感染或是接种疫苗后没有并发症,则不推荐使用药物治疗。

2如果雏鸡感染了传染性支气管炎病毒,增加室温,饲喂暖和湿润的饲料以鼓励增加采食,避免管理上的失误是有益的。

# 传染性支气管炎

**图 1**
眼睛有分泌物的雏鸡。

**图 2**
传染性支气管炎阳性肉种母鸡产的畸形和软壳蛋。

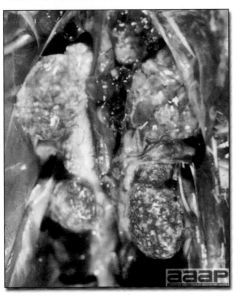

**图 3**
传染性支气管炎肾型毒株引起的肾脏病变。

**图 4**
轻微的上呼吸道炎症,喉内泡沫状分泌物。

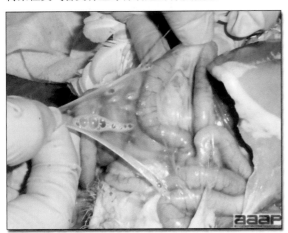

**图 5**
肉鸡轻微的急性气囊炎。腹气囊内的泡沫状分泌物。

# 传染性支气管炎

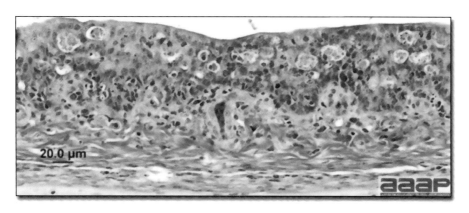

图 6
以纤毛脱落、黏膜腺消失、黏膜上皮增生、炎细胞浸润的病变为特征的
病毒性气管炎。

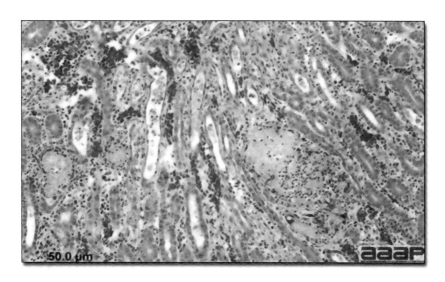

图 7
感染了传染性支气管炎肾型毒株的鸡的肾小管间质性肾炎。

# 传染性法氏囊病

## （INFECTIOUS BURSAL DISEASE）

### （甘布罗病，Gumboro Disease）

## 定义

传染性法氏囊病（Infectious bursal disease，IBD)是雏鸡的一种急性、传染性病毒病，以法氏囊炎症和萎缩以及不同程度的免疫抑制为主要特征。

## 发病

所有家禽规模化生产的国家都存在此病。临床症状表现不一，3～6 周龄的鸡症状较为严重。鸡的法氏囊存在功能的时期易得传染性法氏囊病（主要是 1～16 周龄的鸡）。3 周龄以下的鸡感染不会有明显的症状。法氏囊的损伤会导致家禽免疫抑制。感染鸡的周龄越小，免疫抑制越严重，从而更易继发感染其他病原。一旦环境污染此病毒，会经常复发此病并常呈亚临床症状。

呈现亚临床症状感染传染性法氏囊病的火鸡不会出现免疫抑制。然而，并没发现与传染性法氏囊病病毒混合感染的病毒。来自火鸡的传染性法氏囊病病毒在血清学不同于鸡的传染性法氏囊病病毒。鸭子也呈亚临床感染并且不会产生明显的免疫抑制。

## 历史资料

1962 年，由传染性法氏囊病病毒（Infectious bursal disease virus，IBDV)引起的疾病出现在特拉华州的甘布罗，因此和传染性法氏囊病病毒引起的临床问题和症状相似的疾病经常称为"甘布罗病"。1972 年，Allan 第一次被报道传染性法氏囊病能造成免疫抑制。传染性法氏囊病被经典疫苗控制了多年，此疫苗基于早期的传染性法氏囊病分离株。在 19 世纪 80 年代，在德玛瓦半岛分离到传染性法氏囊病病毒血清 1 型的变异毒株。在美国的肉鸡厂，尽管使用了疫苗，但传染性法氏囊病仍长期存在。传染性法氏囊病的强毒株在新西兰、非洲、亚洲、南美洲以及美国都有报道。

## 病原学

1 传染性法氏囊病病毒是（微)小核糖核酸病毒科（Birnaviridae)禽双 RNA 病毒属（Avibirnavirus)的病毒。该病毒基因组由两个双股的 RNA 片段组成，能在鸡胚或者鸡胚细胞中复制，并且有两种血清型，但只有 1 型血清型具致病性。

2 传染性法氏囊病病毒能抵抗多种环境因素以及消毒剂，并且能在污染的房屋中存活数月或者在水、饲料和粪便中存活数周。该病毒可以通过污染物传播，但对福尔马林和碘消毒剂敏感。含 0.05% NaOH 的逆化皂能杀死该病毒。

## 流行病学

1. 该病毒能通过感染的鸡、房屋或污染物传播给易感小鸡，具高度接触传染性。

2. 没有文献记载传染性法氏囊病病毒能够垂直传播也没有证据证明有病毒的携带者。

3. 小粉虫（Alphitobius diaperinus)能在发病后携带此病毒数周，并能传播给其他易感禽鸟，此虫生活在家禽的垫料中。

4. 潜伏期短，接触后 2～3 天就会出现明显临床症状。

5. 由于亚临床感染（3 周龄之前)对于体液免疫的抑制以及以后的继发感染在经济上值得重视。该病毒损伤淋巴（产生免疫球蛋白的淋巴细胞)并能严重损伤法氏囊。胸腺、脾脏以及盲肠扁桃体也呈现较轻程度的损伤。

6. 已证明，不超过 3 周龄的易感雏鸡感染传染性法氏囊病病毒会严重损害体液免疫应答，之后这些雏鸡免疫接种其他病原时也不会产生正常的免疫应答。有证据表明在鸡群会频发包涵体肝炎以及坏疽性皮炎。一些活疫苗也会像野毒株一样引起潜在的损伤。

7.母源抗体的被动输送对于雏鸡在早期预防此病毒起到重要作用。种鸡场必须接种疫苗或者现场接触病毒随后加强免疫以刺激产生更高水平的母源抗体。实施良好免疫的种鸡群的后代保护期为2～3周。被动免疫会干扰疫苗免疫。在母源抗体低到一定值的时候有必要对鸡接种疫苗,从而克服低水平的母源抗体。

## 临床症状

1.大于3周龄禽鸟感染后才会出现明显的临床症状。特别是第一次发病会表现为突然发病。病禽可能会震颤或者摇摆,并有精神沉郁、厌食、被毛逆立并无精打采等现象(图1),与球虫病类似。

2.常表现腹泻和脱水,偶尔排血便并有排便吃力现象,普遍存在啄肛,有些啄肛或许是自己造成的。

3.发病率较高,但死亡率通常较低,在管理不好或毒株毒力很强的情况下死亡率很高(接近30％)。禽群的死亡率通常在发病一周内达到峰值并且逐渐降低。与肉鸡相比,来航鸡患传染性法氏囊病临床表现较为严重。

## 病理变化

1.在急性期,法氏囊由于浆膜下层组织水肿而异常增大(图2),黏膜到深层有点状到块状瘀血(图3),在疾病的急性期法氏囊小结严重坏死和炎症,在囊腔中可以见到有干酪样渗出物(图4)。水肿在第5天开始消退,在感染8～10天后法氏囊开始迅速萎缩(图5)。肠腔内黏液逐渐增多。

2.常见腿部和胸部肌肉有瘀血斑点(图6),有时在腺胃和肌胃交界处。

3.肾脏可能出现肿大,输尿管尿酸盐沉积。脾脏轻微肿大并且表面有小的白色病灶。

4.其他淋巴组织也存在坏死病变或萎缩,如胸腺、哈氏腺、盲肠扁桃体和派伊尔结等,特别是传染性法氏囊强毒株感染时现象明显。

5.显微观察显示,法氏囊有明显的淋巴滤泡坏死伴有异嗜细胞浸润、水肿和充血(图7),随后法氏囊萎缩,滤泡间质纤维素化(图8)。在脾脏、胸腺、盲肠扁桃体和哈氏腺有短暂的淋巴组织坏死。肾脏的病变为非特异性的肾小管内蛋白质管型,有时为异嗜性的,且可能继发脱水。

6.一些病毒变异株并不能造成临床症状了并法氏囊有微小的急性的肉眼可见的变化。然而,这些变异株在没有炎性因子存在情况下能造成淋巴滤泡坏死、法氏囊迅速萎缩以及严重的免疫抑制。

7.感染传染性法氏囊病导致免疫抑制,因此禽鸟对继发感染其他疾病易感,比如坏疽性皮炎,包涵体肝炎,球虫病等。历史上认为包涵体肝炎随免疫抑制病的感染而出现,例如,传染性法氏囊病,但最近包涵体肝炎已经确认是原发病。

## 诊断

1.在易感雏鸡群的急性暴发,病程短以及法氏囊病变提示为传染性法氏囊病。对于继发和母源抗体存在的雏鸡群,症状和病变都不明显。

2.PCR、通过ELISA对配对血清学检测显示滴度上升、琼脂凝胶沉淀试验、病毒中和试验等可以确诊。

3.利用PCR、各种分子类型分析、单克隆抗体进行抗原捕获酶联免疫分析试验及病毒中和试验也可鉴别血清型1型传染性法氏囊病病毒。

## 防控

1.免疫种禽使后代获得免疫是减少此病在雏鸡群中发生的有效方法。通常免疫程序包括用活疫苗进行"首次免疫",用油乳剂灭活疫苗进行"加强免疫",能够刺激种鸡机体产生高水平、长效抗体。

2.雏鸡群能通过疫苗接种来抵抗传染性法氏囊病,但是对有母源抗体的雏鸡很难确定免疫时间。当鸡体内母源抗体消失时,用"热疫苗"给未免疫雏鸡免疫可以导致法氏囊萎缩;在禽鸟有高水平的母源抗体存在的情况下,用温和疫苗免疫效果不佳。因此,了解母源抗体水平并确定正确的免疫时间对成功接种疫苗是必要的。

3.有卵内免疫复合物疫苗可降低疫苗致病性但不会丧失免疫原性。

4.该病毒有很强的抗性,因此消毒措施不能奏效。

## 治疗

良好的饲养水平能减少此病的严重性。

## 人畜共患

未见报道。

# 传染性法氏囊病

图 1
肉鸡表现精神沉郁,被毛逆立,无精打采。

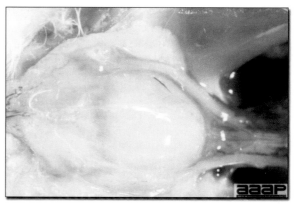

图 2
法氏囊肿胀和水肿。感染后 2～3 天,法氏囊表面覆盖有
凝胶状的黄色渗出液。

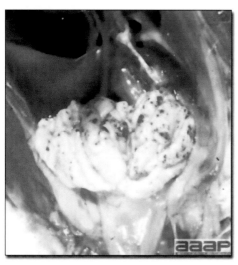

图 3
法氏囊增生,黏膜有瘀血点。

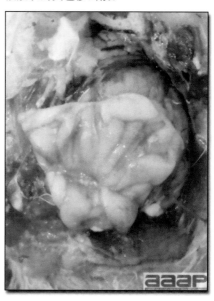

图 4
在急性期,法氏囊淋巴滤泡广泛坏死和炎症导致囊腔内
产生干酪样渗出物。

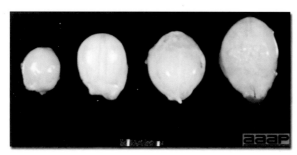

图 5
法氏囊水肿(右图)和萎缩(左图),图中间法氏囊表现一
定程度的黏膜下水肿。

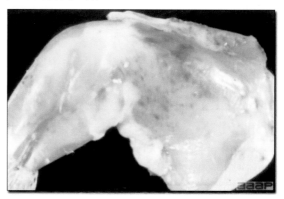

图 6
大腿部肌肉斑点状出血点。

# 传染性法氏囊病

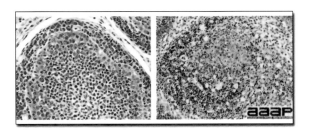

图 7

显微镜检显示明显的法氏囊淋巴滤泡坏死,炎性渗出,水肿,增生(右图);左图为法氏囊正常状态。

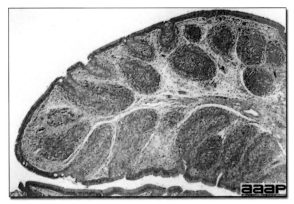

图 8

显微病变显示法氏囊萎缩和滤泡间质纤维化。

# 传染性喉气管炎

## （INFECTIOUS LARYNGOTRACHEITIS）

## 定义

传染性喉气管炎（Infectious laryngotracheitis，ILT）是鸡的一种急性病毒性疾病，野鸡和孔雀也会偶发该病，以重度呼吸困难、咳嗽、喘气以及咳痰带血为特征。

## 发病

传染性喉气管炎呈世界性分布。尽管所有年龄段鸡群均易感，但发病肉鸡大于4周龄，性成熟或者接近性成熟。

## 病原学

传染性喉气管炎是由疱疹病毒科（Herpesviridae）传染性喉气管炎病毒属（Litovirus）的DNA病毒引起的。该病毒对大多数消毒剂敏感，离开宿主对外界抵抗力不高。尽管毒株间致病力不同，但是该病毒只有一个免疫学毒株。

## 流行病学

部分恢复期的鸡和免疫过的鸡能成为病毒携带者并且会长期排毒或在随后应激引起的反应性隐性感染时也会排毒，因此会使其他易感禽鸟接触病毒。传染性喉气管炎病毒能通过污染物机械性传播，引进鸡群后也能通过呼吸道水平传播，但是传播速度低于鸡的其他病毒性呼吸道疾病。尚没有证据表明该病能垂直传播。

## 临床症状

高致病性传染性喉气管炎的症状：

1.呼吸困难（图1），大声喘气，咳嗽；严重患病鸡吸气时常扬起并伸长脖颈（图2），大声喘气。

2.由于咳嗽和摇头会咳出带血的黏液样痰。偶尔禽鸟的嘴、脸或羽毛可见带血。

3.普遍高发病率及较高死亡率。已有报道发病率可达50%～70%，死亡率在10%～20%。产蛋量降低。在群体内该病可持续2～4周，病程长于其他鸡的病毒性呼吸道疾病。

低致病性传染性喉气管炎的症状：

1.症状包括：眼出血性结膜炎，流眼泪，长期流鼻涕，眶下窦水肿，普遍消瘦，产蛋降低。

## 病理变化

1.感染禽鸟鼻孔、口腔有血性分泌物，面部和颈部羽毛粘染血丝。传染性喉气管炎弱毒株仅造成眼皮肿胀（图3），可见流泪、流鼻涕等。

2.鼻甲、鼻窦、结膜、喉和气管病变最常见。组织病变不同与毒株毒力强弱有关。可以仅看到结膜、鼻腔和鼻窦上皮水肿和充血，气管黏膜潮红伴有浆液性或黏液性分泌物。高致病性毒株将会引起气管黏膜充血、出血，并由于黏液样的、黏膜出血性的、纤维素坏死样的分泌物而使黏膜粗糙（图4）。有时会形成气管栓塞（图5）而堵塞气管进而造成窒息引起死亡。炎症也会延伸至主支气管甚至肺泡。

3.显微组织病变主要是：结膜、鼻甲、鼻窦、喉和气管及主要支气管上皮的糜烂和溃疡，并伴随形成含核内嗜酸性疱疹病毒包涵体的多核细胞（图6）。腔内分泌物包含黏液、蛋白质样液体、嗜异细胞、巨噬细胞、血红细胞以及脱落的含有核内疱疹病毒包涵体的上皮细胞合胞体（图7）。薄的固有层通常红肿、充血并有时灶性出血。

## 诊断

致病性的传染性喉气管炎具有独特的症状和病变，足以引发对该病的怀疑。然而，低致病性的传染性喉气管炎可能没有明显的症状和病变，通常可以通过以下一步或几步方法确诊：

1.在患病早期，证明结膜、鼻甲、喉、气管等组织中存在特征性的含有嗜酸性核内疱疹病毒包涵体的多核上皮细胞合胞体,即可以确诊该病。

2.检测临床样品中的病毒抗原或DNA,常选用气管上皮。通过荧光抗体、免疫过氧化物酶法、电子显微观察、DNA杂交技术、抗原捕获ELISA或PCR等方法完成。

3.该病毒能在鸡胚的绒毛尿囊膜上生长,通过观察痘斑的形成及利用荧光抗体和组织学方法对其中的包涵体进行检测。

4.用已知易感鸡和已知免疫鸡接触该病毒。

## 防控

1.避免向易感禽场引入免疫过的、恢复期的以及接触过该病的禽鸟,因为这些禽鸟中可能有隐性感染的携带该病毒的康复者。对于易感禽鸟做好严格隔离,杜绝引进任何禽鸟。

2.喉气管炎病毒污染过的禽舍应严格清空、清洁并消毒,放置4~6周方可使用。由于该病毒不耐热,因此可以通过加热对污染鸡舍加强消毒(38℃持续72 h)。

3.在传染性喉气管炎流行的地区,对蛋鸡采取多次免疫是预防该病的有效手段。有弱毒疫苗,可以通过点眼、饮水和喷雾免疫。饮水免疫效果不可靠,因为这取决于疫苗中高滴度病毒与鼻上皮的接触。10周龄之前免疫的禽鸟应在10周龄或更高周龄时施行再次免疫以获得终生免疫。肉鸡的免疫应在4周龄之前完成,这样可以将严重疫苗反应造成的损失降至最低。应避免将传染性喉气管炎疫苗与其他疫苗混合使用。

4.极少出现的是,在免疫后1~4周后临床出现传染性喉气管炎,能与自然发病相区别。这种与免疫相关的发病通常表现为低发病率和低死亡率。

5.在一些国家和省份传染性喉气管炎是需上报的传染病。

## 治疗

尚无有效的治疗方法。然而,对未发病的禽鸟以及与感染养禽场相邻的禽舍中的禽鸟进行疫苗免疫,可以提供有效的保护并阻止该病的暴发。

## 人兽共患

尚未报道。

**图 1**
肉鸡出现严重呼吸困难。

**图 2**
严重发病的鸡吸气时扬起并伸长头颈。

**图 3**
病鸡眼睑肿胀。

# 传染性喉气管炎

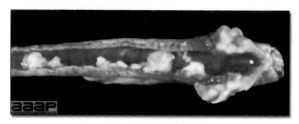

**图 4**
出血的气管黏膜有纤维素坏死的分泌物。

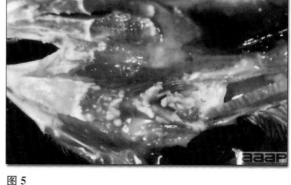

**图 5**
气管栓塞的形成导致气管阻塞，窒息死亡。

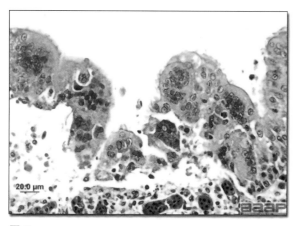

**图 6**
气管形成多核合胞体细胞，包含特征型的嗜酸核内包涵体。

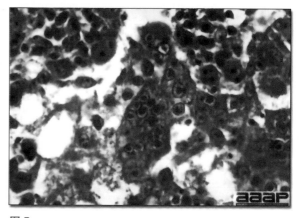

**图 7**
一个喉气管炎病例的气管腔碎片的显微照片。在脱落的上皮细胞和合胞体内有很多的核内包涵体。

# 新城疫

## (NEWCASTLE DISEASE)

## 定义

鸡新城疫(Newcastle disease,ND)是一种侵害多种家禽、野生和笼养禽鸟的病毒性疾病;其特征为发病率、死亡率、症状和病理变化有很大差异。从政策、控制方法和国际贸易的角度,新城疫目前的定义是"由 1 型禽副黏病毒(Avian paramyxovirus-1,APMV-1)感染的禽鸟传染病,并且符合下列毒力标准之一:

a. 病毒的 1 日龄雏鸡脑内接种致病指数(ICPI)$\geqslant$0.7;

b. F2 蛋白的 C 末端有多个连续碱性氨基酸,F1 蛋白的 N 末端 117 位是苯基丙氨酸。"

## 发病

大多数家禽及野生和笼养禽鸟对此病均易感。通常鸡最易发病,火鸡次之。不同年龄段的鸡均易感。此病发生在所有饲养家禽的国家。已证实至少 241 种禽鸟类可以自然或者实验性感染新城疫病毒。

## 历史资料

1. 新城疫于 1926 年在印度尼西亚的爪哇和英国纽卡斯尔泰恩河畔首次发现。在不到 10 年的时间本病在世界许多国家流行。此病在许多国家持续存在,强毒型新城疫病毒成为家禽最具毁灭性的疾病之一,鸡的死亡率高达 100%。

2. 1940 年以来,禽副黏病毒 1 型(APMV-1)的低毒力株和中等毒力株在美国持续存在,对鸡进行重复疫苗接种后可得到有效控制。除鸡之外,低、中等毒力新城疫极少在除鸡以外的其他禽鸟成为主要问题。

3. 1941 年、1946 年、1951 年,强致病力的新城疫强毒在美国暴发,但很快被消灭。1971 年、2001 年,在加利福尼亚(和其他地方)大规模暴发新城疫,投入了大量资金才消灭此病(分别投入 5 200 万美元和 1.7 亿美元)。

4. 显而易见,强毒型新城疫常通过进口的笼养禽鸟和斗鸡引入,许多是非法引入的禽鸟。

## 病原学

新城疫病原在分类上属于副黏病毒科(Paramyxoviridae)禽腮腺炎病毒属(Avulavirus)的禽副黏病毒 1 型(avian paramyxovirus 1,APMV-1),是单股 RNA 病毒。许多已知的禽副黏病毒 1 型的毒株致病力有很大不同,将病毒分为三种:

(a)缓发型:轻微的致病力(例如:B-1,F,LaSota);

(b)中发型:有中等致病力;

(c)强毒型:有高致病性(例如:Milano,Herts,Texas GB)。

多数地方性的禽副黏病毒 I 型的毒株是缓发型或者中发型的。来自缓发型毒株的疫苗产生的免疫保护力弱,且免疫保护持续时间短,因此需要重复免疫来维持免疫力。相反,致病力更强(中发型)的毒株用于疫苗可以产生更强、更持久的免疫保护,但是因可能引起部分鸡死亡而在美国不采用。在美国所有强毒型的毒株归类为一类(重大)病原。

## 流行病学

1. 感染禽鸟带病毒排泄物,包括气溶胶和粪便,可污染食物、饮水、鞋、衣服、工具、器械和环境。易感禽鸟接触以上来源的病毒经呼吸道、消化道感染。在畜禽产品加工时,感染家禽的组织如果处理不当,也会传播病毒。

2. 感染鸡产的蛋带毒。带毒蛋很少能孵出小鸡,由于新城疫感染而导致母鸡停止产卵。如果含毒蛋在孵化箱中破裂,可能孵化箱中全部新孵出的小鸡接触病毒。接触病毒的表面正常的雏鸡分散养在不同的鸡群中，疾病出现之前，病毒广泛传播扩散。

3. 活毒疫苗可能是禽副黏病毒Ⅰ型病毒的储存器。鸡可以携带疫苗毒，但是没有证据表明致弱病毒可以在传代的过程中恢复毒力。

4. 在不同的时间从麻雀、猪、鸽子、乌鸦、猫头鹰、水鸟中均分离到禽副黏病毒Ⅰ型病毒，近期的经验提示这些禽鸟类在新城疫的传播中不是主要角色。

## 临床症状

根据感染鸡的临床症状，禽副黏病毒Ⅰ型病毒分为如下五个病理类型：

1. 肠道无症状型：亚临床症状肠道感染；
2. 缓发型或呼吸道型：轻度的呼吸道感染；
3. 中发型：呼吸道症状，偶尔的神经症状，致死率低；
4. 嗜神经强毒型：呼吸道和神经症状，致死率高；
5. 嗜内脏强毒型：肠道出血性病变，并致死率高。

成年鸡—缓发型禽副黏病毒Ⅰ型病毒感染：

A. 可能没有任何的临床症状，或者有轻度的呼吸道症状，产蛋鸡群产蛋下降，有些为软壳蛋、沙壳蛋或未成形蛋。

成年鸡—中发型禽副黏病毒Ⅰ型病毒感染：

A. 突发轻度精神沉郁，厌食；无明显症状或者轻度的呼吸道症状；死亡率很低或者为零。
B. 部分禽鸟有中枢神经症状，但通常不出现。
C. 蛋鸡几天内几乎完全停产。产低质量的蛋，有软壳蛋，沙壳蛋，未成形蛋（图1）；产蛋恢复缓慢或者完全停产，这取决于感染时的产蛋阶段。

成年鸡—强毒型禽副黏病毒Ⅰ型病毒感染：

A. 因病毒的组织嗜性不同而呈现不同的症状。显著症状是呼吸困难。多数患病鸡出现严重腹泻、结膜炎、瘫痪，2～3天内死亡。常见眼部肿胀、组织发暗且眼球和鼻腔有黏性分泌物。一些幸存下来的禽鸟几天内表现出神经症状（如：头部和颈部震颤、扭转，做圆圈运动，偏瘫或完全瘫痪，末期阵发性痉挛）。发病率和死亡率很高，可达100%。

幼雏—缓发型禽副黏病毒Ⅰ型病毒感染：

A. 肉仔鸡可能突发呼吸道疾病，常见喘气（图2）、喷嚏、咳嗽、啰音、鼻腔和泪腺有分泌物。一些禽鸟头部肿大。B1弱毒株疫苗在免疫力低的肉仔鸡也能引起上述症状。

幼雏—中发型禽副黏病毒Ⅰ型病毒感染：

A. 突发显著的精神沉郁或者倒地不起。明显的呼吸道症状、包括喘气、咳嗽、嘶哑的鸟叫、流鼻涕。
B. 呼吸道症状可能伴随着中枢神经系统疾病的症状。常见头颈扭曲（常见"观星状"），通常病鸡中部分有中枢神经症状（占0～25%）。
C. 最终病禽瘫痪，衰竭，被同笼鸡践踏而死亡。无论是否有中枢神经系统症状，死亡率都很高，高达50%。

幼雏—强毒型禽副黏病毒Ⅰ型病毒感染：

A. 症状和感染中发型病毒株的雏鸡相似，但是病程更急，死亡率更高（50%～100%）。
B. 野禽和笼养禽鸟感染禽副黏病毒Ⅰ型病毒症状不明显。有明显症状时，症状表现也不相同，但通常有喘气等呼吸道症状，腹泻，后期伴有中枢神经症状。猝死常为新城疫的最先提示。

## 病理变化

缓发型和中发型禽副黏病毒Ⅰ型病毒感染：

A. 年轻和年老禽鸟常见肉眼病变较轻。轻度结膜炎、鼻炎、气管炎（图3）、气囊炎，并伴有继发细菌感染，比如大肠杆菌导致败血症、肺炎和气囊炎。中发型毒株还可能导致产蛋量下降。
B. 组织学病变：呼吸道上皮细胞纤毛脱落、坏死、变薄并伴有固有层有单核细胞和少量异嗜性细胞浸润。呼吸道分泌物中有黏液、片状脱落的上皮细胞、多种炎性细胞等。

强毒型禽副黏病毒Ⅰ型病毒感染：

A. 眼和呼吸道病变包括结膜出血（图4）；水肿、出血、充血、气管上皮细胞坏死（图5）常见胸廓入口处气管周围水肿，气囊炎症，如果继发细菌感染，则呼吸道有卡他性或纤维素性异嗜性渗出物，如大肠杆菌感染。

B. 面部水肿(图 6):伴随出血,上皮坏死,鸡冠和肉髯充血和点状出血。

C. 口咽部和食道黏膜局灶性到局部广泛出血并/或有坏死灶(图 7)。

D. 腺胃(图 8)或者肌胃黏膜上偶有出血,小肠和大肠的潘氏结(图 9)和盲肠扁桃体(图 10)出血。脾脏局灶性坏死。产蛋的成熟禽鸟腹腔有卵黄,卵巢囊内卵泡退化,有出血斑。

E. 急性死亡,肉眼病变不明显。

F. 中枢神经组织学病变有明显的非化脓性脑炎:神经元变性;血管周围淋巴袖套,多灶性神经胶质细胞增生,内皮肥大。血管病变包括:中膜变性,微血管透明样病变,血栓,内皮坏死,弥漫性充血、出血,水肿。原发和继发的免疫器官明显淋巴细胞坏死,偶有出血。呼吸系统气管上皮细胞大量损伤,黏膜充血、水肿和出血,固有层有明显的淋巴细胞浸润。报道胰腺有多病灶性淋巴细胞浸润。

## 诊断

一旦新城疫在某区域确定为阳性,根据病史、症状和病理变化在临床诊断可引起高度怀疑,需要进行实验室诊断以确定病毒的毒株。

常规的实验室诊断包括:

1. 病毒分离及病源性检测。

2. RT-PCR:确定为 RNA 病毒及分型。

3. 血清学:通过 ELISA 或者血凝抑制试验验证鸡群发病前后新城疫病毒抗体效价的变化。

黏病毒 1 型病毒可以凝集多种动物的红细胞,其中包含多种禽鸟。血凝试验和血凝抑制试验是鉴定病毒的重要方法。

## 防控

1. 鸡和火鸡可免疫合适的疫苗对抗新城疫。免疫效果因免疫途径不同而有所差别。从孵育到成长的全过程,要有计划地通过多种方法进行弱毒活疫苗的免疫。开产前,对父母代用油乳剂灭活疫苗做最终的疫苗免疫。尽管合适的疫苗可以避免禽鸟得临床症状严重的新城疫,但是不能阻止病毒复制和排毒,病禽依然是其他鸟群的重要传染源。

2. 加强与家禽、家禽产品和笼养禽鸟进口相关立法。然而,法律法规的贯彻落实面临重重困难。

3. 新城疫是需上报的疾病,所有疑似新城疫暴发的必须立刻上报动物健康主管部门。

## 治疗

无治疗方法。

## 人畜共患风险

人类接触黏病毒 1 型病毒可能有暂时的眼睛局部感染(结膜炎)。最常见症状是寒战,偶有头疼、发烧,可能有结膜炎。未见人传染人的报道。

# 新城疫

图 1
软壳的、粗糙的和畸形的蛋。

图 2
感染新城疫的肉雏鸡严重呼吸困难，气喘。

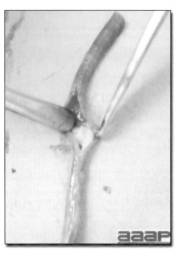

图 3
缓发型新城疫发病肉鸡的严重气管炎

图 4
结膜出血。

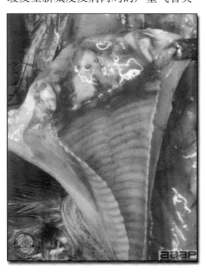

图 5
白喉样喉气管炎。

图 6
肉雏鸡面部水肿。

# 新城疫

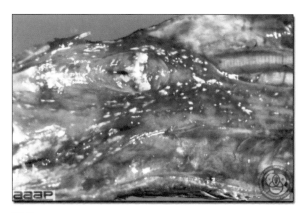

图 7
白喉的咽食管炎。

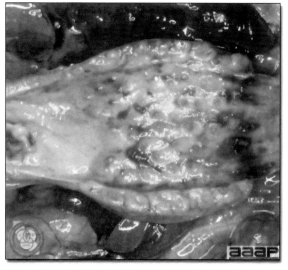

图 8
前胃出血。

图 9
小肠出血。

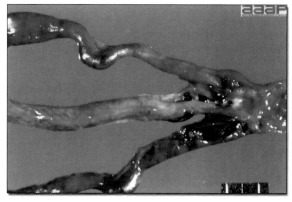

图 10
盲肠扁桃体坏疽。

# 病毒性关节炎

## （VIRAL ARTHRITIS）

### 定义

禽呼肠孤病毒（Avian reoviruses）与禽鸟的一些疾病状况有关，如肠道与呼吸道综合征，肝炎和所谓的发育障碍或吸收障碍综合征等。然而，唯一证实与病毒直接相关的疾病是病毒性关节炎。

病毒性关节炎主要是针对肉鸡的，以关节炎、腱鞘炎为特征的（主要为跗骨、跖骨）呼肠孤病毒感染，偶尔伴随腓肠肌断裂。

### 发病

病毒性关节炎主要感染肉鸡，蛋鸡和火鸡有少量报道。

### 历史资料

病毒性关节炎于1957年首次报道，此后有很多该病的报道，对该病和引起该病的病毒的研究也很多。由于肉鸡常感染，因此病毒性关节炎对肉禽养殖业非常重要。

2009年以来，美国中北部有大量的火鸡群感染该病。

### 病原学

禽呼肠孤病毒为双链RNA病毒，属于呼肠孤病毒科（Reoviridae）正呼肠孤病毒属（Orthoreovirus）。呼肠孤病毒对多种环境因素都有很强的抵抗能力。

### 流行病学

呼肠孤病毒从感染鸡的粪便中排出，可能会污染蛋壳，随后可传染易感鸡。已证实，该病可经卵传播。已知呼肠孤病毒在感染鸡中至少存活289天。已有抵抗力与日龄相关的报道。

### 临床症状

1.早期症状为跛行、胫骨腱鞘及跗关节上的腓肠肌腱鞘肿大（图1）。感染鸡的胫骨变大。多数感染禽鸟状态良好，但是部分鸡生长发育受阻或矮小。死亡率通常很低。

2.如果一侧腓肠肌腱断裂，病爪不能伸展，禽鸟的患肢不能承受自身的体重。如果两侧的腓肠肌腱均断裂，禽鸟不能动（图2）。通常肌腱断裂处的皮肤肿胀，变色（图3）。

### 病理变化

1.鸡在疾病急性感染阶段，双侧跗关节上部、胫骨后方的肌腱和腱鞘肿大，发炎。腱鞘水肿，跗关节腔内含有少量淡黄色或略带血色的渗出物（图4）。在跗关节的关节软骨上可能发生损伤并滑膜和肌腱增厚，水肿，也可能有出血（图5）。

2.鸡的跗关节不能伸展并常有腓肠肌腱断裂。跗关节上部或表面的皮肤和皮下组织因出血而变绿色。这种现象常见于日龄较大、体重较重的鸡。

3.在慢性病例，发病肌腱和腱鞘常有少量的炎性渗出物和多发的纤维化，溶解。

4.患病火鸡出现跛行，跗关节肿大，肌腱断裂。

5.组织学方面，实验性感染在急性阶段腱鞘增厚，滑膜增生，淋巴细胞和巨噬细胞浸润。滑膜腔内有异嗜细胞、巨噬细胞、脱落的滑膜细胞，有骨膜炎。在慢性阶段，滑膜绒毛增生，并形成滑膜下淋巴结节，纤维性结缔组织增生，肌腱和腱鞘明显的淋巴细胞、巨噬细胞和浆细胞浸润。腱鞘最终发生融合（图6），心肌病变包括心肌纤维之间多灶性的异噬细胞浸润，有时也见单核细胞浸润。

### 诊断

1.根据病史和病症进行初步诊断，症状为双侧胫骨的腱鞘肿胀，肌腱和腱鞘发炎，心肌纤维之间有异嗜细胞浸润，偶见单核细胞浸润等组织学病变可确诊。

2. 可以从鸡的肝和肾细胞培养物或者鸡胚中分离病毒，并通过 RT-PCR 或者直接荧光抗体检测以确定病毒的存在。

3. 如果可行可通过琼脂凝胶沉淀试验或者 ELISA 检测急性感染和恢复期的呼肠孤病毒在血清变化情况。一些禽鸟体内的抗体会在感染后 4 周消失，但是在得病的关节可持续存在。

4. 注意区别其他引起跛行的疾病，包括支原体病（特别是感染性滑膜炎）、葡萄球菌病或其他细菌性关节炎，例如：沙门氏菌病、出血性败血病，还有骨畸形，一些营养性疾病等。同时也要注意，可能存在双重感染。

## 防控

1. 对种鸡群进行活疫苗和灭活疫苗免疫，从而达到保护 1 日龄雏鸡的目的。

2. 由于雏鸡到 2 周龄才具有对病毒的抵抗力，而且饲养场所普遍有该病毒，因此，抵抗病毒的侵袭，防病应该是直接防止早期感染。

## 治疗

尚无有效的治疗方法。

## 人畜共患风险

没有相关报道。

# 病毒性关节炎

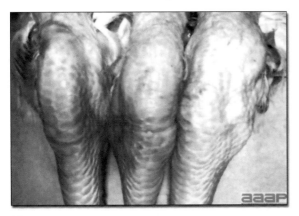

**图 1**
胫骨部及跗关节以上腱鞘明显肿胀。

**图 2**
有病毒性关节炎临床症状的鸡的"肌腱炎"或"腱鞘炎"常呈坐姿，不愿走动。

**图 3**
肌腱损伤部位的皮肤肿胀并变色。

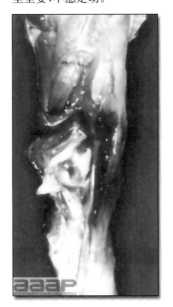

**图 4**
腓肠肌肌腱断裂并伴有出血。

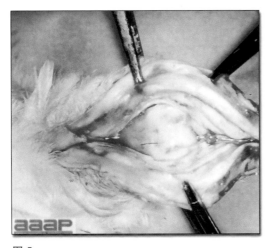

**图 5**
感染后 42 天左右，距骨和胫骨远端后面的软骨开始出现糜烂。

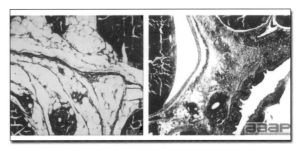

**图 6**
右图，病毒性关节炎发病鸡小腿部趾屈肌腱的腱鞘呈现滑膜增厚，这是由于滑膜细胞及结缔组织增生，以及滑膜腔聚集大量淋巴细胞、浆细胞及异嗜性细胞。左图为正常腱鞘。（H&E，30×）

# 火鸡冠状病毒性肠炎

## （TURKEY CORONAVIRUS ENTERITIS）

## 定义

火鸡冠状病毒（Turkey coronavirus, TCV）引起的小肠炎是一种急性、高度传染性的疾病，仅感染火鸡，尤其是幼龄火鸡，主要表现为厌食、腹泻、脱水以及不同程度的死亡率。

## 发病

本病在各种日龄的火鸡中全年均有发生，幼龄火鸡更为易感。美国、加拿大、澳大利亚、巴西、意大利和英国均有本病发生。

## 历史资料

冠状病毒性肠炎于 1951 年首次在华盛顿报道，不久之后出现在明尼苏达州。本病也曾被称为"蓝冠病"和"泥淖热"。

## 病原学

1. 火鸡冠状病毒属于冠状病毒科（Coronaviridae），病毒粒子由囊膜包裹，形状多样，常呈球形，直径 80～160 nm，为单股正链 RNA 病毒。

2. 在实验条件下，病毒容易在饲养笼具中被清除。自然条件下病毒不易被破坏，这是由于病毒在冷冻的粪便中生存良好。

3. 许多其他肠道病毒，包括轮状病毒（Rotavirus）、呼肠孤病毒（Reovirus）、星状病毒（Astrovirus）、肠道病毒（Enterovirus）和杯状病毒（Calicivirus）已经从火鸡的粪便中鉴定出来，它们在火鸡肠炎中的作用尚未阐释清楚。

## 流行病学

病毒通过易感禽鸟接触感染禽鸟或其粪便进行传播。病毒一旦传入群体中，疾病会在易感禽鸟中迅速扩散。康复的禽鸟仍可通过粪便排毒长达数周。而且病毒可以在低温环境粪便中生存数月。尚未发现该病毒发生垂直传播。

## 临床症状

1. 在火鸡雏鸡中，该病存在 1～5 天的潜伏期，之后突然出现症状，包括厌食、精神沉郁、泡状腹泻、体温低、头部及皮肤变黑以及体重下降。禽鸟在热源周围聚集扎堆。病情传播快，发病率接近 100%。

2. 火鸡雏鸡中出现的症状也可能出现在产蛋火鸡中，通常症状较轻。另外，会出现突然的产蛋下降，一些蛋壳呈苍白粉质。

3. 良好的饲养条件以及补充热量供应可以降低死亡率。自然感染的禽鸟随感染日龄不同死亡率在 5%～50%。

4. 该病在群体中的病程约持续 2 周。雄性康复时间更长，群体中个体大小有差异。

## 病理变化

1. 可见明显的脱水和消瘦。

2. 小肠肠壁变薄，膨胀的肠段充满黄色的泡沫状液体内容物（图 1）。

3. 法氏囊小。

4. 小肠内部的组织结构观察可见明显的肠绒毛萎缩脱落、隐窝肥大，肠道表面及固有层有淋巴细胞及异嗜性细胞中度浸润。

5. 法氏囊表面上皮细胞坏死，异嗜性细胞浸润或深入上皮，淋巴滤泡中度消耗。

## 诊断

1. 病史、症状和病理变化对诊断有提示作用。

2. 病毒可通过接种鸡胚分离，并可通过电子显微镜观察鉴定。电镜还可用来检测肠道内容物中的病毒粒子。免疫组织化学染色法可用于检测火鸡冠状病毒（TCV）抗原（图2）。

3. RT-PCR技术是一种敏感性高、特异性强的检测病毒核酸的方法。

4. ELISA方法可用于检测火鸡冠状病毒抗体。

5. 进行鉴别诊断时，需要考虑到以下疾病：

火鸡雏鸡（小于7周龄）：沙门氏菌病、火鸡六鞭毛虫病、饥饿致死（仅小日龄禽）、球虫病。

年轻及成年火鸡、丹毒、滴虫病、出血性肠炎。

## 防控

1. 尚未有获批使用的疫苗用于免疫接种，因此，预防是控制该病的首选方法。

2. 火鸡的饲养应遵循全进全出制。进行隔离检疫，使用高标准的卫生设备可以防止该病的引入。

3. 若该病在上一批动物中出现，清群后应彻底地清洁和消毒屋舍。房间空置至少1个月，冬季需要延长时间。

## 治疗

尚没有有效的治疗方法。

## 人畜共患的潜能

未见报道。

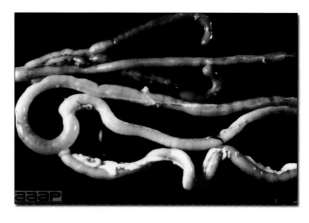

图1
小肠肠壁变薄，肠管充满液体内容物而膨胀。

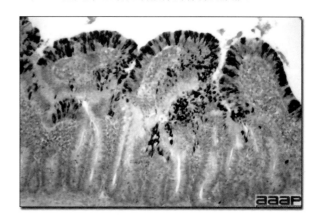

图2
小肠切片的免疫组织化学染色。

# 火鸡病毒性肝炎
## （TURKEY VIRAL HEPATITIS）

## 定义

火鸡病毒性肝炎（Turkey viral hepatitis）是一种临床症状不明显的火鸡雏鸡的传染病，主要表现为肝脏和胰腺的病变。

## 发病

该病仅在小于5周龄的幼龄火鸡有临床表现。其他禽鸟及哺乳动物不感染此病。世界上大多数生产火鸡的地区均有该病发生。

## 历史资料

火鸡病毒性肝炎1959年首次报道。随后，该病在许多国家和地区出现，但死亡率不高。由于本病临床症状不明显，发病及分布情况较难评估。

## 病原学

根据病毒的分子特征、免疫学及形态学特点，该病病原应是一种小RNA病毒。该病毒可以生长在5~7日龄的鸡胚或火鸡胚的卵黄囊。胚胎在4~10天出现死亡。病毒在鸡胚中连续传代仍然难以达到较高滴度。幼龄雏火鸡可以通过非肠道途径接种感染组织悬液而被感染。

## 流行病学

感染后直至28天，病毒一直可以从粪便和感染的雏火鸡肝脏分离。直接或间接接触易感幼禽容易感染。有临床证据表明该病毒可经卵传播。

## 临床症状

该病临床症状不明显，仅当幼禽出现其他并发症或应激时才表现出明显的症状。感染早期禽群中出现不同程度的沉郁以及机体状况良好的零星死亡。发病率差异较大。死亡率通常很低（大于5％），但第7~10天后在禽群中偶尔可能高达到25％。

## 病理变化

1. 在肝脏可见有灰色的坏死灶，直径1 mm或者合并为更大的病灶（图1）。病变常轻度萎缩并被充血和局灶性出血掩盖，胆汁污染明显。

2. 在胰腺病变常不一致，呈现出灰色至粉红色的坏死灶（图2）。其在病程后期更为明显，通常在胰腺的背面。

3. 显微镜下不能辨认出病毒包涵体。肉眼病变为坏死灶，随后有多种炎性细胞浸润，以淋巴细胞和网状细胞为主，可见异嗜细胞，但数量较少。病变的边缘可见由肝细胞产生的多核细胞。

## 诊断

1. 肝脏和胰腺中的典型病变可用于诊断。如果怀疑是火鸡病毒性肝炎，尽管肝脏和胰腺表面没有病变，也要进行组织病理学检查，通常在没有肉眼病变的胰腺可以观察到显微病变。如果仅在肝脏中出现病变，则要与黑头病、全身性细菌感染进行鉴别诊断。

2. 病原的分离鉴定用于该病的确诊。使用兔抗血清进行的琼脂扩散实验亦可使用，但不作为常用方法。

## 防控

1. 良好的环境卫生配合科学的饲养管理可以减轻该病的影响。尚没有可用的疫苗。治疗并发症非常重要。

2. 由于该病毒可经卵传播，感染禽群所产蛋不进行孵化。

## 治疗

尚没有有效的治疗方法。但幸运的是大部分细心照顾的禽群可在数周内康复。

# 火鸡病毒性肝炎

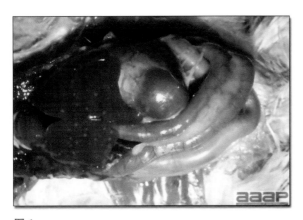

图 1

肝脏上的灰色坏死灶，直径 1 mm 或更大。

图 2

胰腺中灰色至粉红色的坏死区域。

（孙洪磊，译；赵继勋，匡宇，校）

# 细菌疾病

## BACTERIAL DISEASES

由 Richard M. Fulton 修订，新增的空肠弯曲杆菌和 *E. cecorum* 部分由 Martine Boulianne 编写

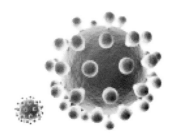

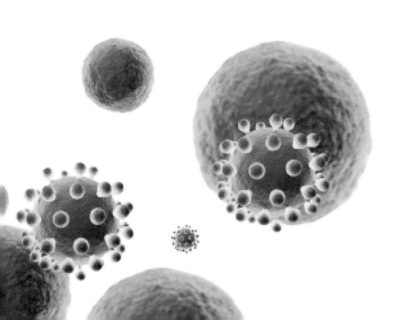

# 禽嗜衣原体病或禽衣原体病

## （AVIAN CHLAMYDOPHILOSIS/AVIAN CHLAMYDIOSIS）

[（鹦鹉热（Psittacosis）；鸟疫（Ornithosis）]

## 定义

禽嗜衣原体病（Avian chlamydophilosis）是需要上报的、急性或慢性的禽类传染性疾病，许多笼养的、野生的以及迁徙的禽鸟易感，在临床上，该病的主要表现为全身性、肺部或肠道的症状和病变。长久以来，潜伏的或没有明显临床症状的衣原体感染在禽类与人类之间染播是衣原体病原传播主要而且是最重要的方式。

在鹦鹉科（鹦鹉、长尾小鹦鹉、美冠鹦鹉以及金刚鹦鹉等）和人类中，禽嗜衣原体病被称为鹦鹉热，历史上，在其他禽鸟中，禽嗜衣原体病曾经被称为鸟疫。

## 发病

禽嗜衣原体病可在多种禽鸟以及各年龄段发生，大多数急性暴发在年轻禽鸟中，鹦鹉、长尾小鹦鹉、美冠鹦鹉以及鸽子感染频繁，在家禽中，火鸡偶尔暴发，但鸡很少感染，偶尔报道在滨鸟和迁徙的候鸟中严重暴发，在人群中偶尔出现影响较大的鹦鹉热暴发，通常是在接触了家禽加工厂之后。在北美、欧洲以及亚洲的一些城市鹦鹉热存在于野生鸽群中，这给人类衣原体病的防控提出了严峻问题。

## 历史资料

1. 鹦鹉热是一个重要的公共卫生问题，在美国，人群中的发生率呈下降的趋势，自1987—1996年，共有831例病例上报到美国国家疾控中心，然而自1996年后，每年报道的病例不足50例，大多数病例都与人接触过感染的笼养禽鸟，尤其是鹦鹉或者是加工厂中的发病火鸡相关。

2. 最早在鸽子中发生禽嗜衣原体病，不久后确认该病在鸭和火鸡中严重暴发。

3. 使用抗生素对衣原体病的缓解受到关注，从而控制感染人群的死亡率。

4. 在过去的10年，鹦鹉热衣原体在人和禽鸟中的暴发相对不频繁，而在1974—1975年，火鸡群中至少有11次暴发，大多数发生在得克萨斯州。至少7次暴发有人的感染。最近，已有报道该病在鸭中暴发，这些暴发再一次将注意力集中到了禽嗜衣原体病对公共健康的影响上。

5. 在过去的几年，衣原体病已确认为进口和家养的外国禽鸟的一种常见和主要的疾病。

## 病原学

1. 在禽类中病原体为鹦鹉热嗜衣原体（*Chlamydophila psittaci*）或鹦鹉热衣原体*Chlamydia psittaci*），衣原体属与立克次体属亲缘关系较近。

2. 鹦鹉热衣原体可在鸡胚、细胞培养物、小鼠以及豚鼠体内生长。衣原体在上皮细胞和巨噬细胞等多种细胞形成细胞质包涵体，在染色的涂片（图1）和组织切片中可观察到包涵体。所有衣原体是专性细胞内寄生的革兰氏阴性菌，对四环素类药物高度敏感，不能在人工培养基上生长。

3. 鹦鹉热衣原体各分离株之间在致病性方面差异较大。并发感染，尤其沙门氏菌感染，有时会增强鹦鹉热衣原体的致病性。年轻禽鸟更加易感。拥挤或其他不适环境条件以及来自运输、追逐和抓握等应激会加重该病。

4. 衣原体存在常见的群特异性抗原，在接触过的或患病的禽鸟体内经过一段合适的时间后，可在其血清中检出抗该抗原的抗体。

## 流行病学

1. 野生禽鸟（和笼养鸟）是衣原体病原的携带者，并能将其传播给刚孵化出的雏鸟，幸存的雏鸟转而又成为病原的携带者。建立了精准的宿主-寄生物关系后，应激的病原携带者可间歇地从分泌物或者排泄物中散播衣原体，便可传播到其他易感禽鸟。

2.当大量禽鸟密切接触时,其中包括散播的携带者,衣原体病有可能变成流行病,主要通过吸入粪便灰尘中衣原体传播,通过摄入鹦鹉热衣原体也可以导致该病。

3.野鸟可能向家禽传播衣原体,强烈怀疑鸽子是重要散播者。野生迁徙禽鸟,如鸥、鹭鸟、野鸭已知在特定环境下散播衣原体。尚不清楚感染的哺乳动物向家禽传播衣原体的可能性,但是哺乳动物的衣原体与禽鸟的有区别。

## 临床症状

1.禽嗜衣原体病的轻度发病基本不引起临床症状,可能也不被发现,然而轻微的呼吸道症状或腹泻可能会引起注意。

2.致病性较强的禽嗜衣原体病暴发时火鸡表现为精神沉郁、虚弱、食欲不振以及体重下降等,有时伴有流鼻涕和呼吸困难,经常伴有明显黄绿稀粪。相似的症状也常发生在其他种类的禽鸟,如鸭、鹅和鸽子等,也可能表现涉及全身、肺或小肠的症状,鸭、鹅和鸽水样腹泻十分显著,也有步态不平衡的报道。

3.鸽经常出现结膜炎,诊断医生由此可怀疑衣原体病。其他症状包括精神沉郁、厌食、腹泻或者呼吸啰音。后面的症状与患有鹦鹉热的笼养禽鸟症状相似。

## 病理变化

1.嗜衣原体病基本的病变特征是肉眼可见的纤维蛋白反应和组织学的多核细胞严重浸润及组织坏死,这些基本的组织反应可能导致肺炎、气囊炎、肝炎、心肌-心包炎、肾炎、腹膜炎以及脾炎等。

2.在火鸡中,病变的严重性主要由致病性鹦鹉热衣原体毒株决定,死亡的火鸡通常消瘦、血管充血、纤维性心包炎(图2)、纤维性气囊炎,还有可能纤维性肝周炎。肺充血,通常伴有纤维性肺炎。脾肿大并充血,这可能是仅有的病变。

3.在鸽子中主要的病症是结膜炎并伴有结痂,眼睑肿胀。有的伴有肝肿大、气囊炎和肠炎。

4.死亡的笼养禽鸟,多数脾肿大,同时伴有白色病灶,通常也有肝肿大并伴有局灶性坏死、黄染、气囊炎、心包炎、肠道充血等。

## 诊断

1.根据病史、临床症状、病理变化以及显微镜查检压(涂)片上的细胞质内包涵体可做出初步诊断。压(涂)片由血清、气囊(上皮细胞)(图3)、脾、肝、肺、心包膜等表面的新鲜渗出液(单核细胞)制备,如果压(涂)片上可见细胞质内包涵体,则利用荧光抗体技术来确定衣原体的存在。最终通过衣原体的分离与鉴定,基因检测,或是针对衣原体抗原的抗体滴度高于4倍来确诊。

2.应当采取所有预防措施避免自己感染,鹦鹉热是高度传染性疾病,许多实验室工作人员在处理感染的禽鸟或组织时被感染。因为传染性很高的鼻腔和粪便等污染物在羽毛上风干以后容易形成感染性气溶胶,所以死亡的禽鸟应当完全浸泡在有效的消毒液中。

3.在火鸡应对嗜衣原体病与鸡败血性支原体感染、流感、曲霉菌病、败血型大肠杆菌病以及霍乱进行仔细区分。火鸡的病理变化与鸡败血性支原体病感染十分相似,一般禽衣原体的诊断样本也应做沙门氏菌、巴氏杆菌、支原体以及其他细菌或病毒的培养。

4.脾、肝、肺、纤维性渗出物、气囊、鼻腔洗液以及黏膜、排泄物样本或肠袢应该用于微生物或病理学诊断。

## 防控

1.由于没有针对嗜衣原体病的特效疫苗,家禽对该病预防主要依赖于避免接触。设备在使用前应当清洗消毒。禽群在开始和饲养期间应当作为一个整体,开始饲养以后不再混入其他禽鸟。

2.家禽不应接触其他禽鸟,尤其是野生禽鸟、哺乳动物或它们的排泄物。如果接触可疑或预期感染的禽群,则要在家禽的日常饲料中添加预防剂量的四环素,家禽养殖场的工作人员不应有任何宠物鸟或家禽。

3.必须遵守联邦法律关于如何进口用于销售、研究、饲养或公共表演的家禽的规定。作为预防鹦鹉热的手段,在检疫期间,所有鹦鹉科的国外禽鸟都应给予四环素治疗,作为鹦鹉热的预防方法。设计预防强毒型新城疫引入的检疫期是30天,对嗜衣原体病的有效处置需要45天。

## 治疗

在大多数州禽嗜衣原体病是需要上报的疾病,必须立即向州的兽医或其他指定官员汇报,禽群应在监管下治疗,感染的火鸡用氯四环素治疗或在没有人发生感染的情况下监督屠宰。

# 禽嗜衣原体病

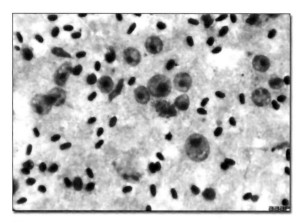

**图1**
染色的图片中可见包涵体（病原体吉姆萨染色）。

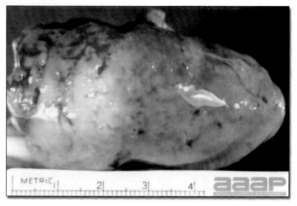

**图2**
火鸡的纤维性心包炎。

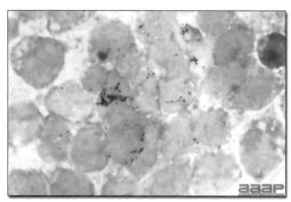

**图3**
涂片上吉姆萨染色的原生小体。

# 禽结核病

## （AVIAN TUBERCULOSIS）

## 定义

禽结核病（Avian tuberculosis）是缓慢传播的，在半成年或成年禽鸟表现为慢性、肉芽肿性传染病，其特点为进行性体重减轻，最终消瘦并死亡。

## 发病

禽结核病发生于多种禽鸟，包括家禽、猎禽、笼养禽鸟、野禽以及动物园的禽鸟。多数是后院养殖的老年鸡发病。禽结核也在哺乳动物发病，包括猪、羊、貂、牛，极少数发生在人。在哺乳动物中，猪经常感染，禽结核病在世界范围内分布。

## 历史资料

1.1884 年，鸡的禽结核病首次被确定为一个单独的疾病。确定之后，很快在许多国家发现该病。最终发现该病可传染给其他特定禽鸟和哺乳动物，尤其是猪，牛对结核菌素和副结核杆菌素敏感。

2.在美国，曾经有许多养鸡场，且鸡场的鸡常饲养多年。在年老鸡群中禽结核病是一种常见病。后来这种农场大部分被大的商业化鸡群所取代，一个产蛋周期结束后鸡全部卖掉，这种做法极大地限制了禽结核病的传播。

3.现在，禽结核病在家禽中很少见，但是在小型养殖场中有重新流行的趋势，这可能是因为饲养时间较长，禽结核病的发展有足够长的时间。

4.禽结核病通常感染猪，干扰牛结核病的净化，有时也感染人，然而目前对该病没有正式的净化措施。

## 病原学

1.病原体为禽结核分枝杆菌禽亚种（*Mycobacterium avium*），是一种对酸有很强耐受性的抗酸杆菌，该杆菌能抵抗热、寒冷、水、干燥、pH 变化以及多种消毒剂，在土壤中能存活数年。

2.大多数家禽场通过消毒破坏该病菌是不可行的。禽结核杆菌不同于其他感染人和牛的结核杆菌，尽管这三种结核杆菌有许多相似的特征。

3.禽结核杆菌在大量的禽结核杆菌结节中出现，取自结核结节中央的染色压片或组织切片，很容易显示耐酸杆菌。此结果为禽结核病的初步诊断有力证据。

## 流行病学

1.在鸡（和许多其他禽鸟）沿肠道出现像憩室的小圆形或卵圆形结节（结核），这些结核向肠道中排出有活性的结核杆菌，感染性粪便以及其他排泄物污染饲料、水、垫料以及土壤，并在环境中生存数月至数年。结核杆菌的传播主要通过摄入污染的饲料、水、垫料以及土壤。

2.在间歇性菌血症期间，结核杆菌从肠道向其他多数器官组织传播，如果菌血症的或者死亡的感染家禽被其他易感家禽或动物（例如猪）食用，该杆菌即可传染。

3.散播禽结核杆菌的其他来源包括感染鸡的碎屑，野生禽鸟（鸽、麻雀、椋鸟等）的排泄物，污染的鞋子或设备以及感染动物，尤其是猪的粪便。

4.随着外来禽鸟作为宠物越来越流行，禽结核杆菌作为潜在的动物流行病病原变得更加重要。尽管人源的结核杆菌和禽结核杆菌在遗传构成上不尽相同，但值得关注的是禽结核杆菌可在免疫抑制的人群中（如艾滋病）引起疾病的传播。

## 临床症状

1.尽管鸡保持正常食欲，但进行性消瘦导致其衰弱，禽鸟常见腹泻，偶见跛行。面部、肉髯、冠常表现苍白。

2.个体禽鸟和禽群的病程长。总体发病率和

死亡率高,除非保存记录,由于两者持续数月之久,因此会带来误导。

## 病理变化

1.禽鸟如果长时间患结核病,体重很轻,十分消瘦,其他疾病很少能导致如此消瘦,该特点很独特,足以提示解剖人员可能是禽结核病。

2.在鸡通常有灰色到黄色的小瘤(结节)沿肠的外周附着或散在分布(图1)。在实质器官常出现不连续的小的肉芽肿,尤其是肝脏和脾脏(图2)。在发病晚期的病例中很少有器官幸免,通常在股骨骨髓中有结节出现,肺部通常很少或没有病变。

## 诊断

1.根据慢性病史以及年老禽鸟的持续死亡,提示为禽结核病。通过尸检见到典型的肉眼病变,以及在压片或结节切片出现抗酸性菌,则可以确诊(图3,图4)。应对结核杆菌进行培养和鉴定。

2.结核菌素试验曾经用于禽鸟的检测并且仍可行,但是目前已停止使用。给鸡一侧肉髯接种禽结核菌素进行检测,另外一侧做对照。火鸡通过翅下网状接种。在接种48 h后查看皮肤结果,在其他禽鸟种类进行结核菌素试验取得了一些成功。

3.已开发了用于检测血清中分支杆菌抗体的酶联免疫吸附试验(ELISA),并且这种检测在很大程度上允许对单个外来禽鸟以及禽舍进行禽结核病的检测。

## 防控

1.所有家禽应该在单一的年龄段的群体中,这将有助于通过剔除可能成为传播者的感染禽鸟来控制疾病。在饲养两批禽群之间要彻底清洁和消毒禽舍。要一直保持高水平的卫生状况。

2.年轻禽鸟应当饲养在干净的禽舍中,并与老年禽鸟分开饲养。在可能情况下隔离饲养,这样避免接触所有可能的病原携带者,包括野鸟。

3.在该病广泛传播前,通过ELISA或结核菌素试验进行血清学监测,在禽舍中鉴别和剔除感染禽鸟可能会有作用。

## 治疗

在一些州,禽结核病是需要上报的疾病,应该告知政府主管部门。由于有人畜共患病的可能性,禽结核病不应该进行治疗。此外,重要的是禽结核杆菌对治疗其他种类结核的许多药物有抵抗性。

# 禽结核病

**图 1**
小瘤(结节)沿肠外周附着并散在分布。

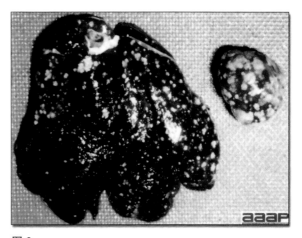

**图 2**
实质器官更小的、不连续的肉芽肿,尤其是在肝和脾。

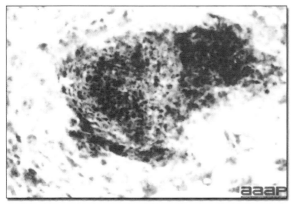

**图 3**
结节切片中的抗酸性杆菌示例。

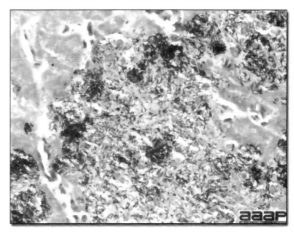

**图 4**
雀科禽鸟肝中的抗酸性杆菌。

# 波氏杆菌病

## （BORDETELLOSIS）

[火鸡鼻炎(Turkey Coryza)；禽波氏杆菌(Bordetella avium)]

## 定义

禽波氏杆菌病（Bordetellosis）是一种急性的、持续性的火鸡上呼吸道传染病。年轻火鸡发病表现为眼睛分泌物多和鼻炎，在成年火鸡中则表现为气管炎症状。

## 发病

1. 所有年龄段的火鸡均可感染波氏杆菌，1～6周龄的火鸡易感性最高，种火鸡也可感染。

2. 该病通常发生在美国的火鸡养殖地区，相似的疾病在加拿大、澳大利亚、德国、法国、英格兰、意大利、以色列和南非均有报道。

3. 在连续产蛋和多年龄段混养的火鸡群中，波氏杆菌感染较严重，该病通常在夏秋季发病。

4. 禽波氏杆菌偶尔也能从鸡以及其他禽鸟中分离得到，禽波氏杆菌能引起蛋鸡的呼吸道疾病，尤其是当鸡群同时感染传染性支气管炎病毒时。但是，在鸡群中波氏杆菌作为原发性疾病出现要比火鸡少得多。

## 历史资料

1. 1967年，在加拿大，火鸡鼻炎（Turkey coryza, TC）首次用于描述特殊的火鸡急性呼吸道疾病。1971年，火鸡鼻炎在艾奥瓦州出现，随后火鸡鼻炎病日益严重，在之后的近30年，一些相似的疾病在火鸡养殖区域暴发。随着火鸡养殖数量的增加，火鸡鼻炎已成为一个十分重要的呼吸系统疾病并带来经济损失。

2. 产碱杆菌鼻气管炎（Alcaligenes rhinotracheitis）和火鸡波氏杆菌病是在初步鉴定病原分别为粪产碱杆菌（Alcaligenes faecalis）和支气管败血症样波氏杆菌（Bordetella bronchiseptica-like）后命名的。

## 病原学

1. 波氏杆菌病是由禽波氏杆菌引起的。禽波氏杆菌不同于其他种类的波氏杆菌和非发酵菌，为革兰氏阴性菌。豚鼠红细胞的凝集素与病原性相关，可用于区分禽波氏杆菌和亨氏波氏杆菌（B. hinzii）（形式上类似禽波氏杆菌）。最近，一些亨氏波氏杆菌菌株也能在火鸡引起像波氏杆菌病一样的临床症状和病变，但是不能引起鸡发病。

2. 菌株间的毒力有很大不同，但毒力与有无质粒没有相关性。

3. 禽波氏杆菌可产生血凝素、耐热和不耐热毒素、皮肤坏死毒素、气管细胞毒素以及骨毒素。

4. 其他感染原存在时，特别是新城疫病毒、其他副黏病毒、鸡败血支原体、巴氏杆菌、埃希氏大肠杆菌等可增强波氏杆菌的致病性。

## 流行病学

1. 禽波氏杆菌对大多数消毒剂以及环境因素敏感，尤其是干燥环境。

2. 尽管不清楚细菌携带情况，但一般认为在多年龄段的家禽养殖场，老年禽鸟是病原的携带者并且是易感幼年禽群感染的重要来源，禽群之间的传染是由人类活动引起的，没有证据表明可经卵传播。

3. 已发现垫料和污染的水是感染的来源。在潮湿的垫料中该病原体可以存活6个月，但是在干燥的垫料中却不能。供水系统中残留的污染水是新的禽群感染的来源。

4. 10日龄以下的禽群感染明确提示病原体来源于环境。2～4周龄感染，如果家禽有母源免疫力，该病原可能来自环境，也有可能是外源性引入。4周龄以上的禽群发病则由外源性引入禽波氏杆菌造成。

## 临床症状

1. 感染后4～7天突然发病，高发病率和低死亡率。生长率下降。

2.此病在年轻火鸡最初临床症状明确,有黏液样鼻涕以及多泡的眼睛分泌物,伴随打喷嚏,低头,摆头,活动减少,寻找热源等现象。

3.分泌物逐渐黏稠,粘住鼻孔和眼睑,眼睛睁开呈"杏仁"状,患病禽鸟叫声发生改变,严重者失声,伴有气管啰音。患病禽鸟张嘴呼吸,下颌间组织膨胀,外形轮廓下垂(图1)。雏禽有抓挠粘住的眼睛的动作,引起眼睑外伤。在翅上或脖子下方可见干燥的分泌物,这是禽鸟擦掉鼻—眼分泌物的常见位置。眶下窦肿胀不是此病的典型症状,但少量禽鸟可见。

4.恢复期气管啰音持续数周,火鸡感染后至少4个月仍能检出病原体。

5.非合并性发病的死亡率比较低。有其他呼吸道病原合并的波氏杆菌病的死亡通常发生在临床症状出现后的 10～14 天,死亡率可能较高(10%～60%)。埃希氏大肠杆菌是最常见的致死原因。在较差环境中的禽群,尤其是氨气水平高的情况下,会有更高的死亡率和更大的生产损失。

6.在成年火鸡中,不出现鼻和眼的分泌物,可见的典型症状仅为气管啰音。

## 病理变化

1.流泪,浆液性到卡他性鼻炎、鼻窦炎,以及气管充血的气管炎是仅有的常见症状。在严重发病的禽鸟中,近端气管的气管环发生变形,导致气管腔狭窄和喉头回缩,发病部分气管的横切显示气管扁平或背侧凹陷(图2)。气管阻塞导致窒息死亡。

2.混合发病时,根据病原的不同,可见各种病理变化。

3.波氏杆菌很容易黏附到有纤毛的上呼吸道上皮细胞(图3)上,可导致纤毛脱落,产生黏液的变化,黏膜纤毛清除功能障碍,黏液的积累。炎症反应为慢性的,不显著的,导致气管环的扭曲以及与支气管相关的淋巴组织增生。

4.禽波氏杆菌感染表现出对禽霍乱疫苗的干扰,但是具体机制不清楚。

## 诊断

1.很容易从气管中分离得到该菌,在麦康凯琼脂培养基上培养 48～72 h 出现典型的非发酵菌落。

2.在发病早期容易获得几乎纯的、密集生长的波氏杆菌。如果盘内出现大量发酵微生物,禽波氏杆菌可能会受到抑制,已经发病几周之后经常出现这种情况。

3.由于波氏杆菌是火鸡严重呼吸道疾病的重要诱发因子,火鸡的任何呼吸道疾病都要寻找波氏杆菌,甚至在已发现了其他致病因素的情况下也要这样做。

4.已经开发出多种血清学实验用于检测禽波氏杆菌抗体,包括快速平板凝集反应、微量凝集反应以及酶联免疫吸附试验(ELISA)等。其中微量凝集反应和 ELISA 广泛用于该病的诊断。

## 防控

1.在每批禽群饲养的间隔期对禽舍和设备进行清洁和消毒,并确保其彻底干燥,减少有问题农场的动物数量。

2.在每批禽群饲养的间隔对输水管道进行消毒,使用卤素或者类似物质处理饮水。

3.控制输送模式,应一直由年轻向成年禽群运送,而不能反向运送。理想状态是仅一个人照看一个单独的禽舍(隔离饲养),且该人没有和其他禽鸟接触。

4.防止年轻火鸡与野生禽鸟接触。

5.种禽可使用油乳剂菌苗,这会给火鸡雏鸡提供母源免疫长达 4 周,否则在此期间感染会引起严重的疾病。

6.来源于温度敏感的禽波氏杆菌变异株的活疫苗用于幼禽,推荐使用两次免疫,首先对孵化室的每个单元通过喷雾免疫,在 2～3 周龄通过饮水加强免疫。

## 治疗

尽管在药敏试验中禽波氏杆菌对大多数抗生素都敏感,但用抗生素治疗通常无效,一般认为失败的原因是该菌所在的气管的药物有效水平过低造成的。在治疗期间,四环素喷雾给药能有效减少临床症状的发生,但长期效果不明显。如果允许,对感染的禽群最好的管理方法是移到牧场中散养。如果做不到,要增加通风,增加禽舍的温度以及频繁地刺激病禽运动,以增加其饮食量。高密度的"应激"并补充饮水中的维生素和电解质是生病禽鸟一般支持疗法的有效辅助手段。

# 波氏杆菌病

图 1

年轻火鸡表现出张嘴呼吸，有泡的眼部分泌物以及下颌隙肿胀。

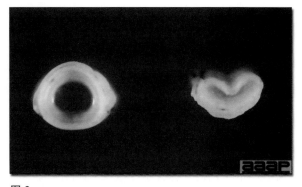

图 2

气管横断面，左图正常。气管扁平或气管背侧内叠（右图）。

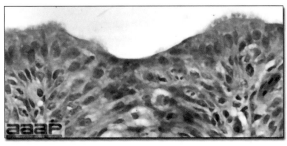

图 3

局部气管上皮细胞纤毛消失，禽波氏杆菌很容易黏附到有纤毛的上呼吸道上皮细胞。

# 肉毒中毒

## （BOTULISM）

［鸡软颈病(Limberneck)，西部鸭病(Western Duck Sickness)］

## 定义

肉毒中毒(Botulism)是由于摄入梭菌属肉毒杆菌(*Clostridium botulinum*)外毒素引起的中毒。

## 发病

1. 在禽类中，野生水禽频繁发生肉毒中毒，捕获的野鸡(雉)以及鸡偶尔发生，除了秃鹰，大多数禽类易感，家禽的发病多数发生于成年和半成年鸡群，许多哺乳动物，包括人类也易感。

2. 水禽(尤其是野鸭)的发病与湖中或池塘中的浅水环境中有腐败植物以及碱性条件相关。

3. 在一些高密度肉禽饲养区，该病在某些养殖场反复发生。每一个新的禽群在温暖的月份都易出现季节性发病。

## 历史资料

1. 1917年在美国的鸡群中首次报道肉毒中毒，在随后的25年中，该病在鸡、火鸡以及水禽中频发。

2. 在20世纪的前半叶，人和鸡有时死于误食含有肉毒杆菌毒素的罐头食品，小型牧场禽群以及家庭自制罐头食品现在已经不流行，肉毒中毒在农场禽群或人已很少发生。然而，肉毒中毒依然是野生水禽的一个重要疾病，尤其是鸭。肉毒中毒很少发生在管理完善的商品化养殖的家禽中。

## 病原学

1. 肉毒中毒是由于摄入了含有梭菌属肉毒杆菌形成毒素的食物、饲料、死亡家禽以及含毒素的蛆(图1)，尽管梭菌属肉毒杆菌或它的孢子没有致病性，通常在环境中和肠道中都存在，在病态下，肉毒杆菌在肠道中繁殖，产生毒素并引起肉毒中毒。

2. 梭菌属肉毒杆菌毒素的毒力极强，在豚鼠中，通过皮下接种，最小致死量（minimum lethal dose, MLD）为0.000 12 mg/kg，(眼镜蛇毒液的最小致死量为0.002 mg/kg)，该毒素对热相对稳定。

3. 根据特定的培养条件，肉毒杆菌可产生8种毒素。家禽发病C型最常见，尽管其他型也有致病。

4. 肉毒中毒不应和鸡的伪肉毒中毒混淆，伪肉毒中毒和肉毒中毒十分相似，但其发病禽鸟几乎都在24 h内痊愈。伪肉毒中毒目前认为是马立克病的一个过渡症状。

## 流行病学

1. 梭菌属肉毒杆菌在自然界中无处不在，通常出现在饲料中。当出现理想的生长环境，即可形成大量外毒素。如果摄入足够量的毒素，则引发肉毒中毒。灭菌不良的罐头内的水果、蔬菜，变质的动物饲料，腐烂的家禽以及昆虫尸体，饲喂含有足够外毒素的以上物质能引起死亡，甚至是微量的。

2. 推测野生水禽通过以下途径接触毒素：

A. 摄入的毒素来自浅水区中腐烂的植物，夏季用于灌溉的将要干涸的碱性湖水等。或者毒素可能来自植物中的幼虫或甲壳动物。无脊椎动物死于厌氧环境后体内有梭菌属肉毒杆菌产生的毒素，可能会被一些水禽摄入。夏季暴雨之后小水池水的逆温现象之后也可能发生这种情况。

B. 死于各种原因的鸭子可有毒素产生并传播，是由正常存在于肠道的梭菌属肉毒杆菌造成的。毒素在尸体中形成。食用了尸体或尸体内产生的蛆虫的鸭子可能会中毒。

3. 越来越多的个体证据提示C型肉毒杆菌能在活的肉鸡肠道中产生毒素，这种肉毒中毒称之为毒性传染性的肉毒中毒。

## 临床症状

发病数小时到数天内出现临床症状。临床症

状包括嗜睡、虚弱以及进行性失去控制，腿部、翅膀、颈部和眼睑松弛麻痹，因此也称之为垂颈病（图2，图3）。麻痹很快发展为瘫痪，且躺卧的禽鸟闭眼并表现深度昏迷。一些禽鸟表现出肌肉或羽毛轻微震颤。大多数明显发病的禽鸟会死亡，可能会在短时间内死亡，也有可能推迟数小时。

## 病理变化

多数肉毒中毒的禽鸟没有肉眼可见的病理变化。个别短时间活着的禽鸟可能会有轻微的肠炎。上消化道（尤其是嗉囊）可能含有腐败的食物或蛆虫，但是通常都是空虚的。

## 诊断

1. 鸡和火鸡的诊断是基于病史、症状，在消化道出现腐烂的饲料或蛆虫，羽毛松弛（仅限于鸡），没有病理变化。发现被禽鸟啄食的腐烂的尸体也有助于诊断。

2. 发病禽肌胃或肠道的生理盐水洗液或血清可用于检测毒力。将其注射给预先注射了保护血清和未注射保护血清的老鼠，该结果可以确诊。培养没有意义。

3. 发病禽群可用多价抗毒素治疗。有很高的治愈率的禽群可确诊为肉毒中毒。不幸的是获得商业化的抗毒素存在问题。

## 防控

1. 通过防止家禽接触毒素，该疾病可以避免。病死禽鸟应该及时剔除，因为它们可以是毒素的常见来源。

2. 尽管很少这样做，但 C 型毒素可以用来免疫禽鸟。

3. 在浅水湖区可以通过引诱或者驱赶使野鸭离开。向浅水湖区泵水以提高水平面，肉毒中毒也可能不会发生。

4. 在肉毒中毒流行地区的肉鸡养殖场预防性给予硒和抗生素是有效的，也有助于治疗发病的禽群。

## 治疗

1. 对于贵重的发病禽鸟可以进行抗毒素治疗。尽管有赖于抗血清的特异性，但是结果往往很好。经常使用 C 型抗毒素。优先使用多价抗血清（尤其是 C 型和 A 型），但是通常很难获得。给禽鸟饮用新鲜、干净、非碱性水是非常重要的。

2. 因为毒性传染性的肉毒中毒还没有在试验中证实，该病的处理仅仅基于野外发病对治疗的表面反应。有报道用亚硒酸钠和维生素 A，维生素 D 和维生素 E 治疗禽类可以减少死亡。也有报道用杆菌肽、链霉素、氯四环素以及青霉素治疗有效果。

# 肉毒中毒

图 1
有含毒素蛆虫的腐烂水禽尸体。

图 2
腿、翅以及颈松弛麻痹的鸡。

图 3
腿、翅以及颈松弛麻痹的鸭（垂颈病）。

# 弯曲菌病

## （CAMPYLOBACTER）

## 定义

弯曲菌病（Campylobacteriosis）是由弯曲杆菌（*Campylobacter*）引起的疾病，20 世纪 50～60 年代，首先在蛋鸡中发生，当时认为是弧菌引起的肝炎，该病在鸡中一度消失，最近认为弯曲菌病是由人类食物传播的疾病，甚至比沙门氏菌病更为普遍，人类有很多弯曲菌病的病源，但是家禽通常认为是重要传染源。

该菌在家禽不引起发病，但是人在处理、食用生的或没有加工熟的家禽通常认为是最常见的散发性弯曲菌病的来源，理解这点对该菌更好的预防与控制是非常重要的。

## 发病

在发展中国家，弯曲菌病通常能引起人的腹泻，特别是在 5 岁以下儿童。在大多数有监测系统的发达国家，过去的 25 年中，报道的患病数量呈上升趋势。在欧洲的国家，2005 年，全部的弯曲菌病数量为每 10 万人中有 50～90 例，然而，同年美国的报告数量为每 10 万人中为 12.7 例。澳大利亚与欧洲国家的水平相似，但新西兰是所有工业化国家最高的，2003 年为每 10 万人中有 396 例，目前的共识是弯曲菌病的最常见来源是处理或食用生的或未加工成熟的家禽产品。

## 历史资料

对于家禽，20 世纪 50 年代在蛋鸡散发的弧菌引起的肝炎与弧菌样微生物（现在已知是空肠弯曲杆菌）之间建立了可能的联系。在此病流行期间，蛋鸡表现为产蛋量下降，死亡率上升。在肝脏上的病变表现为星形或菜花样。在 20 世纪 60 年代末，这种疾病神密地消失了，从此以后，在文献中偶尔有病例报道。

20 世纪，人们意识到弯曲菌病在公共卫生的意义已经发生了变化，1886 年 Escherich 在患有腹泻儿童的粪便样本中观察到与弯曲菌相似的微生物。而 1909 年弯曲菌作为胎儿弧菌在自然流产的家畜中分离得到。20 世纪 70 年代，随着选择性培养基的发展，从人的粪便中更容易地培养出弯曲菌，很快建立了弯曲菌属的多个种类，是人细菌性胃肠炎的常见病原。

## 病原学

从家禽肠道中可以分离到嗜热的弯曲菌属的空肠弯曲菌和结肠弯曲菌两个种。它们是微需氧的，小的弯曲的或螺旋的革兰氏阴性杆菌，在相差显微镜下做快速投射运动。

与沙门氏菌不同，弯曲菌不能在有氧、干燥的环境下存活，在室温条件下，不能在食物上繁殖。事实上，嗜热弯曲菌的最佳生长温度是 37～40℃（与鸡的体温接近），30℃以下不能生长，例如：在室温。

## 流行病学

在禽体内，弯曲菌属是共生的微生物。在菌群中大多数为空肠弯曲杆菌和非常少量的结肠弯曲杆菌菌株。大部分在盲肠生长，非常特异性的在肠道黏膜层覆盖肠隐窝，大量家禽在屠宰后发现弯曲菌阳性，但是，每次研究的采样方法都不一样，几乎是没有可比较性。在加拿大和欧洲，在肉鸡尸体中估计流行率的范围为 18%～82%。

肉鸡在几日龄阶段典型地表现出弯曲菌阴性，对 2～3 周龄鸡群的调查也有这种可能性。一般认为母源免疫起着保护作用，推迟了弯曲菌感染。有意思的是实验研究证实，几日龄的雏鸡对菌群易感，也从卵巢中和肉种鸡的精子以及孵化箱的纸垫中分离到弯曲菌。垂直传播仍然处于争论之中。

该菌在鸡群中能迅速地水平传播,推测是通过接触粪便、公用水源或者是作为载体的蚊蝇传播。后者可能部分解释了家禽群弯曲菌病的季节性,在夏季高发。事实上,最近鸡舍中的昆虫监测试验发现这种单独的预防措施可以减少 70% 的流行。一旦感染进入肉鸡鸡舍会迅速传播,在感染后的 10～14 天鸡舍中 90% 的鸡呈阳性。

当弯曲菌阳性的鸡进入屠宰场,在其肠道,同时在羽毛和皮肤上有大量的弯曲菌,这不可避免地导致设备、环境以及其他正在处理的禽鸟的交叉污染。

## 临床症状

携带弯曲菌的鸡不表现出临床症状和病变。蛋鸡产蛋下降和死亡率上升并且可以观察到弧菌性肝炎。

## 病理变化

在携带弯曲菌的禽鸟没有病变。有弧菌肝炎的产蛋鸡肝炎性坏死包括小的星状的白色病灶到很大面积的弥散性坏死(图 1)。

## 诊断

1. 从有病变的蛋鸡中培养致病微生物。
2. 胆囊相对于肝脏,是微生物的更好来源。
3. 样本最好 4℃ 保存。

## 防控

生物安全。包括啮齿动物和昆虫。

## 治疗

当前没有可应用的治疗手段。

## 结论

目前弯曲菌病只是公共卫生的关注点,并不是家禽健康的关注点。重要的是通过对弯曲菌感染和传播途径进一步的了解,以便于提供有效的和经济的手段来控制其在家禽中的发病。

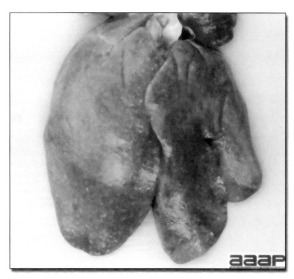

图 1
肝坏死。

# 大肠杆菌病

## （COLIBACILLOSIS）

（埃希氏菌属大肠杆菌感染，Escherichia coli Infections）

## 定义

禽大肠杆菌病（Colibacillosis）是由埃希氏菌属大肠杆菌（*Escherichia coli*）作为原发或继发病原菌引起的禽类的传染病。能引起气囊炎、蜂窝组织炎、脐炎、腹膜炎、输卵管炎、滑膜炎、败血症以及大肠杆菌性肉芽肿。

## 发病

大肠杆菌发生在所有种类和年龄段的家禽以及其他禽鸟和哺乳动物。报道大多是鸡、火鸡以及鸭暴发此病。家禽在卫生标准低的禽舍、差的环境条件下养殖，或发生过呼吸道或免疫抑制性疾病后易暴发该病。年轻禽鸟比成年禽鸟感染的频率更高。大肠杆菌病是世界范围内常见疾病。

## 历史资料

1894年首先报道了鸡的大肠杆菌病。此后，有大量家禽大肠杆菌病的报道并完成了大量关于该病的研究。许多研究者怀疑埃希氏菌属大肠杆菌是原发病原。其他人认为某些血清型是原发病原并且这种观点比较流行。多数研究者承认从家禽各种已知的综合征病例中往往可以分离得到埃希氏菌属大肠杆菌。

## 病原学

该病病原是埃希氏菌属大肠杆菌（Escherichia coli），O（体）抗原血清型非常普遍，与疾病暴发相关的是O1、O2、O35、O36以及O78，和毒力十分相关的K（衣壳）抗原是K1和K80。在正常家禽的肠道中非致病性血清型远远多于致病型血清型，10%～15%的肠道大肠杆菌为潜在的致病型。

## 流行病学

1. 大肠杆菌存在于哺乳动物或禽鸟的肠道中，通过粪便广泛地传播。禽鸟不断接触污染的粪便、水、尸体和环境。当禽鸟对疾病的抵抗力削弱时，致病性或条件致病菌株可以感染禽鸟。在肠道、鼻道、气囊或生殖道中静息的大肠杆菌可能成为潜在的感染源。有些致病性血清型可能有能力感染正常的禽鸟。

2. 已经从正常母鸡的蛋中分离到埃希氏菌属大肠杆菌，这是由于卵巢、输卵管的感染，通过渗透作用污染蛋壳。鸡胚孵化时有可能感染；然而，如果环境应激或损伤引起疾病过程，通常会发生活动性感染。

## 临床症状和病理变化

在许多病变中可分离到大肠杆菌，包括：

1. 气囊炎

发生呼吸道症状并且严重程度不同。这些病理状态可能与环境条件差相关，如尘土飞扬的垫料、通风差、高浓度氨气以及禽舍环境温度突然改变等，但同时也与呼吸道疾病（如传染性支气管炎病毒、新城疫病毒、喉气管炎病毒以及支原体等）和免疫抑制病（传染性法氏囊病、鸡贫血病毒）有关。在这些病例中大肠杆菌是继发病原并引起气囊炎病变。气囊通常很薄，光滑，透明（图1），但是细菌感染可引起气囊变厚，气囊壁内血管增多，渗出液在气囊腔内聚集。以黏液渗出（图2）最终形成纤维渗出（图3）为特征的急性炎症。在更加严重的慢性病例中会出现气囊增厚和气囊中有干酪样渗出物（图4）。通常伴随黏连性心包炎，纤维蛋白性肝周炎和腹膜炎（因此为多发性浆膜炎），气囊炎主要发生在3～7周龄的肉鸡中，可能在5～6周龄时达到峰值。

2. 心包炎

在败血症之后，大肠杆菌的大多数血清型能引起心包炎（图5），心包囊变厚且不透明，心外膜水肿伴有典型的心肌炎。其他细菌也能引起心包炎,包括衣原体属的一个种。

### 3.脐炎和卵黄囊感染

从刚孵化出的表现精神沉郁、败血症以及不同程度死亡率的雏鸡的器官或卵黄囊中纯培养分离到大肠杆菌。脐炎的肚脐肿胀、发炎(图6)并在此处感觉潮湿。卵黄囊感染埃希氏菌属大肠杆菌的禽鸟尸体剖检的一般特征是不正常的卵黄物质以及腹膜炎(图7)。

经常从鸡胚卵黄囊和雏鸡的脐中分离到大量的多样化的其他微生物,例如:产气杆菌、变形杆菌、克雷伯氏杆菌、假单胞菌,沙门氏菌、芽孢杆菌、葡萄球菌、肠链球菌以及梭菌的各个种,很可能是混合感染。

### 4.鸭大肠杆菌性败血症(鸭败血症)

埃希氏菌属大肠杆菌、沙门氏菌、鸭疫里默氏菌(巴斯德氏菌)均能引起呼吸道症状,气囊炎、心包炎、肝周炎以及腹膜炎。里默氏禽败血症巴氏杆菌发病影响气囊并出现干的、薄的、透明的膜覆盖在内脏器官表面。大肠杆菌样的败血症通常是在胸腹脏器和气囊表面出现不同厚度的湿润的颗粒状到凝结的渗出物,脾和肝肿胀,胆汁染色的肝脏变黑。

### 5.急性败血症

大肠杆菌引起的一种类似鸡伤寒和禽霍乱的急性败血性疾病。禽鸟肌肤良好,嗉囊饱满,表明是急性病症。这种病可以发生在年轻或者成年禽鸟。表现为猝死,发病率和死亡率多变。实质器官肿胀,胸部肌肉充血。肝脏呈绿色并有小的坏死灶。可能存在麻点状出血,心包炎或腹膜炎。急性全身性疾病也可能由多种病原引起,如巴氏杆菌、沙门氏菌、链球菌以及其他微生物。

### 6.肠炎

由埃希氏大肠杆菌引起的肠炎通常较少,但是致病性大肠杆菌也有报道。在临床检查中可见腹泻和脱水。尸检出现肠炎,通常在肠道中有过多的液体。实质器官中能分离到埃希氏大肠杆菌。

### 7.输卵管炎

从蛋鸡的输卵管进入的大肠杆菌能引发这种病变。也可能是左侧较大的腹气囊被大肠杆菌感染引发的慢性输卵管炎。发病禽鸟通常在感染后的前6个月死亡,不产蛋。输卵管内有(干酪样)渗出物而肿胀(图8),有恶臭。没有特殊的临床症状,

但可见直立(企鹅)的姿势。

### 8.大肠杆菌性肉芽肿(Hjarre氏病)

鸡和火鸡这种病不常见,症状也不相同。在肠道、肠系膜和肝脏有结节(肉芽肿)出现(图9),不包括脾脏。病变与结核病变相似。病原为黏液型大肠菌,可能不是埃希氏大肠杆菌,肝脏肉芽肿的病因很多,包括厌氧属真细菌和拟杆菌。

### 9.滑膜炎和骨关节炎

发病的禽鸟跛行或者躺卧,一个或多个腱鞘或关节肿胀(图10),滑膜炎和骨关节炎通常是全身性感染的结果。患有滑膜炎的禽鸟一般1周可以康复。骨关节炎比较严重且为慢性疾病,关节有炎症且相关的骨有骨髓炎。这些严重的慢性感染使禽鸟不愿意或不能行走,尸检常发现脱水或消瘦。滑膜炎—骨关节炎也可以由呼肠孤病毒或支原体的几个种、葡萄球菌和沙门氏菌引起。

### 10.全眼球炎和脑膜炎

偶尔禽鸟有眼前房积脓和/或眼前房积血,通常在一只眼中,该眼失明。同样,脑膜炎是一种罕见的埃希氏大肠杆菌败血症后遗症。

### 11.蜂窝组织炎(感染过程)

这是在美国以及一些欧盟国家和加拿大肉鸡屠宰后最常见的报废原因之一,在活禽未见异常,主要是在尸检时发现。美国农业部食品安全检验局确定蜂窝组织炎为感染过程(IP)。肉眼病变包括从外侧到泄殖孔的皮肤变黄和增厚(图11),严重时向胸的腹下侧延伸。切开皮肤在皮下可见黄色的大小不一的奶酪样斑块(图12)。在组织学上蜂窝组织炎同时涉及真皮和皮下组织。炎症反应包括在反应区域的水肿和异嗜细胞浸润,而在更慢性反应所涉及的区域有巨细胞围绕的一层渗出物形成沉积物的被膜。在渗出物中的小菌落中可见球杆菌,在培养时也确定可得到复原的埃希氏大肠杆菌。在屠宰时此病可能使整个群体的8%受到影响,导致广泛的剔除、降级或者整只报废。蜂窝组织炎是由皮肤损伤造成的继发感染。危险因素如:某些肉鸡品种,无羽毛,性别(雄性更敏感),皮肤擦伤,过高的饲养密度和废弃物的类型等都与疾病相关联。

## 诊断

大肠杆菌病最初的诊断是基于大肠菌的分离以及将大肠杆菌确定为已知的致病性血清型。仅

基于埃希氏大肠杆菌的分离的诊断，其有效性值得怀疑。应当通过培养或其他手段排除其他感染（病毒、细菌、真菌、衣原体以及支原体等）的可能性。当分离到继发于其他原发病的大肠杆菌时，应该诊断为继发性大肠杆菌病。

## 防控

1. 应当采取措施尽量减少孵化中蛋的蛋壳污染。蛋在储藏前应在农场进行消毒，并应当储存在理想的环境中。注意孵化卫生、消毒和/或应该进行熏蒸。

2. 在养殖家禽时，应当遵循有效的消毒措施。

3. 在禽群中应当尽量减少疾病、寄生虫以及其他应激。应当控制灰尘。

4. 家禽应当饲喂没有粪便污染的饲料。颗粒饲料更不易被污染。

5. 用卤素及其相关化合物处理水，并改用乳头饮水器可极大地减少败血性大肠杆菌病。

## 治疗

很多抗菌药已经用于治疗。包括四环素、新霉素、磺胺类药物以及其他药物，但是大肠杆菌对许多常用的抗生素已经产生抗性，因此，强烈推荐抗生素的敏感性测试，并由农场保存治疗的历史记录。

# 大肠杆菌病

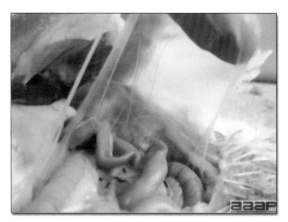

**图 1**
气囊正常，薄、光滑、透明。

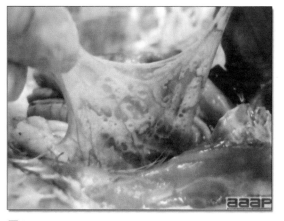

**图 2**
急性炎症以气囊存在黏液性渗出物为特征。

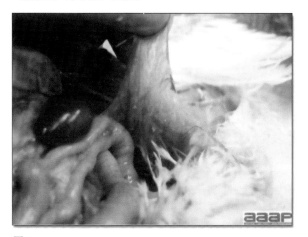

**图 3**
纤维蛋白渗出物和气囊的新血管形成。

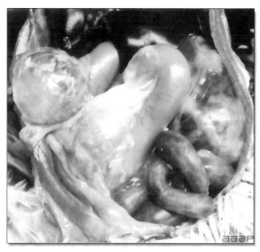

**图 4**
慢性气囊炎：干酪样渗出物及气囊增厚。

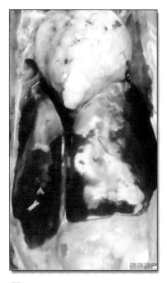

**图 5**
心包炎和肝周炎。

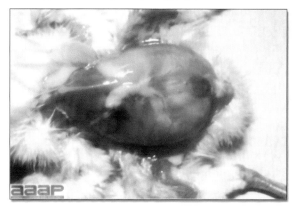

**图 6**
脐炎病例中脐肿胀、发炎。

# 大肠杆菌病

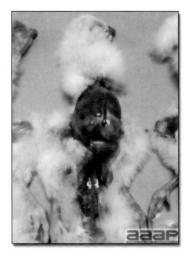

**图 7**
卵黄囊埃希氏大肠杆菌感染，注意脐旁新生血管形成。

**图 8**
输卵管膨胀，内有干酪样渗出物。

**图 9**
肠道、肠系膜和肝脏中的结节（肉芽肿）。

**图 10**
关节炎和滑膜炎。

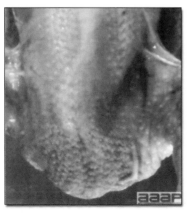

**图 11**
蜂窝织炎：在屠宰肉鸡胴体右侧腹股沟区皮肤变黄。

**图 12**
屠宰肉鸡胴体右侧腹股沟部皮下干酪样渗出物。

# 盲肠球菌病
## （ENTEROCOCCUS CECORUM）

## 定义

近年来,在欧洲和北美洲的肉鸡和肉鸡种鸡群中,盲肠球菌(*Enterococcus cecorum*)是一个新出现的禽鸟病原,与脊椎炎、股骨头坏死和骨髓炎有关。由于其致死性、较差的饲料转化率以及其他支出增加,引起淘汰,盲肠球菌能引起重大的经济损失。

## 发病

在欧洲、美国以及加拿大的肉鸡以及肉鸡种鸡中已有报道盲肠球菌性关节炎和骨髓炎。

## 历史资料

于 2002 年首次报道盲肠球菌感染肉鸡关节和骨。

## 病原学

肠球菌属的多个种是兼性厌氧菌,革兰氏阳性、过氧化氢酶阴性球菌,该属的成员是哺乳动物和禽鸟肠道常见的定居者。

## 流行病学

在肉鸡中,多数为公鸡,7～14 日龄开始表现出临床症状,随后数周发病率增加。在生长期结束死亡率可达 2%～7%。问题在同一个鸡舍里可重复出现。

疾病在肉种鸡中最早可见于 3 周龄,主要为公鸡发病。

发病机制尚不清楚,但由于盲肠球菌属于胃肠道正常菌群,可能会发生数量增加和入侵全身循环系统。

## 临床症状

发病禽鸟跛行并且不愿意行走。一些鸡向后坐在腿关节和尾部(图 1),胫骨和小腿伸开。

## 病理变化

该病在肉鸡的临床过程比较短,在跗关节、膝关节和附近的腱鞘有肉眼可见的炎性病变,股骨和胫跗骨或者胸椎有骨髓炎。种肉鸡的典型病例出现关节炎病变和第四胸椎骨髓炎。

脊柱矢状切面显示形成脓肿(图 2),骨坏死导致背侧骨移位,内部的脊髓压缩(图 3)。

组织病理学显示发病关节的滑膜和腱鞘的异嗜性粒细胞到肉芽肿炎症,发病骨的灶性骨髓炎,在病变部位可见革兰氏阳性球菌。

## 诊断

病理变化和分离得到盲肠球菌即可诊断。

椎骨骨髓炎应与引起脊髓压迫的其他原因进行区分,如脊椎滑脱。

## 防控

禽舍进行清洁、消毒和熏蒸。

已经报道卫生饮水可减少发病。

在 1 日龄预防性给予阿莫西林和/或泰乐菌素,可阻止该病在群体水平的复发。

# 盲肠球菌病

图1
鸡跗关节着地的坐姿。

图2
雄性肉鸡脊柱上的脓肿。

图3
骨坏死导致背侧骨移位，内部的脊髓压缩。

# 丹毒

## （ERYSIPELAS）

## 定义

丹毒（Erysipelas）是一种急性败血性疾病,通常发生于雄性成年火鸡,其特征为浆膜、皮肤和肌肉出血,脾脏肿大。偶尔发生慢性丹毒（多发关节炎、心内膜炎）,通常是在急性发病以后。

## 发病

尽管丹毒有时候在鹅、鸭、珍珠鸡、其他猎禽、野鸟和鸡（很少）发生,但对火鸡是最重要的。在许多野鸟有丹毒散发病例的报道。也在猪、羊、海洋哺乳动物、鱼以及许多野生动物发病。但在人类,丹毒是由链球菌引起的,而丹毒丝菌属（*Erysipelothrix*）能引起典型的局部炎症,称作类丹毒（erysipeloid）,可能引起败血症和死亡。在火鸡中,尽管实验中没有发现年龄和性别对该病有限制,丹毒通常发生在体重接近出栏水平的雄性火鸡,很少发生在小于 10 周龄的年轻火鸡。雄性火鸡的发病高峰大致与其青春期一致,人工授精以后母火鸡偶尔发生该病。该菌在自然界普遍存在,丹毒可以影响世界范围内的家禽和鸟类。

## 历史资料

1939 年明确了丹毒对火鸡的经济意义,此病很快公认为是火鸡的主要疾病。在美国,认识到丹毒是火鸡的重要疾病与认识到丹毒是猪的重要疾病是一样的。目前该病依然在火鸡中发生,但是不常见,因为现在的大多数火鸡都饲养在封闭的禽舍中,减少了对该细菌的接触。

## 病原学

病原为猪丹毒丝菌（*Erysipelothrix rhusiopathiae*）,该菌为革兰氏阳性、细长、稍弯曲,多形性杆状。在培养中常见丝状、珠状,容易非克隆化。

在增菌培养基中,尤其是在含 $5\% \sim 10\%$ $CO_2$（烛罐）中培养生长良好。菌落往往很小,生长缓慢,但快速增长的细菌很容易长得过大。选择培养基和增菌培养基有助于该菌的复原。在含铁培养基中该菌能够产生硫化氢的特征在初步鉴定分离物时十分有用。该菌对环境因素和消毒剂都有很强的抵抗性,在适合的土壤（碱性）中可存活数月到数年。

## 流行病学

1. 在康复的火鸡中该菌在粪便中散布可达 41 天。也可在感染的猪和羊羔的粪便中散布。火鸡可通过口腔实验性的感染,一般认为经口接触感染是常见的自然感染途径。在摄入污染的土壤、水、鱼粉、肉粉或吃了已感染的活禽或死禽后可能会发生感染。

2. 该菌也可以通过入侵皮肤或黏膜感染火鸡。由于进入青春期雄火鸡喜好打斗,经常会发生皮肤创伤。在打斗中典型的招数就是抓住对手的肉冠猛烈摇动,导致此皮肤附属结构明显的创伤。因此认为肉冠是丹毒丝菌感染的主要部位。

3. 应激往往是丹毒暴发的诱因,较大鹅群暴发丹毒往往是在鹅被拔毛之后。其他应激包括卫生差、坏天气、接种以及日粮的改变等。携带者的作用（如果有）还不清楚。

4. 雌火鸡群在人工授精后已有丹毒严重暴发的报道。据推测,感染性的精液来自精液中散布该菌的携带者。

5. 用同一针头给禽群中的多只禽鸟注射,如果有败血症的禽鸟便可以传播该菌。

6. 丹毒丝菌在土壤中可以存活数年。丹毒最常发生在深秋或冬季,在一段寒冷潮湿的天气之后。畜牧场反复地发病是常见的,即便是在封闭的禽舍中。

7. 给猪饲喂死亡的火鸡可导致猪暴发丹毒。

临床证据表明人员在猪群和火鸡群之间走动可以从猪向火鸡传播该菌。

## 临床症状

1. 火鸡中丹毒发病一般较为突然,发现有少数火鸡死亡。此时仔细检查火鸡群会发现其他火鸡蹲在地上,表现出嗜睡或精神沉郁。它们可以被叫起,但强迫运动时步态不稳。偶尔,火鸡表现呼吸道症状或有黄绿稀便的腹泻。

2. 几天内发病率明显增加,患病火鸡的病程短,通常数小时或过夜后多数患病火鸡死亡。

3. 偶尔患病火鸡肉锥肿胀或者不规则黑红色皮肤以及在肉垂、脸及头部有界限清晰的病变(图1)。近期授精感染的母鸡可能会有会阴部充血和出血。

4. 在慢性感染中可见跛行的患病火鸡关节肿胀,通常发生在急性暴发以后。

## 病理变化

1. 可见败血症病变。尸体充血并实质器官(肝、肾、脾)肿胀,脾肿大通常明显(图2)。

2. 在大肌肉块、心包脂肪、心外膜、浆膜下和黏膜有点状或弥漫性出血。出血差别很大。

3. 明显的卡他性肠炎,往往在十二指肠更加明显,在肠道中有过量黏液。

4. 偶然发生皮肤病变,更常见于脸部、头部和颈部。受精母鸡可能有腹膜炎,会阴部充血和出血。

5. 化脓性关节炎,往往发生在多个关节。瓣膜性心内膜炎可见于慢性病例。

6. 在所有器官中主要病变是血管损伤,表现为广泛充血、水肿、灶性出血、弥散性纤维蛋白性血栓,以及在纤维蛋白血栓中或被网状内皮细胞吞噬的大量聚集的革兰氏阳性菌(图3)。

## 诊断

1. 病史、症状以及病理变化可能提示为丹毒,但应当对病原进行分离和鉴定来确诊。丹毒要与禽霍乱进行区分,有用的尸检结果为丹毒可见脾显著肿大,但是禽霍乱没有,禽霍乱通常可见肺炎,但在丹毒没有。丹毒也要与急性大肠杆菌败血症、沙门氏菌病、链球菌病、衣原体病和致命性新城疫相区别。丹毒可以与其他疾病同时感染,包括禽霍乱,衣原体病和内寄生虫。

2. 来自肝和脾切面的触片和骨髓涂片革兰氏染色为阳性。为轻度弯曲,细杆菌。涂片染色对于区分丹毒、霍乱和急性大肠杆菌败血症很有价值。如果条件许可,可用荧光抗体技术鉴定涂片或组织切片中的微生物。

## 防控

1. 家禽应当与可能带该菌的成年火鸡隔离饲养。小火鸡实行全进全出饲养,中途不应当有禽鸟混入。应当避免火鸡与其他病原携带动物接触,尤其是羊和猪。饲养火鸡的鸡舍应当清扫和消毒,不能有丹毒发病史。

2. 如果丹毒在该地区流行,火鸡8～12周龄时应当接种菌苗免疫,至少重复一次加强免疫。种火鸡应当在产蛋前重复免疫。活的口服丹毒疫苗可通过饮水免疫。

3. 人工授精的精液应来自没有丹毒感染史的雄火鸡。

4. 雄火鸡去肉冠是过去孵化场的常见做法。现在很少这样做,因为丹毒的暴发并不常见,并且经口感染的急性全身性疾病比经皮肤感染更为常见。

5. 遗传抗性选择是可能的。进行了快速生长选择的火鸡谱系比非选择谱系或高产蛋选择谱系对自然发生的丹毒更易感。

## 治疗

1. 青霉素和丹毒菌苗经常同时注射给感染禽群的全部禽鸟。患病禽鸟应当注射速效青霉素。有必要重复注射。没有明显病状的禽鸟可注射长效青霉素。

2. 水溶性青霉素以每加仑150万单位给药是有效的,但是治疗停止后,病常复发。依照市场行情,治疗费用比禽鸟的商品价值要大得多。

## 公共卫生

发病禽群在屠宰之前,屠宰场管理者应通知大家,因为这些病禽可能会成为屠宰场工人的感染源。

# 丹毒

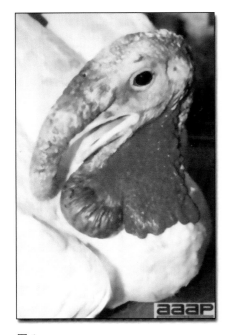

**图 1**
火鸡肉锥和肉垂明显肿胀。

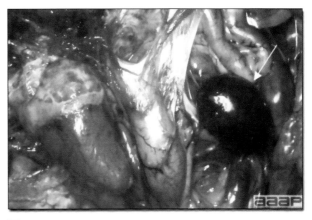

**图 2**
脾肿大。

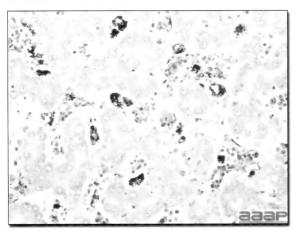

**图 3**
22 周龄的珍珠鸡，在肝脏中有大量的革兰氏阳性菌聚集。革兰氏染色。

# 禽霍乱

## （FOWL CHOLERA）

［霍乱(Cholera)，巴氏杆菌(Pasteurellosis)］

## 定义

禽霍乱（Fowl cholera）是家禽、水禽以及其他禽鸟的传染病，在家禽通常为高发病率、高死亡率的急性败血性疾病。另一种慢性的地方性发病，鸡最常见，家禽可以在急性发病以后，也可以单独发病。

## 发病

禽霍乱是许多种禽鸟的疾病，包括鸡、火鸡、鹅、鸭、鹌鹑、金丝雀以及其他野生鸟类。在适当的条件下，可能所有禽鸟易感。在家禽中，大多数暴发发生在半成年或成年的禽鸟，然而也有例外。该病在火鸡发生要比鸡更频繁。该病通常发生在家养水禽，并在野生水禽通常造成广泛的死亡。鹅高度易感。禽霍乱易发生于应激状态下的禽鸟，包括卫生条件差、寄生虫、营养不良以及患其他疾病等。禽霍乱在世界范围内发病，是相对比较常见的疾病。禽霍乱和人霍乱（霍乱弧菌引起）没有关系。

## 历史资料

禽霍乱作为家禽的一个疾病，人们认识已经超过了 200 年。100 年前，巴斯德分离出了该菌，并用于最早的疫苗之一。在美国 Salmon 博士早在 1880 年就研究了该病。禽霍乱作为家畜四大疾病之一，促成了美国农业部兽医部门的建立。尽管对禽霍乱的认识和研究已经有近 200 年了，但是它仍还是家禽的重要疾病。

## 病原学

1. 病原是多杀性巴氏杆菌(*Pasteurella multocida*)，革兰氏阴性，两极染色的杆菌，在血琼脂培养基上容易生长，但是在麦康凯琼脂培养基不生长。不同的分离菌株之间的毒力明显不同，有荚膜分离株通常毒力高，非荚膜分离株通常是典型的低毒力菌株。

2. 该微生物的抗原组成差异大，由此产生的弊端就是很难生产有效的疫苗或菌苗。凝胶扩散沉淀试验已用于区分 16 个多杀性巴氏杆菌血清型。所有这些已经从禽类宿主分离得到。血清型 1, 3 和 3X4 是最常在发病家禽分离到的。

3. 多杀性巴氏杆菌很容易被消毒剂、阳光、热以及干燥等破坏。但是该菌可以在腐烂的尸体或潮湿的土壤中存活数月。

## 流行病学

1. 在禽霍乱康复的家禽群体中会有多杀性巴氏杆菌的携带者，并向易感禽群传播疾病。这些携带者的鼻后孔裂有该菌存在，并通过唾液污染饲料、水和环境。同样，如果没有采取合理的生物安全措施，野鸟可携带该菌并传入家禽群体中。

2. 几个哺乳动物种类是多杀性巴氏杆菌的携带者，可以向家禽传播该菌，猪、猫和浣熊证实可携带多杀性巴氏杆菌，这些分离株对家禽有致病性。

3. 死于败血性霍乱的禽在大多数组织中有病原，同类相食病或死禽是该病传播的一个重要的途径。

4. 体液免疫与霍乱的抵抗相关，免疫抑制能增加易感性。

5. 多杀性巴氏杆菌有足够的抗性，很容易通过污染的木箱、饲料袋、鞋子和设备等传播。

## 临床症状

1. 急性霍乱在禽群中引起突然的、无征兆的死亡。死亡率通常增长迅速，可见蛋鸡死在鸡窝中，有报道称鹅在穿过农场仓房围着的空地时死亡。在霍乱暴发初期往往怀疑为中毒。

2.发病禽鸟表现出食欲减退、抑郁、发绀、啰音、鼻腔和口腔有黏液，以及白色水样或绿色黏液样腹泻。病程短，通常伴随死亡。病鸡往往隐藏在设备下。

3.鸡最常见的是慢性禽霍乱。通常是关节、肉髯（图1）、脚垫或腱鞘肿胀。渗出物在结膜囊或眶下窦积累，通常为干酪样。少数禽鸟表现为斜颈（图2）。

4.眶下窦脓肿和中耳感染导致斜颈，常发生于慢性霍乱感染的火鸡。

5.人工授精后的种火鸡母鸡表现为产蛋下降和死亡率上升。患病的雄火鸡产生稀薄、水样、质量差的精液。

## 病理变化

1.当发病很急时，不出现病变。通常少数部位有出血点和出血斑，例如，在心脏、浆膜下、黏膜、肌胃或腹部脂肪。经常在前段肠道有广泛充血，急性病变由弥漫性血管内凝血形成。在蛋鸡和种母鸡腹腔中无卵黄，急性卵巢炎伴有卵泡退化，以及常见急性弥漫性腹膜炎。其他的急性疾病也伴有这些病理变化。

2.在禽霍乱的急性病例中，像其他败血症一样，经常有肝肿大。如果禽鸟存活了几天，肝脏有少许或一些小的坏死灶（图3）。患病火鸡肺的实变是常见的特征（图4，图5）。一段时间后，这些病变像坏死区域一样在肺变成分隔开的区域，这些肺部病变通常是广泛的。

3.在慢性病例中，可能有局部的炎症病变，这些通常包括关节、腱鞘（图6），肉髯、结膜囊、眶下窦、鼻甲、中耳或在颅骨底部。局部病变有干酪样渗出（图7）应引起怀疑为霍乱。

## 诊断

1.在尸检过程中，对败血症病例的肝脏、脾脏压片或心脏血血涂片进行革兰氏染色，通常可见两极着染的革兰氏阴性杆菌则提示为多杀性巴氏杆菌（图8），应用血液染色或亚甲蓝染色很容易证实该菌双极的形态学特征。

2.尽管病史、症状以及病变强烈提示为禽霍乱，确诊需要分离和鉴定得到多杀性巴氏杆菌。因为广泛存在的耐药性，分离菌株应当测试抗生素的敏感性，并进行血清型的鉴定，尤其是常规的治疗

和免疫程序无效，或将来防控需要接种免疫。

3.在火鸡和其他对这些疾病易感的禽鸟，禽霍乱与丹毒和急性大肠杆菌病应进行仔细鉴别。丹毒是由革兰氏阳性杆菌引起的。通过分离得到多杀性巴氏杆菌很容易区分霍乱与多数家禽败血性疾病和病毒血症。

4.在家禽或野生水禽中，如果是流行性的死亡，应当怀疑霍乱。

5.多种细菌能引起霍乱样疾病或其他复杂的疾病。包括鸡巴氏杆菌、溶血性巴氏杆菌、鸭疫里氏杆菌、奥斯陆莫拉克氏菌和副结核耶尔森氏菌。

6.已经研发出几种血清学检测方法。当前酶联免疫吸附试验（ELISA）已经商品化并获得广泛应用。血清学主要用于评估免疫效力，而不是用于诊断疾病的暴发。

## 防控

1.多杀性巴氏杆菌不经卵传播。获得无病的禽鸟，隔离饲养在无病的禽舍，远离所有可能携带病原的禽类和哺乳动物。不向禽群中加入禽鸟，由于它们可能是病原携带者。避免应激，尽可能地实行高标准的卫生措施。

2.在所有病禽或死禽被同类吃掉以前要拿走并销毁。患有霍乱的禽鸟携带有多杀性巴氏杆菌，它们在传播病原方面很重要。通过掩埋或焚烧的方法处理尸体，防止被食腐动物食用（包括猫和犬）。

3.虽然菌苗并非总是有效，但在许多情况下，特别是可以重复免疫至少一次时，它们在禽类免疫中起着很好的作用。通常免疫8～12周龄的禽鸟，菌苗在不同的血清型之间不能提供很好的交叉保护。油佐剂疫苗可用于产蛋前的种鸡免疫，如果给予产蛋中的禽鸟，这种疫苗会引起蛋鸡产蛋严重下降，菌苗应当含有引起鸡舍禽鸟发病的多杀巴氏杆菌的血清型。

4.活疫苗通过翅膀网状接种的方法对鸡进行免疫，对火鸡通过饮水或翅膀网状接种的方法进行免疫。在美国，活疫苗是由多杀性巴氏杆菌的克莱姆森大学（UC）菌株生产的。这是一个自然感染的低毒菌株。作为商业化产品的引入，原始的克莱姆森大学（UC）菌株产生了两个更温和的突变菌株PM-1和M9。在火鸡通常6～7周龄开始，间隔2～6周频繁给予饮水免疫。一些火鸡种鸡通过翅膀网

状刺入给予免疫,蛋鸡和种鸡在10～11周龄通过翅膀网状刺入给予免疫,6～8周后再次免疫。禽痘疫苗免疫可同时在对侧翅膀进行。活疫苗是安全的,但是在实际应用中有疫苗反应的问题,推测是由于免疫抑制、当前疾病、品种的敏感性、免疫接种延迟、管理应激,如:故意饲喂限制等引起的。胃肠外免疫可能引起局部病变,或更严重的关节炎。活疫苗比灭活菌苗产生更好的保护并针对大多数血清型提供更广泛的保护作用。

5. 发病以后,应当考虑捕杀,因为许多幸存的禽鸟成为带菌者并能传播多杀性巴氏杆菌。捕杀以后,禽舍和设备应当彻底清洗和消毒,如果可能,空栏数周。

6. 可使用连续用药方案,但通常比疫苗接种程序更加昂贵。

7. 在养殖场减少啮齿动物、食腐动物、食肉动物,并限制它们与禽类群接触。

8. 火鸡的遗传谱系之间表现出的不同的易感性,提示对禽霍乱的抗病性筛选是可能的。

## 治疗

1. 一些磺胺类药物和抗生素能降低禽霍乱的死亡率,但是当治疗停止时,死亡率重新反弹。大部分是通过饮水或饲料给药。磺胺喹噁啉是较好的治疗药物之一,但是在蛋鸡中可能降低产蛋量并可能导致它们完全停止产蛋。食品药品监管局证实应用这些药物治疗家禽需谨慎,常用的药物和抗生素包括:

| | |
|---|---|
| 磺胺二甲氧嘧啶 | 四环素 |
| 磺胺二甲氧嘧啶＋奥美普林 | 红霉素 |
| 磺胺喹噁啉 | 链霉素 |
| 磺胺甲嘧啶 | 青霉素 |

2. 在发病期间将感染的禽群转移到干净的禽舍中或大力改善环境卫生,可能延缓霍乱的病程。在发病早期使用活疫苗可以起作用。

3. 如果不能控制霍乱,有必要尽早出售禽群。务必要遵守停药规定。

图1

肉鸡种鸡的慢性禽霍乱。肉髯严重肿胀。

图2

肉鸡种鸡由于耳炎歪头(斜颈症)。

# 禽霍乱

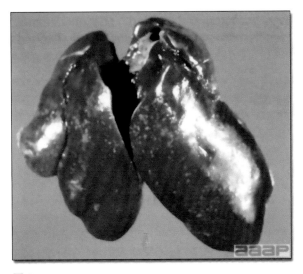

图 3
鸡急性禽霍乱的肝脏有白色坏死灶。

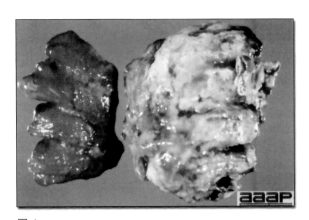

图 4
火鸡亚急性到慢性肺炎。注意单侧肺受影响。

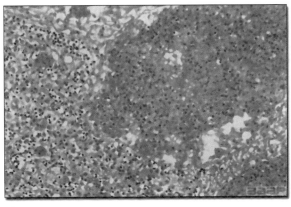

图 5
急性禽霍乱肺组织病理。肺泡中纤维蛋白化脓性渗出物扩散到邻近的肺实质中。

图 6
肉鸡种鸡亚急性到慢性禽霍乱,重度滑膜炎,蜂窝组织炎和肌腱炎。

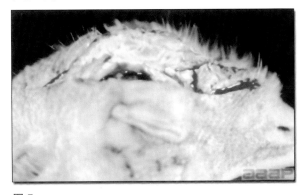

图 7
火鸡急性禽霍乱面部蜂窝组织炎。

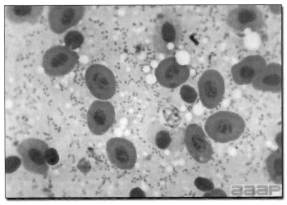

图 8
肝脏压片,革兰氏染色,两极着色,革兰氏阴性杆菌提示为多杀性巴氏杆菌。瑞氏染色。

# 坏疽性皮炎
## （GANGRENOUS DERMATITIS）

（坏死性皮炎，Necrotic Dermatitis）

## 定义

坏疽性皮炎（Gangrenous dermatitis）是年轻生长期鸡的一种典型疾病，其特点是皮肤有坏死区域，并伴有皮下严重的传染性蜂窝组织炎。

## 发病

鸡多数在4～20周龄发病，该年龄段的年轻禽鸟可能羽毛不丰满。通常生活在过度温暖、潮湿的鸡舍中。坏疽性皮炎也在火鸡发病，并近期已经成为火鸡生产中的一个问题。

## 历史资料

尽管大多数坏疽性皮炎发病的报道是从1963年开始的，但坏疽性皮炎首次报道是在1930年。有些更近的报道提示患病的禽鸟可能有免疫缺陷。

## 病原学

皮肤病变是由于外伤和败血梭状芽孢杆菌（*Clostridium septicum*）、A型产气荚膜梭菌（*C. perfringens*）和金黄色葡萄球菌（*Staphylococcus aureus*）单独或混合感染引起的。

## 流行病学

1. 皮肤外伤最初可能是由于同类相食、机械创伤（机械给料机等）以及其他外伤的结果。在创伤的皮肤中或皮下组织，细菌的入侵或繁殖，它们的毒素或代谢产物引起蜂窝组织炎。随后为败血症和毒血症，并导致死亡。

2. 发病禽群的疾病易感性增加是发病机制中的一个重要因素。易感性的增加通常与继发于传染性法氏囊病或鸡传染性贫血病毒的免疫抑制有相关性。该病与网状内皮增生病病毒和腺病毒也有密切关联。

3. 可能增加易感的其他因素还包括黄曲霉毒素中毒、营养不足或不平衡，以及禽舍的管理和卫生条件差等。

## 临床症状

发病的第一个特征是死亡率突然急剧地增加。观察发病的禽鸟，它们精神沉郁，有时候匍匐或跛行。常见皮肤病变在死禽或活禽都出现潮湿和捻发音。病程通常不超过24 h。死亡率不同，但是会很高。

## 病理变化

1. 有散在的变黑斑块，皮肤坏疽（图1），通常患病区域皮肤脱落或羽毛减少。在一些皮肤病变下有明显的气肿或血浆血液性蜂窝组织炎（图2），特别是有梭菌感染的情况下。

2. 实质器官可能出现肿胀和梗死，肝有坏死灶。

3. 法氏囊严重萎缩并且也可能发生于胸腺。

## 诊断

根据病史和肉眼可见的病理变化可以做出初步的诊断。涂片或患病组织的切片显示细菌存在即可确诊。细菌可以从蜂窝组织炎区域进行培养。

## 防控

1. 发现并消除引起皮肤外伤的因素。如果有相互打斗，则有必要断喙或改进先前断喙的质量。机械给料机以及设备，作为一个可能引起损伤的因素，应当仔细检查。

2. 种鸡免疫传染性法氏囊病以及鸡贫血病毒以预防或减少后代中的免疫抑制的可能。

3. 尽可能消除禽鸟的应激（如寄生虫、营养不良以及球虫病等）。

4. 改善禽舍卫生条件，尤其是喂食器、饮水器以及垫料。对禽舍彻底清扫和消毒。在鸡舍中，如果垫料潮湿,改善湿度控制。重复出现问题的禽舍,清洁后的地板用盐处理可能有用。在土壤中使用饲料盐,60~100 lb/1 000 ft$^2$。

5.按比例给禽群添加广谱抗生素(如青霉素、红霉素和四环素),会减少死亡率。

## 治疗

除了按比例添加广谱抗生素外,珍稀禽类可以单独使用青霉素、四环素类或其他速效抗生素治疗。

**图 2**
鸡坏疽性皮炎的气肿性与血清血液性蜂窝织炎。

**图 1**
肉鸡坏疽性皮炎变黑的、坏疽的皮炎。

# 传染性鼻炎
## （INFECTIOUS CORYZA）

（鼻炎，Coryza）

## 定义

传染性鼻炎（Infectious coryza）是鸡、野鸡（雉）或珍珠鸡的一个急性或亚急性疾病，其特点是结膜炎、流鼻涕和眼泪、眶下窦肿胀、面部水肿、打喷嚏、有时下呼吸道感染。一般认为持续发病是由其他并发症引起的，尤其是鸡支原体感染（慢性呼吸道疾病）。

## 发病

尽管此病在野鸡（雉）和珍珠鸡有报道，但它最主要侵袭鸡。所有年龄段的鸡都易感，但多数自然感染发生于半成年或成年鸡。该病更易发生在从来没有空栏过的养鸡场。此病在世界范围内分布。火鸡不发生传染性鼻炎，不要与禽波氏杆菌引起的火鸡鼻炎混淆。

## 历史资料

早在20世纪20年代前，认为传染性鼻炎是鸡单独的疾病，但是直到10～15年以后才确认。鼻炎的发病率显著不同，目前，鼻炎认为是一个重要的疾病，尤其是在多年龄段产蛋鸡的混合饲养体系中。

## 病原学

1. 该病原是副鸡禽杆菌（*Avibacterium para-gallinarum*）（以前是副鸡嗜血杆菌和鸡嗜血杆菌），是革兰氏阴性菌，两极着染，无运动性杆菌，有形成丝状的倾向。副鸡嗜血杆菌生长需要在有V因子的特定增菌培养基（如巧克力琼脂培养基）中（烟酰胺腺嘌呤二核苷酸）。在微需氧环境中在血琼脂培养基上生长（用金黄色葡萄球菌作护理菌落），呈露珠样卫星菌落。报道在南非和墨西哥得到了不需要V因子的分离菌株。

2. 副鸡禽杆菌对环境耐受性不强，离开宿主后仅能存活几天，易被许多消毒剂和环境因素破坏。此微生物在体外对很多化学药品和抗生素敏感，包括壮观霉素、新霉素、新生霉素和四环素。

3. 副鸡禽杆菌在窦分泌物中存在，很容易在染色涂片中显示。

4. 有几个菌株的分类体系。Page法认为副鸡禽杆菌有三个抗原类型（A，B，C），所有类型都共用一定的抗原。该菌产生的血凝素是重要的抗原，能诱导产生对传染性鼻炎的保护。有菌苗可对蛋鸡产生有限的保护。

## 流行病学

慢性患病者或表面健康的带菌禽鸟是感染的主要储藏器，很容易将病原传给易感鸡。可能通过吸入咳到空气中的感染性悬浮颗粒或摄入污染的食物及水进行传播。尽管它离开宿主很快会死亡，但病原可以通过污染物传播。康复的禽鸟通常是病原携带者。

## 临床症状

1. 在禽群中通常发病迅速并发病率高。饲料消耗、生长和产蛋显著下降。

2. 病鸡流鼻涕、流眼泪，结膜炎有些眼睑黏在一起，面部水肿（图1）（偶尔肉髯水肿）（图2），呼吸噪音，有可能腹泻，最后，一些禽鸟眶下窦肿胀和/或结膜囊有分泌物，在发病的禽群中病程的长短和严重程度有明显不同。

3. 呼吸道症状通常只持续数周。当与禽痘、鸡支原体、传染性支气管炎、巴氏杆菌、传染性喉气管炎混合感染以及遇到身体弱的禽鸟表现明显。症状的持续发生曾经完全归因于低毒力的副鸡禽杆菌菌株。

## 肉眼病变

1. 鼻道和鼻窦通常有明显的卡他性炎症（图

3）。单侧或双侧眶下窦由于充满分泌物而扩张（禽霍乱、禽痘、维生素 A 缺乏和葡萄球菌感染局部也有类似的扩张）。

2.结膜炎常伴有眼睑粘连或结膜囊有干酪样渗出物沉积。

3.经常面部水肿,偶尔肉髯水肿,在复合病例中可能有气管炎、肺炎或气囊炎。

## 诊断

1.典型的病史、症状以及病变是鼻炎的提示,但要排除鸡的其他呼吸道疾病。

2.需制备窦分泌物涂片并进行革兰氏染色。应表现为革兰氏阴性、两极着色杆菌并有形成丝状和多形性的倾向。

3.无菌收集窦分泌物并在血琼脂上擦拭。在同一平板上,作 S 型接种金黄葡萄球菌（使用分泌 V 因子菌株）,作为饲养菌。在烛缸中孵育培养物。在 V 因子饲养菌附近生长出微小的露珠样副鸡禽杆菌的卫星菌落（图 4）。可以进一步通过生化方法或 PCR 检测,进行副鸡禽杆菌的特异性鉴定。

4.可能从窦中培养出非致病性菌株鸡禽杆菌（禽嗜血杆菌）,单独或与副鸡禽杆菌一同培养出来。副鸡禽杆菌呈过氧化氢酶阴性,非致病性菌株为过氧化氢酶阳性。

5.在少量易感小鸡的眶下窦接种少量的窦分泌物。通常 3～5 天后出现典型的临床症状和病变（很少没有）。

6.血凝抑制试验和免疫扩散试验可应用于检测血清中的副鸡禽杆菌的抗体,两种试验均有血清型特异性。

## 防控

1.如有必要,扑杀、淘汰所有带菌禽鸟。在引进新的 1 日龄或其他无鼻炎的鸡以前,要彻底清扫和消毒鸡舍,并有 2～3 周的空栏期,尽可能隔离饲养。

2.可用商品化菌苗免疫鸡,但仅能保护疫苗包括的血清型。饲养在有多年龄段、感染过的养殖场的所有小鸡,在其 20 周龄之前,应当接受两次间隔 4 周的菌苗免疫。首免应当在禽鸟达到 10 周龄以后。

## 治疗

各种磺酰胺类药物和抗生素可通过饲料或饮水给药来缓和该病的严重性。通常治疗有效,但是治疗停止后该病会复发。红霉素和土霉素通常用于蛋鸡治疗。

# 传染性鼻炎

图 1
白来航小母鸡面部水肿。

图 2
雄性肉种鸡面部和肉髯水肿。

图 3
白来航小母鸡轻微面部水肿，流鼻涕。

图 4
副鸡禽杆菌在 Casman 血琼脂平板培养 48 h 后在表皮葡萄球菌线的卫星样生长。

# 支原体病
## （MYCOPLASMAS）

## 简介

支原体（Mycoplasmas）属于支原体目（Myco-plasmatales），是最小的原核生物（含 DNA），完全没有细胞壁，可在人工培养基上生长。由于细胞壁的缺失所以它们有多形性，有"煎蛋"形的菌落，对青霉素类抗生素有抗性。尽管有几个分离菌株尚未鉴定，从禽类宿主已鉴定出超过 25 个种。通常支原体的宿主范围很窄。4 个支原体的种对商品化家禽有致病性，它们是：鸡毒支原体（Mycoplasma gallisepticum）、滑液囊支原体（M. synoviae）、火鸡支原体（M. meleagridis）和衣阿华支原体（M. iowae）。致病性支原体通常感染呼吸系统，但是也有可能感染其他系统。尽管经卵传播，带菌禽鸟和污染物也很重要，通常是直接接触传播。有些种的支原体的培养有要求，需要特殊培养基，含 10%～15% 的血清、酵母提取物以及针对特定种的特殊因子等。菌落形态不同，但是其特点是"煎蛋"外形。一般地，菌落形态、培养的特点以及碳水化合物发酵对种的鉴定没有作用。而是用种特异性的抗血清进行免疫学检测或 DNA 扩增型试验。如果不能获得人工培养基，5～7 日龄鸡胚接种是可行的替代分离方法。或者临床病料也可以接种年轻鸡或火鸡，通过免疫学检测比较接种前和接种后 3～5 周的血清，可能会有是哪个种的支原体感染的线索。

## Ⅰ. 鸡毒支原体感染
### （MYCOPLASMA GALLISEPTICUM INFECTION）

[鸡毒支原体（MG），慢性呼吸道疾病（Chronic Respiratory Disease，CRD），火鸡传染性窦炎（Infectious Sinusitis of Turkeys）]

## 定义

支原体感染以呼吸道症状和病变为特征，在禽群中病程长，主要侵袭鸡和火鸡，在火鸡中该病的常见症状是一侧或两侧眶下窦肿胀，也叫传染性窦炎。

## 发病

鸡毒支原体（Mycoplasma gallisepticum，MG）主要发生在鸡和火鸡，但是鹧鸪、野鸡（雉）、孔雀、鹌鹑、珍珠鸡、鸭、鹅以及鸽子也有报道。尽管幼雏很少发病，但各年龄段的鸡和火鸡均可感染该病。从 1994 年起，有一系列感染鸡毒支原体的自由放养的达尔文地雀引起了眼眶周围肿胀、结膜炎和死亡的报道。

## 历史资料

1905 年，美国首次有火鸡发病的报道，1935 年有对鸡的报道。在过去的 25 年，随着家禽养殖业的扩大，鸡毒支原体病变得十分重要。1962 年，最早召开了一系列关于禽支原体病的全国性会议，认识到鸡毒支原体的重要性。在控制和清除鸡毒支原体已经取得了瞩目的进步，尤其是在火鸡中，但是该病依然十分重要。

鸡毒支原体是损失很大的家禽疾病，在美国该病引起的损失不亚于马立克病和新城疫。几年以前，每年由鸡毒支原体引起的损失就达 1.25 亿美元。

## 病原学

1. 病原是鸡毒支原体，在家禽中其他病原的混合感染可能增加鸡毒支原体感染的致病性。典型的混合感染的微生物包括：传染性支气管炎病毒、新城疫病毒、埃希氏大肠杆菌、多杀性巴氏杆菌和副鸡禽杆菌。

2. 离开宿主后，鸡毒支原体很少能存活过数天，带菌禽鸟是其生存的必要条件。

3. 该病原可能存在于鸡体内但不发病，直到由应激引发疾病，如饲养条件、管理、营养或天气的改变；疫苗免疫或感染传染性支气管炎、新城疫；环境中的灰尘或氨气浓度增加等。

4.鸡毒支原体存在不同的菌株,对宿主的易感性、临床表现和免疫反应也不同。

## 流行病学

鸡毒支原体可经隐性带菌者产的卵传播(经卵巢传播),感染后代随后水平传播病原,可能通过将感染性气溶胶咳入空气或通过污染饲料、水以及环境传播。该病原可能通过其他种类禽鸟、家禽或野禽传播,另外,也可以通过鞋子、饲料袋、包装箱等机械传播。

## 临床症状

其症状在禽群中通常发展比较慢。菌株不同,严重性也不同,可持续数周到数月不等。症状与所见的禽鸟其他呼吸系统疾病相同。包括咳嗽、打喷嚏、啰音、流眼泪和流鼻涕以及在火鸡偶尔发生一侧或双侧眶下窦肿胀。其他的症状如下:

1.成年蛋鸡:饲料消耗和产蛋下降。产蛋量持续低水平。死亡率低,但是有许多禽鸟体弱。

2.肉鸡(4～8周龄):症状比成年鸡明显,也更为严重。采食量和生长率降低,死亡率不同但可能很高,尤其是饲养条件差、受寒或出现其他的应激因素的情况下。

3.火鸡:一侧或两侧眶下窦肿胀(图1),感染火鸡在翅上还可能有蹭上的鼻分泌物。另外,如果气囊和肺是主要的发病器官,死于肺炎和气囊炎的火鸡死亡率可能很高,但火鸡眶下窦不肿胀。

## 病理变化

1.常见身体状况差和体重减轻则提示有慢性病。

2.鼻道、眶下窦、气管、支气管以及气囊有明显的卡他性炎症(图2),常见气囊增厚(图3)、不透明并且在壁上可能有增生的淋巴滤泡(图4)。近期对新城疫或传染性支气管炎的免疫可以增加气囊的不透明性。气囊常有黏液样或干酪样渗出物。

3.典型的三联征的病变通常是屠宰场中感染禽鸟大量报废的原因,即:气囊炎、纤维素性肝周炎和粘连性心包炎(图5),这些病变不是该病的特征性病变,在衣原体病或败血症也可以发生。

4.火鸡传染性鼻窦炎,病变可能只局限于眶下窦肿胀。相反地,尽管有鼻炎、气管炎和气囊炎发生并可能有纤维素性肺炎,但不出现鼻窦炎。偶尔,火鸡和鸡可能出现输卵管内有渗出物而扩张(输卵管炎)。

## 诊断

1.慢性呼吸道疾病,并伴有饲料消耗低、增重减慢或产蛋量下降则提示为鸡毒支原体病,典型的肉眼病变是有提示性的。

2.禽群中一些禽鸟血清的鸡毒支原体血清平板或试管凝集试验为阳性(图6)可进一步确诊。因为来自感染了滑液囊支原体禽鸟的血清可以发生交叉反应,最好通血凝抑制试验(HI)(图7)或鸡毒支原体的ELASA检测来验证凝集试验结果。HI试验或ELASA试验通常不会发生交叉反应。禽群近期进行油乳剂疫苗免疫,凝集试验也可以出现假阳性结果。

3.针对鸡毒支原体的特异性商品化PCR试剂盒已上市,可以大批量检测禽鸟的气管拭子。

4.可以通过分泌物、气管、窦、气囊或肺在人工培养基(图8)或鸡胚中进行培养,来分离鉴定鸡毒支原体。流行病学调查时鸡毒支原体分离株的鉴定可以使用分子生物学技术。

5.在许多病例中,有必要区分鸡毒支原体与家禽其他呼吸道疾病,通常是通过支原体培养或血清学检测等方法。肺和气囊病变可能与大肠杆菌病和曲霉病相混淆。在火鸡,禽霍乱是常见和重要的并发症,并可以伴发纤维素性肺炎。火鸡鼻窦炎可由禽流感、滑液囊支原体感染、隐孢子虫和禽偏肺病毒引起。

## 防控

1.建立"干净"的禽群之前要捕杀感染禽舍的禽群,彻底清扫和消毒禽舍,空栏数周。

2.预防很大程度上依赖于获得来自无鸡毒支原体种禽的卵孵化的雏鸡或小火鸡。这些无鸡毒支原体的子代雏鸟隔离饲养。建立鸡和火鸡无鸡毒支原体的种禽群是国家家禽业改良计划的一部分。通过血清学监测确保禽鸟及卵都没有鸡毒支原体。必须严格执行隔离措施,采用良好的管理和卫生设备确保禽群无感染。

3.大多数州内鸡毒支原体阳性的混养蛋鸡群中已开始逐步用免疫小母鸡三个商品化活疫苗(F株,TS11以及6/85)已上市,对生长阶段的禽鸟通过小颗粒喷雾或点眼处理,可防止它们在产蛋期间发病。F 株鸡毒支原体活疫苗对火鸡有致病性。多年龄段产蛋养殖体系中的老年鸡已有鸡毒支原体存在,有油乳剂菌苗可用于免疫雏蛋鸡。

4.通过鉴定小的没有感染的禽群,并以此作为核心群,建立了没有鸡毒支原体的种禽群。另外,来自感染的种禽群的卵使用浸泡(在抗生素溶液中),热消毒以及抗生素处理等方法,努力获得无病原后代。以上 3 种方法可减少感染禽群的卵孵化后感染后代的数量。抗生素和药物不能防止感染的种禽产带菌的卵。

## 治疗

1.在发病率比较低时出售感染的禽群可能比治疗更加经济,因为治疗非常昂贵并且不能清除感染。要考虑这种可能性。

2.如果可能,要改善管理、饲养条件或营养状况。在实际生产中,如果灰尘过多则减少禽鸟接触灰尘。移走堆积的粪便,如果氨气浓度过高要加强通风,清除所有可能造成应激的因素。

3.一些广谱抗生素已经用于治疗以减少损失。然而当治疗停止时,通常会复发。大多数抗生素通过饲料或饮水给药,更倾向于饮水给药。泰乐菌素和四环素已经广泛地用于治疗。如果疾病比较严重或禽群小到可进行个体治疗,则注射抗生素更有效。严格遵守抗生素的休药时间,防止肌肉中药物残留。

## Ⅱ. 火鸡支原体感染
(MYCOPLASMA MELEAGRIDIS INFECTION)

## 定义

是经卵传播的火鸡支原体病,以种火鸡的交配隐性感染为特点,刚出壳小火鸡的气囊炎以及鸡胚晚期死亡。

## 发病

火鸡支原体(*Mycoplasma meleagridis*,MM)感染仅限于火鸡,并可在所有年龄段的禽群中发病。该病通常为隐性感染,除了在未孵出的火鸡胚或刚孵化出的小火鸡引起气囊炎。现在大多数大的种火鸡群没有火鸡支原体感染。

## 历史资料

1.1958 年,首次注意到新孵出小火鸡的气囊炎,但未认识到这是造成损失的主要原因,因为病变通常是隐性的。气囊炎在屠宰时常归因于鸡毒支原体(MG)或滑液囊支原体(MS)引起。

2.鸡毒支原体和滑液囊支原体感染被控制后,气囊炎仍然是屠宰时报废的原因,后来发现是火鸡支原体感染。

3.大的原种火鸡群已经清除了火鸡支原体,则感染在商品化禽群就不常见。

4.骨骼异常称为火鸡 65 综合征(TS-65),歪脖子的异常被表现称为斜颈。

## 病原学

1.病原是火鸡支原体。该微生物在生长时要求苛刻,据此推测,该菌容易被环境因素或大多数消毒剂破坏。

2.可与其他支原体发生共感染,并增加病变的严重性。

## 流行病学

1.感染的火鸡种鸡产的蛋有一部分带有火鸡支原体,可向子代传播支原体。病原通过气溶胶经呼吸道或在人工授精时通过污染的手经泄殖孔水平传播给其他的火鸡。

2.在一些子代火鸡,该病原最后传播到生殖道并定殖。在雄性火鸡定殖通常是在泄殖孔和/或阴茎,其精液中含有该病原。

3.用感染的混合精液给雌火鸡人工授精是火鸡支原体传播的一个重要途径。

4.经过一个繁殖季,大多数雌、雄火鸡可耐过火鸡支原体感染,但该病原已经传播给了许多子代火鸡。

5.火鸡支原体对法氏囊明显偏好,并能引起免疫抑制,这可以解释感染的火鸡对其他病原感染易感,尤其是大肠杆菌病。

## 临床症状

下列大多数症状较为轻微或隐形,在随机检查时不易观察到。

1.来自感染禽群的卵在孵化后期的鸡胚死亡,孵化率通常会受到影响。鸡蛋运送到出雏器以后,在出壳时鸡胚死亡率最高。

2. 大多数被感染的鸡蛋孵化的小鸡,遭受饥饿的可能性大,或体重增长较差。

3. 生长的小鸡通常表现出轻微的呼吸道症状,偶尔伴有鼻窦炎。

4. 少量小鸡有骨骼变形,有骨髓炎性颈椎变形(斜颈)或腿部畸形。

5. 成年种禽未见通过交配和呼吸道感染的症状(图1)。

## 病理变化

1. 感染的,刚出壳的,未孵化出的鸡胚以及新近孵化出的小火鸡有不同程度的气囊炎(图2),表现为气囊膜增厚,可能在气囊膜上有少量的黄色渗出物(图3)。单独感染火鸡支原体的火鸡,在上市时,大多数火鸡病变恢复或消失。

2. 歪脖的小火鸡可能患有颈气囊炎,并且临近脊椎镜检可见骨髓炎。

3. 成年种禽没有生殖器官的肉眼可见病变。而在成年或半成年的火鸡可见气囊炎、滑膜炎以及鼻窦炎,并从这些火鸡仅能分离到火鸡支原体。

4. 火鸡支原体也能引发广泛的骨骼畸形,历史上称之为火鸡65综合征(TS65),特点是软骨营养障碍,一侧或两侧内翻畸形(图4)以及骨短粗病。

## 诊断

1. 监测刚出壳的胚胎或弱胚,剔除有气囊病变的雏火鸡。

2. 据感染组织或分泌物分离和鉴定火鸡支原体可做出诊断。该微生物挑剔,需要特殊培养基。需要通过血清学方法或荧光抗体技术对分离株进行鸡毒支原体,滑膜囊支原体以及其他支原体的区分。

3. 火鸡感染火鸡支原体后3～5周产生抗体。该抗体可以通过平板或试管凝集抑制试验鉴定。单独进行这些试验对于清除感染是不够的,但是能够说明该病在禽群中的感染,检测抗原的商品化试剂盒可购买得到。

## 防控

1. 要从没有火鸡支原体感染的种禽群中购得小火鸡。

2. 通过给所有要孵化的火鸡蛋接种0.6 mg硫酸庆大霉素和2.4 mg太乐菌素共0.2 mL来建立没有火鸡支原体感染的种禽群。通过监测培养出壳(未孵化)的蛋和1日龄的小火鸡,剔除有感染的小火鸡,并用平板凝集试验检测禽群的血清来进行监测。

3. 用泰乐菌素或庆大霉素溶液浸泡来自感染种禽群的蛋,可以很大程度减少后代感染的概率。浸泡经常与温度或压力差技术结合。

4. 单独的重复血清学检测并不能成功建立干净的禽群,而浸泡鸡蛋和检测都有价值。

5. 在孵化场期间小火鸡通常注射抗生素,这可能有助于减少火鸡支原体感染。

6. 用抗生素处理精液,其结果是导致精子活性的过度降低。

## 治疗

由于火鸡支原体对泰乐菌素和四环素敏感,二者在控制感染火鸡的气囊炎方面应该有价值,控制交配传播未必有效。出壳后的前5～10天在饮水中使用林可(洁)霉素或壮观霉素(2 g/gal)可以减少气囊炎的发病率和促进体重增加。

## Ⅲ. 滑液囊支原体感染
(MYCOPLASMA SYNOVIAE INFECTION)

[滑液囊支原体(Infectious Synovitis);传染性滑膜炎(Tenovaginitis)]

## 定义

在火鸡和鸡主要是亚临床症状的上呼吸道感染。全身感染可导致鸡或火鸡急性或慢性疾病,主要特点是滑膜炎症,许多感染禽鸟在关节或腱鞘有渗出物。滑膜的感染称作传染性滑膜炎。

## 发病

呼吸系统滑液囊支原体感染在多年龄段商品化蛋鸡群常见,主要是亚临床感染。传染性滑膜炎主要在鸡发病,尤其是肉鸡,但是也在火鸡发病。该病常见于年轻(4～12周龄)鸡或年轻(10～12周龄)火鸡。也见于成年蛋鸡和小于6日龄的雏鸡。滑膜炎整年均可发生,但是在寒冷、潮湿的季节或垫料潮湿时比较严重。该病的分布可以遍及世界,在美国近几年的临床发病率急剧下降。

## 历史资料

1954 年首次报道鸡的传染性滑膜炎，1955 年在火鸡有报道。尽管该病最初不常见，但是现在已经得到确认。该病十年前比现在流行。

## 病原学

1.病原是滑液囊支原体（*Mycoplasma synoviae*，MS），是一种条件苛刻需要烟酰胺腺嘌呤二核苷酸的微生物。虽然不同分离株在致病性方面有所不同，但是仅有一个血清型。

2.滑液囊支原体是生长条件苛刻的微生物，通常可在 5～7 日龄的鸡胚或特殊的支原体培养基上生长，商品化的 PCR 试剂盒可以快速鉴定滑液囊支原体阳性鸡群。

3.滑液囊支原体感染禽鸟恢复期的血清可凝集商品化的禽滑液囊支原体抗原。滑膜炎早期阶段的血清也能凝集鸡毒支原体平板抗原。血凝抑制试验或 ELSA 检测通常不发生交叉反应，可用于区分滑液囊支原体和鸡毒支原体感染。

## 流行病学

1.经卵巢传播是该病传播的一个重要途径，感染禽鸟仅有一小部分蛋携带滑液囊支原体，多数是在感染早期排出的。

2.通过呼吸道也能水平传播，这种传播较慢，仅有部分感染的禽鸟发生关节病变。

3.该细菌偏好定居于有滑膜衬里的结构，如关节、腱鞘以及黏液囊（胸部水泡），也在卵巢，偶尔在气囊或鼻窦定殖。

## 临床症状

1.多数禽鸟跛行，发病禽鸟喜欢卧在地上是主要的早期症状。许多发病禽鸟头部苍白，跗关节和脚垫肿胀。急性发病的禽鸟的粪便通常为绿色。由于不能正常的饮食，最终，发病禽鸟会脱水，消瘦。

2.发病率通常是从低等到中等的，如果天气潮湿、寒冷或者垫料潮湿则发病率会高。除非有其他疾病感染或饲养条件差，死亡率通常小于 10%。

3.在急性感染的蛋鸡群可见轻微、短暂的产蛋下降。

4.无临床症状的呼吸道感染。

## 病理变化

1.在滑膜炎早期阶段大多数有滑膜的结构（关节、腱鞘）内有黏稠的、胶状的、从灰色到黄色的渗出物（图 1）。肿胀的跗关节、翅膀关节或是脚掌膨大（图 2）。

2.在疾病后期禽鸟表现瘦弱、纤细，内脏器官没有病变。关节和腱鞘渗出物浓稠，关节表面有橙色或黄色污渍。继发于接触地面的外伤的胸部水泡（仔鸡胸）。

3.可以不出现呼吸系统病变，或有与鸡毒支原体感染（慢性呼吸道疾病）相关的轻微的黏液性气管炎、气囊炎（图 3）或鼻窦炎等病变。这些禽鸟可能没有以上描述的滑膜炎病变。

## 诊断

1.典型的临床症状和肉眼可见的病理变化，尤其是流行性的动物跛行，在肿胀的关节或腱鞘内特征性的渗出物，提示为滑膜炎。禽群血清的滑膜炎平板凝集试验的阳性结果可进一步确诊（图 4）。对于感染的鸡群，产生抗体需要 3～5 周。

2.滑液囊支原体可用特殊的培养基或 5～7 日龄鸡胚分离。气管（图 5）、鼻窦、气囊或滑液囊渗出物最适合培养，可以在菌落印迹上用直接荧光抗体技术鉴定分离的支原体（图 6）。或者也可以在鸡或火鸡的脚掌接种渗出物，复制典型的病理变化。随后，检测接种前和恢复期的血清对滑液囊支原体抗原以及鸡毒支原体抗原的抗性，HI 试验可用于确认凝集试验的结果。

3.可购买检测滑液囊支原体的特异性商业化 PCR 试剂盒。检测大量的禽鸟气管拭子。

4.滑膜炎必须与由葡萄球菌、鸡伤寒、鸡白痢引起的关节炎以及病毒性关节炎进行区别。前三个病原容易培养，病毒性关节炎通过接种鸡而不是火鸡进行实验感染。

## 防控

1.现在在大部分地区可以得到来自没有滑液囊支原体感染的禽群的蛋孵化的小鸡或小火鸡，如果有可能从这些小鸡或小火鸡开始。

2.尽可能地在全进全出条件下隔离饲养禽鸟。

3.可以通过向饲料中持续低水平地给禽鸟添加抗生素来预防滑膜炎，这是一个花钱多的做法，

许多用于治疗的抗生素可用于预防，但用更低水平饲喂。

4.有商品化的滑膜囊支原体疫苗，在一定的管理条件下是有益处的。

## 治疗

治疗已经形成滑膜炎的跛行禽鸟通常效果不令人满意。需要相对高水平的抗生素，可添加在水中或饲料中。四环素已经广泛应用。链霉素肌肉注射已经用于数量较小的禽群中，可以进行单个治疗。

## Ⅳ. 其他支原体感染
（OTHER MYCOPLASMA INFECTION）

从家禽，尤其是从宠物的和家庭饲养的禽群，分离得到许多其他种的支原体，但很少引起疾病。在商品化家禽，偶尔引起临床症状的已知其他支原体是衣阿华支原体。衣阿华支原体和火鸡支原体一样，通过交配传播，典型症状是引起火鸡孵化率降低和孵化后期鸡胚死亡率升高。

# 鸡毒支原体

图 1
鸡毒支原体感染的火鸡鼻窦肿胀。

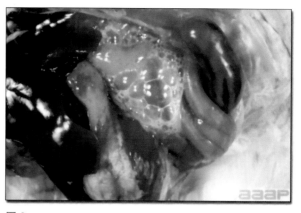

图 2
肉鸡急性鸡毒支原体感染的腹气囊炎。

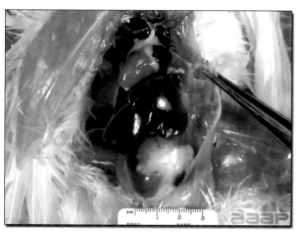

图 3
鸡的增厚的胸后气囊。

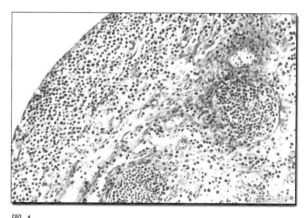

图 4
在气囊上明显的淋巴小结,由于淋巴细胞、巨噬细胞和浆细胞的弥漫性浸润,气囊厚度增加。

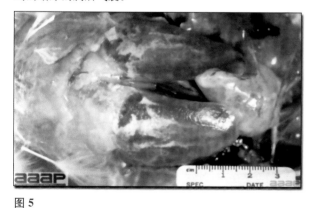

图 5
经典的三种病变:粘连性心包炎、纤维素性肝周炎和气囊炎。

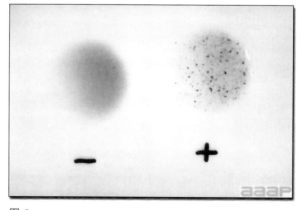

图 6
鸡毒支原体抗原的血清平板凝集试验,右侧血清阳性,左侧阴性。

# 鸡毒支原体

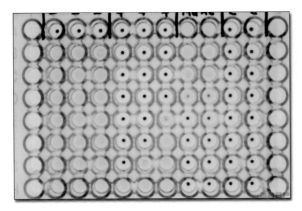

**图7**

3种阴性血清和3种阳性血清的 HI 试验，血清从上到下稀释，开始时 1：10，第2、3、4列的血清来自阴性对照禽鸟（最顶端的孔为对照血清），第5、6、7列的血清来自感染鸡毒支原体的鸡，分别滴度为 1：640，1：320 和 1：80。第8、9列为抗原对照，第10、11列为细胞对照，第1、12列为空的孔。

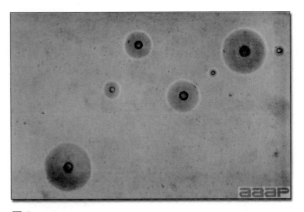

**图8**

35X 镜检观察琼脂培养基上典型的鸡毒支原体菌落。

# 火鸡支原体

**图 1**
火鸡支原体阳性雌性火鸡群，没有临床症状。

**图 2**
轻度的气囊炎。

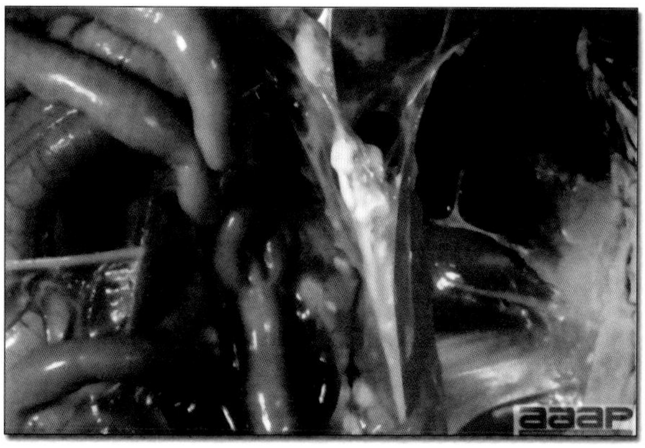

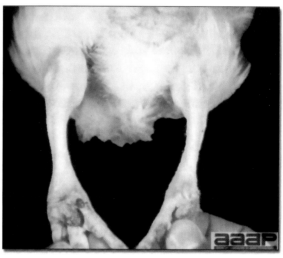

**图 3**
4 周龄的小鸡的火鸡支原体引起的气囊炎。该年龄段病变从胸气囊扩展至腹气囊。如果没有其他并发症，疾病在 16 周龄内康复。

**图 4**
在胚胎发育时感染火鸡支原体的致病性 RY-39 株，3 周龄的小鸡跗跖骨弯曲。

# 滑液囊支原体感染

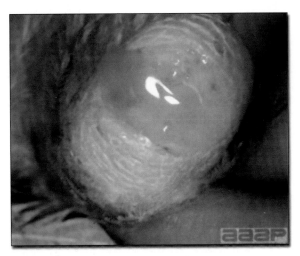

图 1
感染滑液囊支原体的鸡的滑膜炎，切开的肿胀的跗关节。

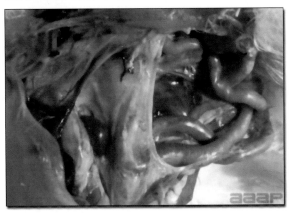

图 2
由滑液囊支原体引起的典型滑膜炎，肿大的脚掌。

图 3
慢性气囊炎：气囊膜增厚并伴有大量干酪样渗出物。

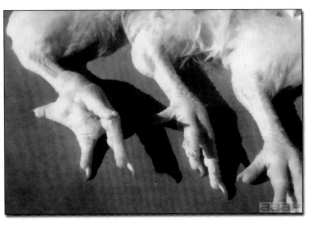

图 4
快速血清平板试验检测感染滑液囊支原体的鸡或火鸡血清中的抗体。孟加拉红染色的抗原凝集是感染禽的特异性抗体凝集的滑液囊支原体聚集或团块。

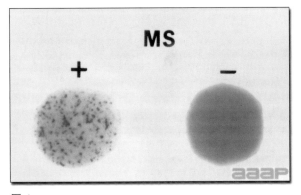

图 5
将鸡舌拉到一边以定位喉的位置，插入棉拭子获得包含滑液囊支原体的气管渗出物，用于支原体培养，气管感染往往会持续数周到数月。

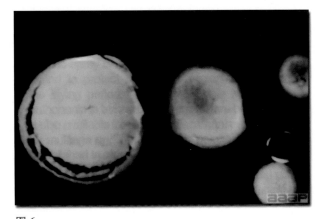

图 6
荧光抗体（FA）检测的滑液囊支原体阳性菌落产生的绿色荧光。

## 支原体病[A]

| 疾病名称 | 病原 | 疾病的类型 | 主要病变 |
|---|---|---|---|
| 鸡毒支原体感染；慢性呼吸道疾病 | 鸡毒支原体 | 呼吸道疾病 | 气囊炎,粘连性心包炎,纤维素性肝周炎。偶尔导致滑膜炎或输卵管炎 |
| 传染性鼻窦炎 | 鸡毒支原体 | 单侧或双侧鼻窦炎,原发或传播至下呼吸道 | 一侧或双侧眶下窦肿胀,随后可能有或没有气囊炎、心包炎和肝周炎 |
| 传染性滑膜炎 | 滑膜囊支原体 | 侵袭关节、腱鞘的滑膜层导致跛行或虚弱 | 关节、腱鞘肿胀,脚、小腿、跗关节更为明显。在肉鸡或火鸡中偶尔引起气囊炎 |
| 火鸡支原体感染；MM 感染 | 火鸡支原体 | 火鸡通过交配传播,通常通过被感染的精液传播,在子代中出现气囊炎 | 未孵出或刚出壳小火鸡的气囊炎,可能水平传播给其他年轻火鸡导致气囊炎。也可能导致出栏禽鸟的气囊炎 |
| 衣阿华支原体感染 | 衣阿华支原体 | 火鸡的孵化率降低以及鸡胚死亡。可能通过交配传播 | 孵化期感染的火鸡鸡胚从大约 18 天开始死亡,伴有严重的病变、充血性肝炎、水肿及脾肿大 |

[A] 在鸡、火鸡、鸭中,已经鉴定出至少 20 个血清型的支原体。这些是最重要的病原。

# 坏死性肠炎
## （NECROTIC ENTERITIS）

## 定义

尽管坏死性肠炎（Necrotic enteritis）也感染其他种类的禽，但此病主要是感染鸡和火鸡的急性细菌性传染病。该病的特点是突然死亡、肠道膨胀并伴有肠黏膜坏死。

## 发病

在垫料上饲养的鸡最常在 1～10 周龄发病，火鸡在 7～12 周龄发病，这两种鸡易患肠道疾病。

## 历史资料

1961 年首次报道坏死性肠炎，家禽养殖地区均有该病发病报道。

## 病原学

1. 梭菌属产气荚膜杆菌（*Clostridium perfringens*）（大多数是 A 型，也有 C 型）及其毒素引起坏死性肠炎，该菌是厌氧的革兰氏阳性杆菌，在血琼脂平板上产生双溶血环。

2. α 毒素是 A 型和 C 型梭菌属产气荚膜杆菌产生的，β 毒素是 C 型梭菌属产气荚膜杆菌产生的，二者对黏膜坏死起主要作用。

3. 最近关于坏死性肠炎发病机制的研究集中在大家熟知的 NetB 基因上，该基因对成孔复合物的产生起作用。

4. 梭菌属产气荚膜杆菌是普遍存在的并且是肠道的正常菌。

5. 肠蠕动缓慢或肠黏膜损伤对梭菌属的附着、增殖以及产生足够的毒素是必要的。火鸡的球虫病、蛔虫移行、出血性肠炎以及严重的沙门氏菌感染是肠黏膜受损的诱发条件。

## 流行病学

坏死性肠炎通常在以下疾病的急性发作后期形成，或是其并发症包括：其他主要肠道疾病、肠道菌群紊乱以及宿主严重的免疫抑制等。突然更换饲料组成，如：添加高水平的鱼粉或小麦，可引起肠道菌群紊乱。由传染性法氏囊病或出血性肠炎引发的免疫抑制通常是坏死性肠炎的前奏。

## 临床症状

精神沉郁、羽毛粗乱的急性发作；快速死亡，死亡率增长迅速。

## 肉眼病理变化

1. 病变通常见于小肠中段，扩张并易破裂。

2. 肠道明显肿胀，黏膜由褐色白喉膜覆盖（图 1），肠内容物为恶臭的褐色液体（图 2）。

3. 胸肌严重脱水而变黑，有可能出现肝肿胀和充血（图 3，正常和充血的肝脏）。

## 诊断

1. 肠黏膜的外观以及急性发病的病史和急剧增长的死亡率强烈提示为坏死性肠炎。

2. 组织学可见肠上皮微绒毛上有严重的梭菌定殖并伴有黏膜凝固性坏死（图 4）。

3. 明确诱发因素对于成功治疗和预防是很有必要的。

## 防控

1. 禽鸟安置以前，禽舍清洁和消毒及良好管理措施是很有必要的。重复出现问题禽舍清空后用盐水处理地面是有效的。在土壤中使用便宜的饲用盐，每 1 000 平方英尺 60～63 磅。

2. 控制所有的诱发因素，落实球虫预防措施。

3. 合理饲喂药物。

## 治疗

诱发因素的确定将决定具体用药。该病的梭菌对溃疡性肠炎的特异性抗生素反应良好（如杆菌肽、青霉素和林可霉素）。

# 坏死性肠炎

**图1**
坏死性肠炎病例,典型性肠道扩张,黏膜覆盖褐色白喉膜。

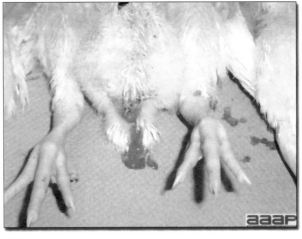

**图2**
肉鸡的坏死性肠炎:肠内容物为恶臭的褐色液体。

**图3**
胸肌严重脱水而变黑,有可能出现肝肿胀和充血(右图为死于坏死性肠炎的鸡,左图为正常的鸡)。

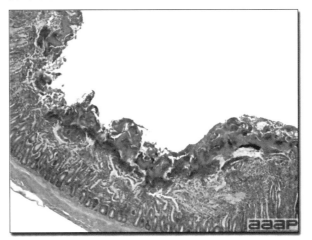

**图4**
组织学,在肠绒毛上皮有很多梭菌定殖并伴有肠黏膜凝固性坏死。

# 鼻气管鸟杆菌感染

## （ORNITHOBACTERIUM RHINOTRACHEALE INFECTION）

### 定义

鼻气管鸟杆菌（*Ornithobacterium rhinotracheale*，OR）是最近才开始研究的与家禽呼吸道疾病有关的细菌。该菌的细菌学和病理学方面最近才开始探究。

### 发病

鼻气管鸟杆菌近期在患有呼吸道疾病的肉鸡和火鸡场中出现的频率升高。鼻气管鸟杆菌通常与其他呼吸道病原一起分离得到（如埃希氏大肠杆菌、禽波氏杆菌、支原体和呼吸道病毒）。在肉鸡和肉火鸡场可见禽鸟的原发呼吸道疾病，没有持续的死亡率。有报道淘汰和饲料利用率降低。在蛋鸡和种禽中产蛋量下降，在火鸡种禽场中死亡比较严重。

### 历史资料

1981年在德国首次分离得到鼻气管鸟杆菌，1986年在美国首次分离到，1994年，该菌由Vandamme命名。

### 病原学

1. 鼻气管鸟杆菌是多形的革兰氏阴性杆菌（图1），在血琼脂平板上生长良好（但缓慢），在37℃ 7.5% $CO_2$ 培养环境中，接种24 h后，鼻气管鸟杆菌菌落呈针尖状、不表现出溶血。在麦康凯琼脂平板上不生长。

2. 关键的生化检测包括：革兰氏染色反应和形态学（短圆棒状、球棍状或长丝杆状），氧化酶试验阳性，β-半乳糖苷酶（ONPG）试验阳性，过氧化氢酶试验阴性，在大多数碳水化合物观察不到反应。

3. api-ZYM系统（梅里埃，法国）是最有用的，该系统给出14个阳性反应和5个阴性反应（脂酶、β-葡萄糖苷酸酶、β-半乳糖苷酶、α-甘露糖苷酶、α-岩藻糖苷酶）。

### 流行病学

1. 已经从肉鸡、蛋鸡、火鸡以及种鸡、肉火鸡、鸭、鹅、鸥、珍珠鸡、鸽、鸵鸟、鹌鹑、野鸡（雉）、鹧鸪和欧石鸡中分离到鼻气管鸟杆菌。最常从呼吸道部位如气管、鼻窦以及肺中分离到该菌。偶尔也能从心、脾、肝、骨和关节分离到，这表明为全身性感染。

2. 在大多的发病状态下也可以检测到其他主要的呼吸道病原（禽波氏杆菌、支原体、巴氏杆菌、埃希氏大肠杆菌、副黏病毒和感染性支气管炎病毒）。

### 临床症状

最常见轻微的呼吸道症状，死亡率轻微升高，年龄较大的禽鸟可能表现出严重的呼吸道疾病症状，并伴有气喘，明显呼吸困难和死亡率增加。

### 病理变化

可见轻度鼻窦炎、气管炎，或一侧或双侧肺实变，火鸡口腔常见带血的黏液，浆液纤维素性胸膜肺炎（图2），并在显微镜下或组织病理学（图5和图6）可见气囊的炎症（图3和图4）。

### 诊断

为证实呼吸道疾病有鼻气管鸟杆菌的感染，细菌培养是必要手段。必须防止其他细菌过度生长。在火鸡细菌培养需要区分多杀性巴氏杆菌、鸭疫里氏杆菌和大肠杆菌。

### 防控

预防鼻气管鸟杆菌感染现有的知识比较少，该病常在同一农场的禽群中连续出现。目前没有商品化的疫苗，但是自源菌苗的应用明显有好处。

### 治疗

在欧洲已有使用四环素和阿莫西林治疗的报道。有报道称使用恩诺沙星、甲氧苄氨嘧啶或磺胺治疗获得有限成功。报道称，在美国大多分离菌株对氨苄青霉素、红霉素、青霉素、壮观霉素和泰乐菌素敏感，但通常有必要对分离株进行药物敏感性试验。

# 鼻气管鸟杆菌感染

图 1
鼻气管鸟杆菌是多形性革兰氏阴性杆菌。

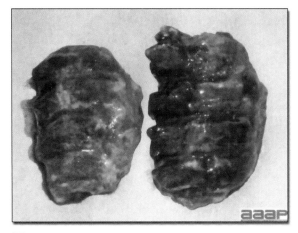

图 2
火鸡的浆液纤维素性胸膜肺炎。

图 3
鼻气管鸟杆菌感染引起的 28 日龄肉鸡气囊炎。

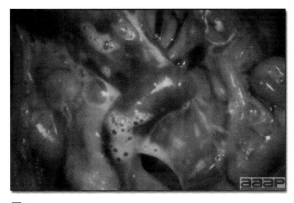

图 4
鼻气管鸟杆菌感染引起的 35 日龄肉鸡气囊炎。

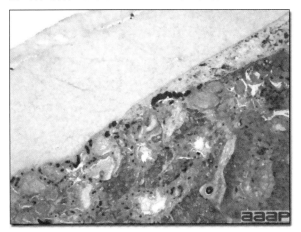

图 5
55 周龄火鸡种母鸡的肺炎和胸膜炎。

图 6
与鼻气管鸟杆菌感染相关的 55 周龄火鸡种母鸡的严重纤维蛋白异嗜性肺部炎症。

# 假单胞菌感染
## （PSEUDOMONAS INFECTION）

## 定义

假单胞菌属（*Pseudomonas*）能引起各年龄段鸡和火鸡的地区性或广泛性疾病。家禽假单胞菌属最常与孵化室、孵化问题以及卵黄囊感染有关。假单胞菌属也能引起其他种类的禽鸟感染，如鸭、鹅、野鸡（雉）、鸵鸟、宠物鸟和笼养鸟等。

## 发生

年轻的禽鸟以及有应激反应和免疫缺陷的禽鸟非常容易感染假单胞菌。在较差的卫生条件下混合与处理疫苗和抗生素等，导致使用污染的生物制品也会引起此病的严重暴发。

## 病原学

绿脓假单胞菌（*Pseudomonas aeruginosa*）是最常见的导致家禽和其他禽类感染的种类。假单胞菌是能运动的、革兰氏阴性的、无芽孢的需氧杆状菌。其他种类，如荧光假单胞菌（*P. fluorescence*）与火鸡鸡胚死亡有关；施氏假单胞菌（*P. stutzeri*）从患有呼吸道疾病的鸡分离得到。来自澳大利亚的报道，患有败血症的鹦鹉有类鼻疽假单胞菌（伯克霍尔德氏菌）（*Pseudomonas*（*Burkholderia*）*pseudomallei*）感染的情况。

## 流行病学

假单胞菌属在自然界中非常普遍，很容易在污染的水和土壤中发现。通常认为假单胞菌是能引起多种不同的临床症状和病理变化的条件致病菌。其他因素可以影响假单胞菌感染，如并发病毒和细菌感染。假单胞菌通常是从死胚、新出壳的雏鸡、小火鸡、小鸭以及其他禽鸟分离到的几个细菌之一。与感染禽鸟的接触、持续密集饲养多年龄段的肉鸡和火鸡、非周期性更换垫料、清扫和消毒等都会促进该菌的传播。也可从蛋的表面和加工肉鸡的皮肤分离到绿脓假单胞菌。

## 临床症状

假单胞菌在家禽引起的临床症状与疾病是局部还是全身性的有关。这些症状包括羽毛逆立、厌食、发育迟缓、萎靡不振、虚弱、呼吸道症状、头部肿胀、关节或脚掌肿胀、跛行、角弓反张、腹泻、角膜浑浊、结膜肿胀。没有任何明显临床症状的猝死也十分常见。发病率和死亡率在 2%～10%，但更大程度上受到管理因素和并发疾病的影响。

## 病理变化

假单胞菌造成的肉眼可见的病理变化不是特异性的，可能有黄色水样或奶酪样渗出物的卵黄囊；关节肿胀并伴有纤维素性渗出物；皮下组织水肿和纤维蛋白；在眼前房、心包、气囊和肝被膜有纤维蛋白渗出物；肝、脾、肾，偶尔脑中有坏死灶。有报道鸭鼻腺腺炎与绿脓假单胞菌感染有关。组织学方面，假单胞菌感染的病理变化通常包括从轻微到严重的纤维素性、化脓性炎症或纤维素性异嗜性炎症，并混有大量的革兰氏阴性杆菌。

## 诊断

仔细分析病史并结合临床症状，肉眼和显微镜下的病理变化可以做出假单胞菌感染的初步诊断。根据来自病变部位涂片中的革兰氏阴性杆菌可作出快速、初步的诊断。在适合的培养基上分离并鉴定该菌可确诊。从各个病变部位，如卵黄囊、心包、气囊、关节、肝、肺和皮肤及其他器官中分离到假单胞菌属的某个种。

## 防控和治疗

采取措施确定并清除假单胞菌的来源。对孵化器、孵化室、设备和环境进行清洁和消毒是控制和预防假单胞菌的原则。

由于假单胞菌属的多个种对抗菌剂的抗药性，需要经常进行药敏性试验。有一些抗生素可帮助减少损失，如庆大霉素、链霉素、丁氨卡那霉素和恩诺沙星。

# 沙门氏菌病

## （SAMONELLOSIS）

## 简介

　　长期以来,沙门氏菌对家禽业以及食用性动物养殖业都是一个严重的挑战,并可造成严重的健康问题。沙门氏菌感染这章分为四个部分:鸡白痢、禽伤寒、亚利桑那沙门氏菌病和副伤寒。每一种病的必要背景信息会在该病的部分写明。值得注意的是,在改进实用检测技术和种禽净化程序之前,宿主特异性沙门氏菌(鸡白痢沙门氏菌、鸡伤寒沙门氏菌)的确阻碍大规模集约化家禽生产,但由于对食源性感染的担心,目前副伤寒感染仍然会影响公众对家禽产品的接受。

　　副伤寒沙门氏菌在家禽感染相对普遍,应当采取所有合理的措施减少成品的污染。家禽产业无可非议地应该为它高效的生产系统感到骄傲,提供了经济实惠并且极具吸引力的系列产品。作为专业人士,尽力保护生产企业不出现食品卫生或食品安全问题的隐患是我们的责任。

　　随着分子技术的发展,分子微生物学家重新验证旧的细菌分类和命名体系,使得它们更加科学准确。例如,副伤寒沙门氏菌(运动的、对禽类非宿主适应的种类,与之对应的是非运动的宿主适应的鸡白痢沙门氏菌和鸡伤寒沙门氏菌)已经按照生物化学特征细分为 5 个不同的亚属。根据遗传分析只得到了两个种。第一种名为肠道沙门氏菌,包含从前已命名的 2 500 多个运动的、非宿主适应的沙门氏菌。该种包含肠道沙门氏菌亚种肠炎肠道血清型(通常称作沙门氏菌肠炎)和肠道沙门氏菌亚种鼠伤寒肠道血清型(通常称作鼠伤寒沙门氏菌)。另外,以前命名为鸡白痢沙门氏菌的细菌,是鸡白痢病的病原;鸡伤寒沙门氏菌,是禽伤寒病的病原,已经重新分类和命名为肠道沙门氏菌亚种鸡白痢肠道血清型和肠道沙门氏菌亚种鸡伤寒肠道血清型。很明显,这种改进导致更长的命名体系,对于

科学家和学生有错误传达和错误理解的可能。本章节讨论的目的是使用缩短的命名体系可提供更加准确和更容易理解的术语。因此,沙门氏菌,如:沙门氏菌肠道亚种鸡白痢肠道血清型,以及它的亚种,将使用它们缩短的命名形式,如鸡白痢沙门氏菌。

## Ⅰ. 鸡白痢

## （PULLORUM DISEASE）

### 定义

　　鸡白痢(Pullorum disease)是家禽的一个具有传染性的、经卵传播的疾病,尤其是雏鸡和年轻火鸡,通常的特点是年轻禽鸟出现白色腹泻且死亡率高,成年携带者不表现出临床症状。

### 发病

　　鸡白痢主要发生在雏鸡和年轻火鸡中。很多其他种也能自然感染,但是它们在该病的流行病学中的作用不重要。鸡白痢可在各个年龄的鸡和火鸡群中发生,但是小于 4 周龄发病损失最大并可在世界范围内分布。

### 历史资料

　　1. 1899 年首次描述了引起鸡白痢的细菌。几年之内人们认识到鸡白痢是常见的、世界范围内分布、经卵传播的鸡病。1913 年研发出可以检测出病原携带者的试管凝集试验,1931 年研究出全血试验。这些试验使净化程序得以展开。

　　2. 鸡白痢造成的损失曾经严重到阻碍了家禽业的发展。鸡白痢有时候通过孵化感染的雏鸡传播。鸡白痢和禽伤寒造成的重大损失在一定程度上促成了国家家禽改革计划的发展,该计划包括通

过孵化传染的疾病的控制策略。

3.通过自愿实施国家禽改革计划中的控制措施,鸡白痢在美国的商品化家禽中已经消除。在庭院小规模饲养的禽群中该病还持续存在。如果可以在所有家禽和外来禽鸟中强制推行已经证实有效的控制措施,该病可能会被根除。

4.如果没有采取措施控制该病,鸡白痢仍会造成灾难性的损失。该病往往在试图建立家禽业的发展中国家反复发生。

## 病原学

1.病原是鸡白痢沙门氏菌(*S. Pullorum*),一个非运动的、革兰氏阴性且有家禽适应性的杆菌。该菌和沙门氏菌的其他各个种一样,相比老年禽鸟个体,更频繁地感染年轻禽鸟并形成菌血症。鸡白痢沙门氏菌与引起禽伤寒的鸡伤寒沙门氏菌非常相似。它们有一些特定的共同抗原,在血清学检测中常会交叉凝集。

2.在温和的气候条件下,该菌有较强的抵抗性,能存活数月。然而,彻底清洁后进行消毒可消灭此菌。该菌也能被甲醛气体杀死,此法可用于受精蛋和孵化器的熏蒸消毒。

## 流行病学

1.鸡白痢主要通过携带病原的母鸡产的偶然感染的鸡蛋垂直传播。很多被感染的小鸡出壳后通过消化和呼吸系统水平地将该菌传播给孵化中的其他小鸡。售卖接触该菌但表面健康的禽鸟给很多不同的购买者能导致该病原体广泛的传播。

2.成年携带者也可通过粪便散播该病菌。通过污染的食物、饮水以及环境可水平缓慢地传播给其他成年禽鸟。另外,鸡窝和蛋的污染可能导致蛋壳渗透并感染从这些蛋里孵化出的鸡。

3.感染菌血症的禽同类相食能导致传播。

## 临床症状

成年禽鸟:

通常没有临床症状。感染的成年鸡可以表现也可以不表现出发育受阻,受感染的蛋鸡可能高产也可能不高产。

雏鸡或小火鸡:

1.在有少量胚胎感染的受精卵中,可见孵化率降低。少量刚出壳的小鸡瘦弱或很快死亡。另外

一些患有菌血症的雏鸡可能发生突然死亡。如果仅有少量蛋被该菌污染,在最开始几天死亡率可能比较低。

2.在第 4 或第 5 日龄,发病率和死亡率开始增加。病禽表现为嗜睡和虚弱。出现厌食、在泄殖孔周围黏附着白色黏性腹泻物,蜷缩在热源附近,鸣叫声刺耳。几天过后,在孵化器中吸入该菌的禽鸟可能会出现呼吸道症状。第 2～3 周,损失达到顶峰,然后减少。幸存者通常大小不一、发育迟缓、发育障碍或羽毛不丰满。很多幸存者成为病原的携带者和传播者。

死亡率有很大不同,但是通常很高,可达 100%。运输、寒冷或缺乏妥善管理会使死亡率上升。相反地,死亡率可能会非常低,以至于疾病难以识别。

## 病理变化

成年禽鸟:

通常没有病理变化。偶尔有结节性心肌炎、心包炎或生殖腺异常。卵巢异常,可能会出现卵泡出血、萎缩或变色(图 1)。极少出现输卵管阻塞、腹膜炎(图 2)或腹水。发病鸡的睾丸可以出现白色病灶或结节。

雏鸡和小火鸡:

1.死于短暂败血症的很小的禽鸟可能很少或没有病变,有时死亡禽鸟摸起来很湿。很多禽鸟泄殖孔周围粘有白色粪便。

2.典型的症状在以下一个或多个部位有结节,包括:肺、肝、肌胃壁、心脏(图 3)、肠壁或盲肠壁、脾和腹膜。经常在肝脏有点状出血或坏死灶。后期,禽鸟中偶尔可见关节肿胀。

3.打开肠道,在小肠黏膜可见白色斑块,并在肠和盲肠可见碎块的干酪样核、斑块和盲肠芯(图 4)在发病后期死亡的禽鸟更为常见。

4.脾脏经常肿大(图 4 和 5 图)(此病变与黏膜斑块和盲肠芯也常发生在鸡白痢以外的沙门氏菌感染),输尿管经常因充满尿酸盐而膨胀。

## 诊断

1.在雏鸡和小火鸡,典型的病史、症状以及病变可提示为鸡白痢。用幸存禽鸟恢复期血清进行平板或试管凝集试验的阳性结果可以确诊(图 6),小型非商业化饲养孵化的雏鸡更有可能是鸡白痢

沙门氏菌阳性。

2.鸡白痢沙门氏菌要进行分离和鉴定才能确诊。该菌应该在检测中心确定血清型,有助于流行病学调查。由于州内有动物卫生法,可能会出现法律纠纷,所以一定要确认鉴定结果。

3.美国国家家禽改良计划提供了详细的确认成年种禽感染的描述。指定的器官集中在一起进行鸡白痢沙门氏菌培养。

4.必须与鸡白痢区分的雏鸟疾病包括:

A.寒冷。寒冷通常与鸡白色腹泻有关。

B.脐炎(脐感染)。在这个年龄段禽群发生脐炎,通常伴随腹泻。

C.伤寒、副伤寒、鸡亚利桑那菌病以及大肠杆菌病。有必要分离鉴定病原来排除这些细菌感染的可能性。

## 防控

1.通过血清学检测和其他手段建立并维持无鸡白痢病菌的种禽群及扩增群是防病的基础。会用到以下检测方法:

A.抗原染色、快速全血检测是针对野外禽群的经典方法。在实验室中快速血清学检测可用于相同的抗原。

B.试管凝集试验检测血清,主要用于验证平板检测试验的结果。

C.已研制出酶联免疫吸附检测(ELISA)方法,可用于鸡白痢的血清学诊断。

2.经检测的清洁禽群的无感染蛋在完全消毒的孵化器中孵化,最好在无鸡白痢的禽舍中隔离饲养。

3.美国国家家禽改良计划中给出了控制鸡白痢的详细规则。该计划的复制品可以从美国国家家禽改良计划办公室获得,地址是 USDA-APHIS-VS, Suite 300,1506 Klondike Road,Conyers,GA 30094,或咨询美国联邦文件档案的网页:http://69. 175. 53. 20/federal_ register/2011 /mar/22/2011-6539. pdf.

4.家禽生产者只需购买参与美国国家家禽改良计划或类似的清除措施的孵化企业的雏鸡可以避免鸡白痢。应该避免禽群接触病原携带者或病原污染的环境。

## 治疗

目前,化学疗法仍使禽鸟保持携带病原的状态,对感染鸡白痢的禽鸟的治疗是不可靠的,在任何情况下都不推荐。

## Ⅱ. 禽伤寒
### (FOWL TYPHOID)

### 定义

禽伤寒(Fowl typhoid)是一种传染性疾病,主要针对鸡和火鸡,有许多鸡白痢的临床症状和流行病学特点及病理变化。

在下列材料中,仅强调禽伤寒与鸡白痢的不同,大多数鸡白痢涉及的情况(见鸡白痢)也适用于禽伤寒。

### 发病

大多情况下该疾病暴发于鸡或火鸡,但是,该病偶尔也发生在其他家禽、猎鸟和野生禽鸟。鸡和火鸡多数暴发于刚孵化出的、年轻禽鸟,但与鸡白痢不同,该病通常持续数月。很多疾病暴发于没有发病史的半成熟禽群中。

### 历史资料

1888 年发现疑似禽伤寒的疾病。早在 20 世纪初,美国和其他国家已经有这种疾病多次暴发的报道。在 1939 年和 1946 年,该病在美国暴发率显著地增长,并成为家禽的主要疾病。检测和管理手段的应用(在国家家禽改良计划中详述),极大地减少禽伤寒和鸡白痢的发病。如今在美国已经很少发生禽伤寒,但是在其他一些国家,禽伤寒作为严重的疾病问题持续存在。

### 病原学

该病的病原为禽伤寒沙门氏菌(*Salmonella gallinarum*),该菌与引起鸡白痢的鸡白痢沙门氏菌有很多相同的抗原,两种菌通常引起交叉凝集反应。造成的结果是,禽鸟接触或传染两个病中的任何一个都能通过相同的凝集试验确认。

### 流行病学

禽伤寒的流行病学与鸡白痢相似。相对来说,通过污染蛋壳的传播方式可能比鸡白痢更严重。

另外,禽伤寒沙门氏菌在生长期和成年的禽群间传播更频繁,发病率和死亡率通常在较大的禽群中更高。

## 临床症状

小于1月龄的禽鸟的禽伤寒临床症状与鸡白痢相似。患有禽伤寒的半成年和成年禽鸟通常头部苍白(鸡冠、肉髯和面部),鸡冠和肉髯干瘪并且腹泻,死亡率很高。在一个大范围的实验中,禽伤寒感染的母鸡生产的种蛋孵出了很多窝小鸡。这些种蛋孵化的小鸡大约有1/3死于禽伤寒。

## 病理变化

1. 在雏鸡和小火鸡中,禽伤寒和鸡白痢肉眼可见的病理变化相似(见鸡白痢)。

2. 年龄较大的禽鸟急性禽伤寒的病理变化包含:

A. 胆汁染色("青铜色")的肝脏肿大,有或者没有小的坏死灶(图1)。

B. 脾和肾肿大。

C. 整个尸体苍白,有稀薄水样血液。

D. 小肠前段肠炎,常伴随溃疡。

3. 年长禽鸟中,慢性禽伤寒病理变化和鸡白痢相似(见鸡白痢)。

## 诊断

对禽伤寒沙门氏菌进行分离与鉴定以便诊断。应将禽伤寒沙门氏菌与其他沙门氏菌以及类大肠杆菌进行仔细区分。

## 防控

防控措施与鸡白痢一样。幸运的是,国家家禽改良计划中对于禽伤寒和鸡白痢执行的是同样的防控措施。

# Ⅲ. 亚利桑那菌病
## （ARIZONOSIS）

## 定义

亚利桑那菌病(Arizonosis)是一个经鸡蛋传播的传染病,主要见于小火鸡,特征是多样化的症状以及与败血症有关的病变或在肠道、腹膜、眼、脑或其他部位的局部感染。

## 发病

该病大多数发生在火鸡。尽管所有年龄段的火鸡都易感,但是此病最常发生在小于3周龄的火鸡。小鸡,小鸭、金丝雀、鹦鹉以及其他禽鸟偶尔也有感染。爬行动物也频繁发生感染,并可作为一个储菌者。人也能发生感染,但不常见。该病可能在世界范围内分布。

## 历史资料

1. 1936年报道了雏鸡亚利桑那菌病,但并没有明确地与禽副伤寒感染进行区分。1939年,明确了亚利桑那菌病病原的最终特征并发现它能引起亚利桑那州的爬行动物的致死性败血症。

2. 20世纪40年代到60年代,认识到亚利桑那菌病是很多火鸡群的重要的、广泛传播的疾病。

3. 一直以来认为亚利桑那菌病的病原体是亚利桑那属。1982年,基于DNA与沙门氏菌属的亲缘关系,亚利桑那菌病的病原被归为沙门氏菌属的一个亚种。

## 病原学

1. 该病的病原是亚利桑那沙门氏菌(*Salmonella arizonae*)(同物异名:亚利桑那属亚利桑那种和亚利桑那属辛绍亚种)。该菌为无芽孢,革兰氏阴性,具有运动性的肠杆菌科。

2. 亚利桑那沙门氏菌发酵乳糖很慢,通常需要数天。慢发酵的亚利桑那沙门氏菌可能会被误认为是其他沙门氏菌,除非发酵管保持足够长的时间。

## 流行病学

1. 亚利桑那沙门氏菌病通常在禽鸟的卵巢定殖。此时在蛋内会有该病原,感染正在发育的鸡胚,导致后代感染。

2. 被感染的成年禽鸟通常肠道携带病原并间歇性散播亚利桑那沙门氏菌,通过粪便污染蛋壳表面导致该菌穿过蛋壳并感染后代。

3. 感染种蛋孵化出感染的后代会将该菌水平传播给同一孵化器中未感染的禽鸟;它们之后都可能变成该菌的携带者和散播者。

4. 通过爬行动物、大鼠、小鼠、很多其他哺乳动物、污染的孵化车间或者污染物都可接触该病原。该病频繁传播是通过粪便污染饲料、饮水或环境导致。该病原在污染的环境中能存活数月。

5. 与许多沙门氏菌的种相比，亚利桑那沙门氏菌无种间屏障。跨种传播很容易发生，有很多携带者。

## 临床症状

年轻家禽可能精神萎靡、腹泻、在泄殖孔周围有粪便黏附、在热源附近挤在一起、共济失调、颤抖、斜颈(图1)、高死亡率(尽管已有报道损失可高达50%，但3%～5%的死亡率最常见)以及生长缓慢。感染小火鸡眼睛模糊(浑浊)并肿大，可引起失明。有大脑病变的禽鸟出现中枢神经症状。年轻禽鸟的症状与副伤寒十分相似。临床发病结束后禽群中可见生长中度到严重的不一致。发病的眼睛萎缩，此症状可对之前禽群的感染进行确诊。成年携带者通常不表现出临床症状。

## 病理变化

1. 可观察到典型的菌血症病变，包括肿大、有斑点的黄色肝脏、残留的卵黄囊和腹膜炎。偶尔在小肠和盲肠还有奶酪样栓塞物。患原发菌血症的幸存小火鸡感染的卵黄囊发展为脓肿。

2. 数量较少，但有一定数量的小火鸡出现眼睛模糊或浑浊(眼炎)(图2)，这种病变不能用来确诊，因为如副伤寒、曲霉病或大肠杆菌病等其他疾病也能引起该症状。然而，在亚利桑那菌病中出现更频繁。

3. 有中枢神经症状的禽鸟在脑膜、侧脑室、中耳或内耳可见脓性渗出物(图3)。

## 诊断

必须分离和鉴定病原体。症状和病变不足以辨别亚利桑那菌病与其他沙门氏菌感染。亚利桑那沙门氏菌通常可以从肝、脾、心脏血、未吸收的卵黄、肠道或其他器官中分离到，并很容易从眼、耳和脑中分离得到。亚利桑那沙门氏菌在眼中可存活数周，故在眼中易分离到该菌。也可以对未孵化的胚胎、蛋壳或感染种禽的其他器官以及环境样本进行培养。用于分离其他沙门氏菌的富集方法对检测亚利桑那沙门氏菌同样有效。

## 防控

1. 如果感染的种禽群已经确诊，就不能成为种蛋的来源。不幸的是，没有便捷的血清学检测方法可用于鉴定禽群或个体是否感染。一般通过培养来自蛋或者后代的病原来确定禽群的感染。如今美国的原代火鸡种禽公司已经没有亚利桑那沙门氏菌感染，但是商品代种禽群仍然有偶尔感染的现象。

2. 在孵化车间，通常给1日龄的小火鸡注射抗生素，以控制亚利桑那菌病引起的死亡。庆大霉素是最常用的。已发现对庆大霉素有抗性的菌株并导致小火鸡很大的损失。因此使用注射用四环素或头孢噻夫或许有帮助。

3. 许多用于预防副伤寒的措施也可用于控制亚利桑那菌病(见副伤寒)。

## 治疗

有效的抗生素和药物包括庆大霉素、四环素和硫胺类药。治疗不能防止禽鸟成为微生物的携带者和传播者。实验性给火鸡种母鸡使用菌苗有助于减少排菌，如果辅以好的管理措施，最终可以完全从种禽群中去除该病。

## Ⅳ. 副伤寒感染
### (PARATYPHOID INFECTION)

[沙门氏菌病 (Salmonellosis)；副伤寒(Paratyphoid)]

## 定义

副伤寒(Paratyphoid)是家禽、多种其他禽类及哺乳动物的急性或慢性疾病，由沙门氏菌属中的一个没有宿主特异性的菌种引起。

## 发病

副伤寒感染可以发生在多种禽类和哺乳动物中。频繁发生在家禽中；在大鼠、小鼠以及其他啮齿动物、许多爬行动物、一些昆虫中也可以发生感染。此病也是人的常见疾病。在大多数动物中，年轻动物更容易患病且更严重。成年动物抵抗力更强，但是也能感染，尤其是在接触该病原之前有应激的情况。副伤寒感染在世界范围内分布。

此细菌感染对公共健康的影响要比动物发病造成的经济损失重要得多。家禽产品已经反复多次与人沙门氏菌病暴发密切关联，家禽产品生产企业的所有健康管理人员应对消费者在这方面的合理关切保持敏感。尽管详细的流行病学知识已经超出了本书范围，本章的技术细节应该可以提供控制禽沙门氏菌感染的必要背景知识。国家家禽改良计划（NPIP）以及最近食品药品监督管理局参与了沙门氏菌感染性肠炎（SE）方面的监管，同时，国家家禽改良计划正在规划家禽种禽场的沙门氏菌达到受监控状态，食品药品监督管理局对产蛋鸡群的肠炎沙门氏菌有监测和控制措施。

## 病原学

1. 副伤寒沙门氏菌（*Paratyphoid salmonella*）由可运动的非宿主适应的沙门氏菌属菌组成，不同于非运动性并高度宿主适应性的鸡白痢沙门氏菌和伤寒沙门氏菌。

2. 有2 500多个肠道沙门氏菌血清型，但是已经从家禽分离出的菌仅有10%。地域和时间不同，血清型的分布不同。在美国，常分离出的菌株包括：

肠炎沙门氏菌（*S. Enteritidis*）

鼠伤寒沙门氏菌（*S. Typhimurium*）

海得尔堡沙门氏菌（*S. Heidelberg*）

肯塔基沙门氏菌（*S. Kentucky*）

布伦登卢普沙门氏菌（*S. Braenderup*）

哈达尔沙门氏菌（*S. Hadar*）

明斯特沙门氏菌（*S. Muenster*）

山夫登堡沙门氏菌（*S. Senftenberg*）

3. 大多数副伤寒菌含有内毒素，内毒素可致病。

4. 在自然环境中副伤寒菌有中等的抵抗能力，但是对大多数消毒剂和甲醛气体的熏蒸敏感。

## 流行病学

1. 副伤寒杆菌通常在携带者的肠道或胆囊定殖，间歇性地经粪便排菌并污染蛋壳、饲料和水。家禽、其他禽类、爬行动物、昆虫以及多种哺乳动物包括人类在内的各种哺乳动物都能传播沙门氏菌。

2. 小鸡的感染主要通过带有副伤寒菌的粪便污染蛋壳，穿透蛋壳进入蛋中发生感染。一些雏鸡在孵化时感染并且感染会水平传播。

3. 有些病例是副伤寒菌在卵巢定殖（如肠道副伤寒），随后发生垂直传播。这种方式传播的频率还是未知的，但推测是短暂性或间歇性的。

4. 污染的动物蛋白（罐头、肉片等）能传播该病原，这些产品通常在加工后被污染。热的或压缩的食品很少带有活的沙门氏菌。

5. 副伤寒菌可能会通过污染的环境发生跨种间传播。啮齿目动物是副伤寒菌的重要贮藏器。副伤寒是一个重要的公共卫生问题；这种疾病目前为止是家禽养殖场最大的挑战。

## 临床症状

1. 通常只在年轻禽鸟（小于4周龄）观察到症状。嗜睡、大量腹泻后脱水，泄殖孔周围有黏附物或潮湿、翅膀下垂、颤抖、挤靠在热源附近等。

2. 通常发病率和死亡率较高（尤其是在孵化期的前2周），但也会有变化。在禽鸟个体的病程很短。

3. 可见自然感染肠道沙门氏菌的蛋鸡在产蛋前死亡率增加。

## 病理变化

1. 经短的菌血症病程死亡的禽鸟只有少许或观察不到病理变化，可能仅有少许的外周出血。

2. 通常出现脱水和严重的肠炎，经常伴随小肠黏膜的局灶性坏死病变。偶尔在肝脏有坏死灶。幼年禽鸟的卵黄囊常常出现未吸收的卵黄物质和明显的脐炎。不常发生的病变包括失明、关节感染或眼睑肿胀，后两个病变在鸽子常见。

3. 在存活几天或更久的禽鸟常见小肠黏膜突出的斑块和奶酪样盲肠芯。这些强烈提示存在沙门氏菌病，但并非沙门氏菌属任何一个种的特异性致病。

4. 自然感染肠道沙门氏菌的禽群可见输卵管和卵巢炎症，并伴随心包炎、肝周炎和/或腹膜炎（图1）。

## 诊断

从多个器官中分离得到病原，可以确诊。应用多价沙门氏菌抗血清，大多数实验室可以鉴定任何沙门氏菌的分离株。一些肠道沙门氏菌和鼠伤寒沙门氏菌有抗原检测试剂盒，也有PCR检测，可以很容易做出快速准确的诊断。分型中心可提供完整的种和遗传类型，用于这项专业的工作。选择培养基通常用于分离来自内脏的沙门氏菌。

## 防控

1. 种禽群应当进行沙门氏菌感染的细菌学监测,尽力减少禽群的接触。

2. 如果可能在一个产蛋季结束后卖掉所有的禽鸟,这样可以清除病原携带者。在空栏期彻底地清洁和消毒禽舍。诱捕清除啮齿目动物,是农场清除沙门氏菌的基本步骤。

3. 有巢的禽群,巢应保持干净,按照需要频繁更换巢中的垫料。在所有的养殖过程中,保持高标准的卫生条件。

4. 勤收蛋并储藏在冷的地方,捡蛋时干净的蛋和不干净的蛋要分开。在家禽饲养场储藏和孵化场孵化之前的储存期间应尽量保持蛋的卫生。

5. 在孵化时推荐熏蒸种蛋(常规做法)。执行严格的孵化场卫生措施。

6. 使用全进全出的方式饲养每一批新的禽鸟。开始饲养后不再混入新的禽鸟。不允许接触其他野鸟、哺乳动物,啮齿目动物或爬行动物。控制昆虫的数量。

7. 为配方饲料提供没有污染的原料。如果颗粒化之后没有交叉污染,颗粒饲料通常没有沙门氏菌。

8. 如果需要,可制备用于凝集试验的特异性抗原,以便清除病原携带者。鼠伤寒沙门氏菌已有标准抗原,但大多数其他副伤寒菌还没有。一旦研制成功,这些检测抗原可用于每年鸡白痢—鸡伤寒的定期检测。

9. 1日龄雏鸡和小火鸡通常在孵化车间注射抗生素以控制副伤寒和其他细菌感染引起的死亡。该项措施可能有助于控制早期死亡,但通过良好的种鸡群和孵化场管理可得到同样的积极结果。

10. 许多商品化疫苗,活疫苗和灭活疫苗均可购买得到,接种商品代蛋鸡和种肉鸡以抵抗肠沙门氏菌和鼠伤寒沙门氏菌。不幸的是它们不能预防感染,仅能减少病原散播。

## 治疗

使用抗生素治疗不能清除沙门氏菌感染,应用价值比较小。使用杀菌剂清除沙门氏菌可以致使抗药性提高而危及它们的药效。

# 鸡白痢

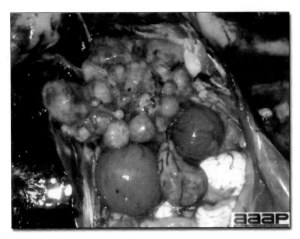

**图 1**
卵巢异常，有萎缩及卵泡变色。

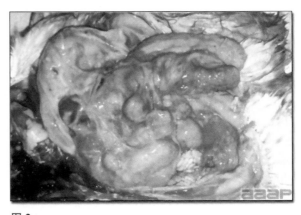

**图 2**
母鸡严重的纤维素性化脓性腹膜炎。

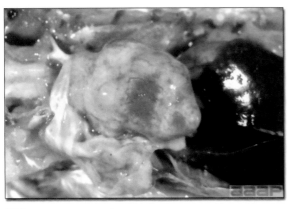

**图 3**
6 周龄鸡心脏心肌层出现大量黄色结节而形成畸形，可见心包增厚和变色，肝脏慢性被动充血形成的斑点。

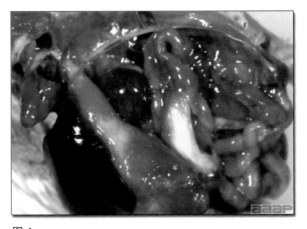

**图 4**
18 日龄雏鸡的脾肿大和肝肿大，盲肠明显的白色栓塞。

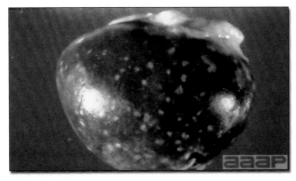

**图 5**
成年鸡的脾肿大和白色斑点。

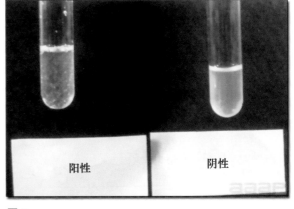

**图 6**
试管凝集试验显示鸡白痢阳性和阴性，在阳性试管中可见絮状物质。

# 禽伤寒

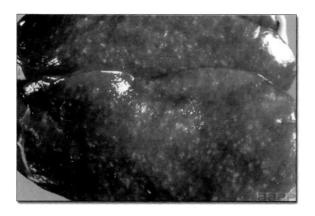

图 1
禽伤寒阳性的成年鸡,胆汁染色("青铜色")的肝脏肿大,并伴有小的坏死灶。

# 亚利桑那菌病

图 1
亚利桑那沙门氏菌感染的小火鸡斜颈。

图 2
小火鸡眼睛浑浊(眼炎)。

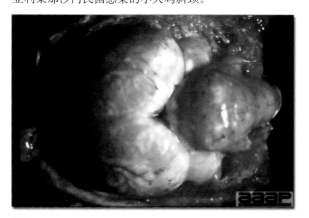

图 3
小火鸡的脑炎。

# 副伤寒感染

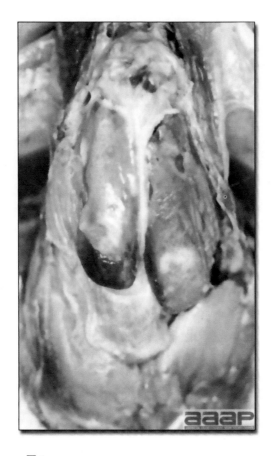

**图1**
自然感染肠炎沙门氏菌的蛋鸡心包炎、肝周炎
和腹膜炎。

# 螺旋体病

## （SPIROCHETOSIS）

## 定义

螺旋体病（Spirochetosis）或非回归包柔螺旋体病（Nonrelapsing borreliosis）是大多数家禽和很多其他禽类败血性疾病。急性病例的特征是精神沉郁、发绀、腹泻、腿无力发展成瘫痪和死亡。

## 发病

螺旋体病在鸡、火鸡、鹅、鸭、野鸡（雉）、松鸡、金丝雀可自然发生感染。其他一些禽鸟也能实验性感染。在美国该病通常发生在火鸡、鸡以及野鸡（雉）中。如果之前没有接触过该病，所有年龄段禽类都易感。该病广泛分布于热带和温带地区。在美国的加利福尼亚州、新墨西哥州、得克萨斯州以及亚利桑那州都有发病。

## 历史资料

1. 螺旋体病是 1891 年首次报道的家禽重大疾病之一。螺旋体病仅有少数的几次发生在美国的西南部。报道称该病在 1946 年和 1993 年出现在加利福尼亚州，1961 年出现在亚利桑那州。在流行的州，此病在当地是非常重要的疾病，是地方性动物病。

2. 在西南各州，因为有媒介蜱，波斯锐缘蜱的出现，螺旋体病有传播的可能性。

## 病原学

1. 病原体为鹅包柔氏螺旋体（*Borrelia anserina*），螺旋状，有 5~8 个螺纹，长可达 30 $\mu$m。

2. 该微生物在宿主体外没有多少抗性，并且在宿主间必须存在于其他媒介中。

## 流行病学

1. 鹅包柔螺旋体能通过感染的粪便传播，但是

通常通过吸血节肢动物传播。波斯锐缘蜱是常见媒介，库蚊属的蚊子也可以成为带菌者，螨可以作为机械性携带者。

2. 在叮咬感染宿主以后，波斯锐缘蜱保持感染性可达 430 天。进而蜱将螺旋体传给其后代。

3. 有传染性的带菌者和螨叮咬易感禽鸟时可将螺旋体传染给它们。康复后的禽类完全清除螺旋体的感染，此后不成为病菌携带者。

4. 也可通过采食感染的蜱，同类相食濒死的禽以及食用感染的尸体等发生传染。

## 临床症状

感染的禽鸟精神沉郁、发绀、口渴，经常有过量白色尿酸盐的腹泻。患病禽鸟虚弱、蹲在地上，后者可能进而发展为瘫痪。发病率和死亡率因为鹅包柔螺旋体菌株毒力的不同而差距较大。在高易感禽群中，发病率和死亡率可达 100%。

## 病理变化

1. 通常脾肿大十分显著，因瘀斑性出血而出现斑块。

2. 肝脏通常肿大，有时会有小的出血点、栓塞或灶性坏死。肾可能肿大或发白。通常有胆汁染色的黏液性肠炎。组织病理学已经很好地描述了该病，但是镜检病变不是诊断该病的手段。

## 诊断

1. 如果在典型发病的禽群中发现波斯锐缘蜱，应怀疑螺旋体病。然而，幼虫和成虫蜱生活在鸡舍中，大多是在夜间叮咬禽鸟。

2. 螺旋体可以通过姬姆萨染色的血涂片、暗视野显微镜、相差显微镜镜检血液或其他液体进行鉴定（图 1）。螺旋体可以在离心血液的血白细胞层集中。这便于禽鸟体内只有少量螺旋体的检测。在

该病的后期可能观察不到螺旋体。

3.无法判定的病例可以将早期典型病例的去纤维蛋白血液接种 6 个鸡胚，分离出其中的螺旋体来确诊。另一种做法是给雏鸡和小火鸡接种血清或组织悬浮液，每日检测血中的螺旋体，螺旋体通常在 3～5 天后出现。

4.螺旋体可以通过对组织切片进行特殊染色来鉴定。荧光抗体检测也能用于鉴定组织或血液中的螺旋体。琼脂凝胶沉淀试验已经用于检测螺旋体的抗体和抗原。

## 防控

1.通过控制和清除所有鹅包柔螺旋体的带菌者以及传播者可以预防螺旋体病。如果不破坏受感染的木质建筑并淘汰感染禽群的禽鸟很难根除禽蜱。通过铁丝悬挂栖木或者将鸡舍的栖木基座放在装满油的盘里达到减少蜱的繁殖的效果，有助于减少蜱叮咬。

2.国外研究出了各种各样的菌苗和疫苗，但是在美国还未上市。它们表现出明显的效果，但产生的免疫力较预期的短并且弱，除非实施再次免疫。免疫是血清型特异的，可能不能保护其他型细菌感染。

## 治疗

在螺旋体病流行的国家，多种药物和抗生素，包括：青霉素、链霉素、泰乐菌素以及四环素已成功地用于治疗。

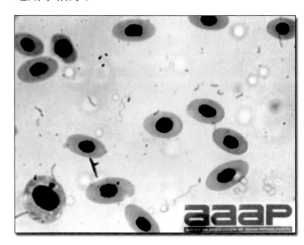

图 1
姬姆萨染色血涂片中的螺旋体。

# 葡萄球菌病

## （STAPHYLOCOCCOSIS）

## 定义

葡萄球菌病（Staphylococcosis）是禽类的一种全身性疾病，最常见的特征是化脓性关节炎和腱鞘炎。

## 发病

家禽葡萄球菌感染在世界范围内发病，并能侵袭各个种类的禽鸟。在火鸡和肉鸡中的暴发最为重要。该病原在环境中非常常见，尤其与皮肤相关性强。由葡萄球菌引起的大多数疾病都与皮肤或喙的损伤（外伤、断喙、剪趾、脚垫烧伤等）相关。禽鸟的感染倾向于由禽鸟身体的菌株类型引起，而非人类的菌株引起。对一类禽鸟致病的分离株通常对于其他种类的禽鸟也是致病的。可造成食物中毒的产生毒素的菌株能在家禽加工过程中污染其皮肤。目前，关于这些菌株的来源还处在争论之中。生物分型表明来源于加工厂工人，然而质粒图谱表明来源于家禽。

## 历史资料

1892年，首次发现葡萄球菌可以引起鹅的关节炎。自那以后，认为葡萄球球菌是在世界的大多数地区引起多种家禽的各种局部或全身性疾病的病因。与现在不同的是从前散养时该病在火鸡中比较常见。

## 病原学

1.许多葡萄球菌分离株已经鉴定为金黄色葡萄球菌（*Staphylococcus aureus*），一种革兰氏阳性球菌，呈葡萄串样。致病性分离株通常凝固酶阳性。

2.生物分型和噬菌体分型常用于区分菌株。来源于不同地区的菌株往往具有不同的噬菌体型。特定的噬菌体型通常在特定的农场中流行且往往

在后来的禽群中再次出现。

3.该菌对普通的消毒剂抵抗力一般。含氯消毒剂在缺少有机材料的情况下是有效的。

4.由葡萄球菌产生的毒素可增加特定菌株的毒力和致病性。

## 病理变化

由葡萄球菌感染引起的疾病包括：

1.脐炎

虽然会发生卵黄囊感染，但比其他细菌引起的脐炎少见得多。细菌的来源包括种禽群、孵化车间环境或孵化车间工人。

2.坏疽性皮炎

发病的皮肤变成黑红色、湿润、增厚，与临近的正常皮肤界限清楚。通常会有穿孔或者抓伤等外伤性病变。梭菌感染的血性浆液很少或不出现。葡萄球菌引起的坏疽性皮炎是典型的疾病，是免疫抑制的继发性疾病，如：传染性法氏囊病或鸡传染性贫血病毒病等。

3.蜂窝组织炎

皮下组织出现化脓性炎症。外伤性病变可能出现或不出现。表层皮肤容易出现干燥和变色。

4.脓肿

皮肤有局部化脓性病变。足底表面是常见的发病部位并可以造成禽掌炎。脓肿由刺伤引起。

5.败血症

死亡率快速增长伴有内部器官充血。通常与禽鸟的处理流程有关，如断喙或皮肤的创伤等。

6.关节炎、关节周围炎或滑膜炎

任何关节、腱鞘或滑液囊都可以被侵袭。在临床上可见肿胀关节炎、关节周围炎或滑膜炎（图1），关节热痛，尤其是跗关节。这种状况是败血症的结果，此状况可通过人工静脉注射致病性菌株实验性复制。最初，受侵袭的组织有急性炎症并含有白色

到黄色软的纤维素脓性渗出物。之后,渗出物变成干酪样。后期,感染的组织纤维化。受感染的禽鸟通常肝脏中有胆汁淤塞。在血涂片中可见大量的大单核细胞。

7. 椎间盘脊椎炎(脊柱炎)

胸腰段的椎体连接受到影响。这个病变过程影响到邻近的椎骨。病变可能非常广泛,以至于压迫脊髓会导致麻痹和瘫痪。

8. 骨髓炎

这是败血症的结果。细菌集中在干骺端的血管,入侵骨纵向生长的骺软骨板。初期,在邻近骺软骨板的感染区域可见淡黄色、易碎的骨,尤其是在胫骨的近端以及跗骨。之后可见坏死区域、脓肿以及死骨片(图2)。

9. 心内膜炎

这是败血症不常见的结果。在二尖瓣和/或主动脉瓣有赘生物。来源于瓣膜病变的栓塞引起脑、肝和脾梗塞。

10. 火鸡绿肝—骨髓炎综合征

这是见于屠宰场的状况。加工的火鸡胴体外观正常,可见变为绿色的肝脏(图3)并伴有关节炎或滑膜炎、软组织脓肿以及胫骨近端骨髓炎(图4)。这些病变部位最常分离到的是金黄色葡萄球菌,但也可以分离到其他的条件性致病菌,如埃希氏大肠杆菌。

## 诊断

1. 肉眼可见的病理变化具有提示性。通过鉴定病变部位涂片的典型球菌可以做出快速的初步诊断。

2. 从病变部位,通常是感染禽鸟的肝脏,可以很容易地分离并鉴定该菌。

## 防控

1. 葡萄球菌在环境中无处不在,所以不能防止它的出现。该病暴发与某一特殊的环境因素有关,应找到并消除此病因。

2. 使用合适的免疫程序免疫肉鸡,防止其感染传染性法氏囊病。

3. 采取措施减少外伤性皮肤病变以及足垫损伤,同时减少任何能够能破坏肠黏膜完整性的肠道疾病。

4. 呼吸道是致病性葡萄球菌感染火鸡的一个重要的潜在入口。给鸡或火鸡接种名为表皮葡萄球菌115株的无毒力活疫苗,10龄通过雾化接种,4～6周后再次接种,能大大减少葡萄球菌病的发生率,并提高整个禽群的生存能力。

5. 种禽更替时避免过度的限饲,因为这会伴随葡萄球菌病的发病率上升。

## 治疗

1. 在疾病早期,高水平的抗生素可以有效地抑制葡萄球菌。

2. 对抗生素有抗性的分离株非常常见,应该进行药物敏感性测试。

3. 治疗通常在经济上是不划算的,应该依靠预防措施。

# 葡萄球菌病

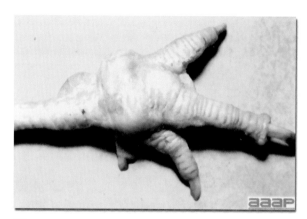

**图 1**
肉鸡跖关节肿胀。

**图 2**
在胫骨近端的坏死灶和脓肿。

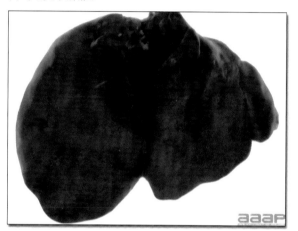

**图 3**
屠宰场的火鸡胴体中可见绿色肝脏。

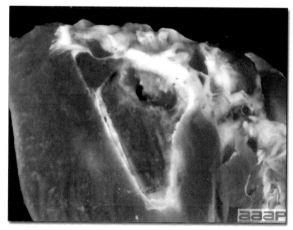

**图 4**
火鸡的胫跗骨近端骨髓炎。

# 溃疡性肠炎

## （ULCERATIVE ENTERITIS）

（鹌鹑病，Quail Disease）

## 定义

溃疡性肠炎（Ulcerative enteritis）是高原猎鸟、小火鸡和年轻鸡的一种急性细菌性传染病，特征是肠道溃疡和局灶性和/或弥漫性肝坏死。

## 发病

溃疡性肠炎常发生在年轻的家养高原猎鸟中，在小火鸡和年轻的鸡中感染有增加的趋势。鹌鹑通常是最易感的宿主。尽管该病常发于成年鹌鹑，但是幼年禽鸟比成年禽鸟更易感。该病遍布美国，并且在欧洲和亚洲也有发生。在鸡，此病频繁与其他疾病同时发生，包括：球虫病，鸡传染性贫血以及传染性法氏囊病。最近认为溃疡性肠炎的病原是产蛋鸡局灶性十二指肠溃疡（FDN）的病因。

## 历史资料

1907年，美国报道了溃疡性肠炎，而在此之前此病已经在英国出现过。最初命名为鹌鹑病，鹌鹑病这个名字还是保留了多年，尽管该病在多种其他禽鸟都有发生。1934年在鸡发现此病，1944年在家养火鸡中发现。该病的发病率在持续增长，如今已经是了解得非常清楚的疾病。溃疡性肠炎的病原体曾经一度被误认为是产气荚膜杆菌。

## 病原学

该病病原体是鹌鹑梭菌（*Clostridium colinum*），一种革兰氏阳性、厌氧、有芽孢的杆菌。该菌有很强的抗性。此菌可以经受3 min的沸水，或者10 min 70℃的水。分离该菌时可煮沸可疑物质排除其他造成污染的细菌。鹌鹑梭菌能从有典型临床症状的新鲜肝脏中分离到。首选的培养基是含有8％马血浆的胰蛋白—磷酸盐—葡萄糖琼脂。在厌氧条件下培养。

## 流行病学

1.病原主要通过急性感染期或康复期的病原携带禽鸟的粪便传播，在土壤中，芽孢可存活数年。在易感禽鸟中可以发生种间传播。

2.采食感染性粪便的苍蝇可以传播该病原，该病具有高度传染性，尤其是在鹌鹑之间。

## 临床症状

1.在多个品种的禽鸟观察到的临床症状与患球虫病的鸡相似。包括：精神萎靡、弓背、缩脖、翅膀下垂、部分闭眼、羽毛粗乱、腹泻、贫血以及有些可能便血。在鹌鹑中，白色水样便十分明显。在鸡群中，病程2或3周很常见，之后慢慢恢复。

2.可能会出现不表现临床症状的突然死亡，尤其是在刚开始的阶段。突然死亡的禽鸟肌肉良好且较肥，尤其在鹌鹑中。病程较长的禽鸟通常瘦弱。

3.在鹌鹑中死亡率很高，在数天内可达100％。鸡的死亡率很少能超过10％。除了鹌鹑以外的猎鸟死亡率通常比鸡的死亡率高，但是低于鹌鹑的死亡率。

## 病理变化

1.大多数禽鸟的病变相似。多数病例在尸检时在整个肠道包括盲肠中可见较深的、分散的溃疡；溃疡很多，足以连成一片。溃疡呈圆形或扁圆形，后者在肠道前段多见（图1）。未打开肠道的浆膜可以检查到深的溃疡（图2），这些溃疡可能穿透肠道，进而诱发腹膜炎。肠道可能含有血，和球虫病相似。急性病例的小肠有严重的肠炎。

2.在受感染的肝脏通常包含大的、黄的或黄褐色区域、局灶性黄色病变，或两者都有。损伤的颜色多彩且可区分。脾通常肿大，可能有出血。

## 诊断

1. 典型的肠道溃疡和肝脏色彩鲜明的病变强烈提示为溃疡性肠炎。肝脏切面压片染色可能有棒状的杆菌，并接近其顶端有芽孢。

2. 如要确定病原应该进行分离并鉴定。应当仔细区分该菌与艰难梭状芽孢杆菌（*Clostridium difficile*）和产气荚膜杆菌（C. *perfringens*）。

3. 在鸡，应当仔细区分该病与球虫病。球虫病通常出现在同一禽鸟，区分这两个病的相对重要性是很难的。这两个病都可能引起死亡。

## 防控

1. 应笼养或在该病从来没有发生过的地方饲养禽群。饲养中途不再向群中混入其他禽鸟。防止与其他种类的禽鸟接触。如果可行，网上饲养是有用的。

2. 将老年禽鸟和年轻禽鸟隔离开。如果可能，不要将两种不同年龄段的群体饲养在同一个禽舍。认真搞好卫生，包括勤打扫和消毒。迅速移走并扑杀所有发病的禽鸟。

3. 在饲料或饮水中间歇性使用链霉素、杆菌肽、青霉素、林可霉素以及四环素预防该病。轮换使用这些抗生素及化学药品有助于预防出现抗药性鹌鹑梭菌菌株。

## 治疗

在饲料中或饮水中添加抗生素和化学药物用于预防，提高用量即可用于治疗。治疗应该通过饮水给药。

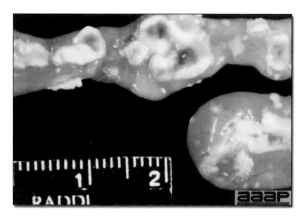

**图 1**
分散在整个肠道中的深的及联成片的溃疡。

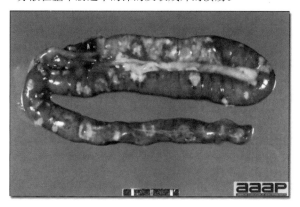

**图 2**
通过没有打开的肠道的浆膜检查深的溃疡。

# 耶尔森菌病

## （YERSINIOSIS）

## 定义

耶尔森菌病（Yersiniosis）是败血症疾病，侵袭多种禽类，由伪结核耶尔森菌（*Yersinia pseudotuberculosis*）引起的。该病在火鸡、鸡、鸭以及雀形目（金丝雀、燕雀）、鹦形目（鹦鹉、长尾鹦）、鸽形目（鸠、鸽）、鴷形目（犀鸟）、蕉鹃目（蕉鹃）、猛禽以及其他捕获的自由飞行的禽鸟中已有报道。哺乳动物，包括人对伪结核耶尔森菌易感。

## 发病

在家禽中发病，在商品化火鸡中散发。

## 病原学

耶尔森菌病的病原是伪结核耶尔森菌。其他种的耶尔森菌，如鼠疫耶尔森菌、小肠结肠炎耶尔森菌、弗氏耶尔森菌、中间型耶尔森氏菌，与禽鸟疾病不相关。耶尔森菌为革兰氏阴性杆状细菌，能运动或不运动取决于其培养温度。致病性伪结核耶尔森菌携带有毒力质粒，已经鉴定出 6 个血清型，1 型血清型在禽鸟中是最常分离到的。

## 流行病学

耶尔森菌属的多个种在环境中无处不在，并在世界范围内分布。已经从一些脊椎动物和水中分离到该菌。可在低温下繁殖，所以常在冬季和春季感染。啮齿类动物（大鼠和小鼠）、野兔、家兔以及一些野鸟是它的宿主。可能通过污染的水、饲料以及环境进行传播。一些因素如寒冷的天气、冷风以及当前所患的疾病能使禽鸟容易患耶尔森菌病。

## 临床症状

耶尔森菌病的临床症状为急性的还是慢性的要依赖天气；慢性的比较常见。通常临床症状包括：嗜睡、腹泻、呼吸困难和脱水。慢性感染的症状包括：消瘦、关节肿胀和偏瘫。

在 9 周龄和 12 周龄火鸡的一次发病可见厌食、水样黄绿粪便、精神沉郁以及急性跛行等症状，发病率为 2％～15％，由于同类相食，死亡率增加。在一些种类禽鸟的急性感染中，如啄木鸟、犀鸟以及蕉鹃，可能没有任何临床症状，但是发现有禽鸟死亡。

## 病理变化

由耶尔森菌病引起的肉眼病变主要在肝脏和脾脏。这些器官肿大并伴有少量苍白的坏死灶或散在的黄色肉芽肿。相似的病灶也可见于肺、心、肾、骨骼肌和肿胀的关节中。另外，卡他性肠炎、骨髓炎以及肌病在火鸡中也已有报道。

组织学上，急性病理变化一般包括：实质器官的中度到重度坏死，同时伴有纤维素性化脓性或纤维素性异嗜性炎症，通常与许多杆状的革兰氏阴性菌菌落相伴。在慢性感染中，这些坏死灶和炎症区域被多核巨细胞包围。

## 诊断

根据临床症状、肉眼及镜下的病理变化可以做出推测性诊断。来源于病变部位涂片的革兰氏染色能提供初步的快速诊断。在肝、脾以及其他器官的肉眼可见的病变应该与其他细菌性疾病进行鉴别，例如：分枝杆菌病、沙门氏菌病等。伪结核耶尔森菌很容易从大多数病变部位分离，如肝、脾、骨、关节、肺、肠以及其他器官。

## 防控和治疗

伪结核耶尔森菌在环境中和水中无处不在，应该采取措施减少它们的数量。生物安全措施，全封闭式饲养禽鸟，防范鸟类和啮齿目动物的房屋或禽舍等对于预防耶尔森菌是必要的。治疗慢性感染十分困难。及时诊断和使用四环素在耶尔森菌病发病的火鸡和鸭已经减少了死亡。

伪结核耶尔森菌分离株的抗生素敏感性检测表明,一些抗生素,如氨苄青霉素、青霉素、恩氟沙星、壮观霉素、四环素、磺胺类药物、新霉素、奥美普林/磺胺以及庆大霉素在治疗中有效。然而,在使用抗生素以前应该对每一个分离菌株进行抗生素敏感性测试。

(张涛,译;赵继勋,孙洪磊,赵鑫婧,常建宇,王馨悦,匡宇,校)

# 真菌病

## FUNGAL DISEASES

由 Dr. H. L. Shivaprasad 修订

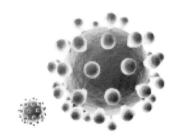

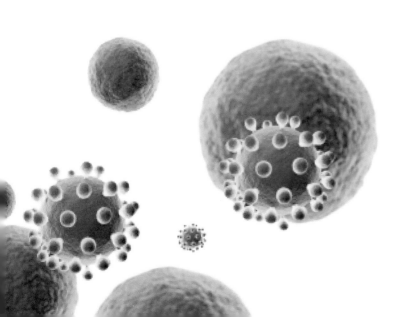

# 曲霉病

## （ASPERGILLOSIS）

［雏鸟肺炎(Brooder Pneumonia)，霉菌性肺炎(Mycotic Pneumonia)，真菌性肺病(Pneumomycosis)］

## 定义

曲霉病是原发于呼吸系统的急性或慢性疾病，可在腹膜、内脏和全身性感染，特别是可发生涉及脑和眼的感染。最常见的病源是曲霉属烟曲霉(*Aspergillus fumigatus*)，但也有黄曲霉(*Aspergillus flavus*)。曲霉病常发生于火鸡、鸡和猎禽。这种病在企鹅、猛禽、迁徙水禽、鹦鹉以及火烈鸟一类的动物也有报道。所有种类的禽鸟或许都是易感的。曲霉病 1833 年首次在野鸭发现，1898 年首次在火鸡发现。有其他种属的霉菌也可引起类似的症状。

## 流行病学

1. 胚胎：曲霉属烟曲霉在理想的生长条件下可以穿过蛋壳，进而感染胚胎。对光检查时这样的卵会出现绿色（胚胎将会死去）。感染胚胎可以带着恢复的损伤继续孵育。

2. 雏鸡和幼禽：如果感染的卵在孵化室破裂，大量孢子释放会污染孵化室环境和通风系统，可导致疾病在幼鸟(小于 3 周)严重暴发。刺穿蛋壳进行卵内注射的操作尤其易受感染。如果孵化器和通风系统的低水平污染，在卵内注射时也会导致 50% 或更高的死亡率。也可发生脐部感染。

3. 成年禽鸟：从严重污染的饲料、垫料或环境中吸入大量孢子之后常发生感染。当禽鸟暴露在大量空气传播的孢子中，外伤也可导致结膜感染。一般认为健康的禽鸟可以抵抗感染，但是这种抵抗力在大量接触或宿主防御能力低下时可被摧毁。过度疲劳和拥挤也使禽鸟极易感。出栏年龄的雄性火鸡和种火鸡经常感染。

4. 曲霉属烟曲霉和黄曲霉一般会存在于垫料和饲料中。在合适的条件下可产生大量的孢子。产生孢子的烟曲霉菌落呈蓝绿色，并且常肉眼可见。

5. 由呼吸道全身性侵入，感染脑、眼后房或其他内脏组织。

6. 曲霉菌种属间遗传和产生弹性蛋白酶能力不同，会导致曲霉病损伤有局限或散在分布的区别。

## 临床症状

1. 常见呼吸困难、气喘、发绀、加快并吃力地呼吸(图 1)。这种呼吸系统疾病很少伴有啰音。其他症状包括腹泻、厌食、嗜睡、进行性消瘦、脱水、干渴等。

2. 发病率不同。临床感染的禽鸟致死性高。感染鸟群在装车，运输以及之后的受精过程中致死率明显增加。感染禽鸟经常在抓捕的过程中或刚刚抓住后，尤其是在抓握腿的情况下死亡。

3. 少量传播到脑的禽鸟会出现中枢神经紊乱症状。症状常包括滑行、跌倒、后仰、角弓反张、瘫痪等。

4. 眼睛感染时会出现一只或两只眼睛灰白浑浊。结膜感染会出现流泪并且可出现角膜溃疡。大量分泌物特征性地堆积在内眼角的瞬膜下方。

## 病理变化

1. 含有孢子的菌丝体生长在气囊、胸膜、心包、腹膜、鸣管和肺的内主要支气管，形成毛茸茸的灰色、蓝色、绿色或黑色物质（有孢子的真菌）或淡黄色斑点。

2. 在肺(图 2)、气囊、支气管、气管(图 3)（通常在鸣管)上形成淡黄色或灰色边界清楚的结节或斑点，较少出现在脑、眼、心、肾、肝或其他地方。成年鸟在气囊感染有两个模式：在胸后气囊和腹气囊的循环支气管上的圆盘状斑点或是气囊明显膨胀并有大量液体或软的纤维素性及脓性的渗出物。

## 诊断

1. 曲霉病的症状和肉眼可见病变可为诊断的

重要提示,并可通过显微镜检查损伤处新鲜组织或组织切片中有真菌得到确认。

2.显微镜检查可见损伤部位有带隔膜和分支的菌丝。新鲜的组织用 10% KOH 清洗或用乳酸棉酚蓝染色可见菌丝。如果在损伤部位真菌肉眼可见,则很容易找到典型的子实体(图 4)和孢子。在组织切片中,特殊染色[乌洛托品银(methenamine-silver)、PAS、格里德利(Gridley)]在验证组织中的真菌是非常有用。肺中的结节常表现为含有真菌菌丝的肉芽肿。

3.利用无菌技术,撕开结节或敞开菌斑,将真菌放在培养基上便可进行真菌培养。曲霉菌通常在血琼脂培养基中培养 24～48 h,沙保罗氏葡萄糖培养基是更具选择性的培养基(图 5)。由于曲霉菌孢子是实验室常见的污染物,只长几个菌落不足以做确定性的诊断。需确认组织侵犯才能够确诊。

4.典型的曲霉病病变不像其他禽呼吸道疾病,而像复杂的鸡败血性支原体(*Mycoplasma gallisepticum*)感染引起的肺部肉芽肿。肉眼可见的曲霉菌病变,尤其在肺中类似金黄色葡萄球菌(*Staphylococcus aureus*)在火鸡雏鸟引起的病变。组织病理学鉴别一般较容易。

5.另一种真菌,赫霉属(以前叫指霉 *Dactylaria*)奔马性赫粉菌(*Ochroconis gallopava*)可造成小鸡和火鸡雏鸟的肺部和脑部的病变。症状和病变类似曲霉病。这两种真菌可通过培养来区分。奔马性赫粉菌引起的特征性脑部病变是显微镜下有大量的巨细胞。在组织病理学,有颜色的真菌很容易识别,但是确认阳性需要进行培养。

## 防控

1.收集干净的蛋,放置之前进行消毒或用化学药物熏蒸。不要放置破壳的或蛋壳质量差的蛋。

2.彻底清洁,消毒和熏蒸恒温箱和孵化器,检查通风系统,按时更换孵化场的空气滤膜,监测孵化场环境的霉菌污染。

3.只用干燥的、无杂物、刚磨碎的、无霉菌的饲料。正确地储存饲料及垫料以防霉菌生长。确保饲料储存箱和供水管线保持清洁、干燥、无霉菌生长。不允许饲料在饲喂器内结块。避免在饮水器和饲喂器的下面或周围有湿的垫料。霉菌抑制剂可加入饲料抑制霉菌生长,防止感染。但这会增加成本。

4.优化禽舍的通风和湿度条件以减少空气传播的孢子。湿度应保持在中间水平,不要太低也不要太高。干湿交替的环境是曲霉菌的生长理想条件。在湿润的环境下真菌可增殖,产生大量孢子,在干燥的环境下它们会形成气溶胶。

## 治疗

1.如果一个禽群诊断有曲霉病,要剔除临床感染的禽鸟,去除任何污染的饲料和垫料。清洁和消毒禽舍,然后喷洒 1：2 000 的硫酸铜溶液或其他杀真菌剂,自然干燥。

2.珍贵笼养鸟可注射制霉菌素或两性霉素 B 或其他抗霉菌制剂。通常会同时给予抗生素以防止细菌的继发感染。也可能需要静脉滴注。酮康唑、霉康唑和相关的药物对个体禽鸟的治疗有效,但对于商品禽群来说太昂贵了。

# 曲霉病

**图 1**
气喘的雏鸡。

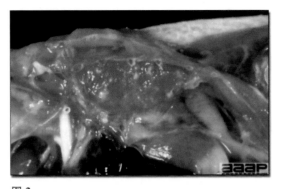

**图 2**
禽鸟肺上的黄色到白色的霉菌节结。

**图 3**
气管上的霉菌节结。

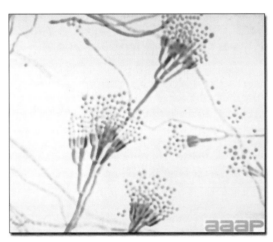

**图 4**
曲霉菌子实体。

**图 5**
Sab Dex 培养基上的曲霉菌属烟曲霉。

# 念珠菌病

## （CANDIDIASIS）

［鹅口炎,念珠菌病,霉菌性口炎,鹅口疮鸡白血病］

## 定义

念珠菌病是由类似酵母的真菌-白色念珠菌（*Candida albicans*）并可能还有其他种类的念珠菌引起的上消化道疾病,疾病一般涉及上消化道并通常为继发感染。

## 流行病学

白色念珠菌是一种常见的类似酵母的真菌,多年来已被确认为家禽和哺乳动物的共生微生物。念珠菌病在多种鸟类都有报道,如鸡、火鸡、鸽子、猎禽、水禽和鹅。在家禽此病很少认为是重要疾病。尽管所有年龄的禽鸟都可感染,但小鸟比成鸟更易感。如果禽鸟比较虚弱或正常消化道菌群改变,采食的饲料和饮水中的真菌就会侵犯黏膜。一种可溶性内毒素的产生可以形成致病性。一般的易感因素包括:缺少良好的卫生设施、长期抗生素治疗、严重的寄生虫病、维生素缺乏、高碳水化合物饮食、免疫力低下和使身体虚弱的传染病。

## 症状

症状是非特异的,包括:精神萎靡、食欲不振、生长缓慢、羽毛凌乱、更严重的病例可能会发生腹泻。其症状可能会被原发病的临床症状遮盖。更严重的病例是嗉囊充满液体而非排空状态,禽鸟可能会返流有酸味儿的、有发酵味道的液体,即"酸嗉囊"名字的由来。

## 病理变化

1. 病变在严重程度上变化很大,在嗉囊、口、咽、食管更加普遍,可能涉及前胃,较少到肠道。涉及嗉囊的病变在火鸡雏鸟是最常见的。

2. 感染黏膜经常会出现广泛或局灶性增厚(图1)、突起、起皱褶并发白,看起来像毛巾布样(图2)。病变也表现为增生的白色到灰色的伪膜、白喉样斑块和浅的溃疡。坏死上皮脱落到管腔内呈大块软的干酪样物质。

3. 应调查是否有原发病变存在,特别是是否有球虫病、寄生虫病和营养不良,尤其是维生素 A 缺乏的迹象。

## 诊断

1. 特征性肉眼病变一般足以诊断。组织病理学检测感染黏膜通常为确认组织是否被带隔膜的真菌菌丝侵入。

2. 白色念珠菌可迅速在沙保罗氏葡萄糖琼脂培养基生长。然而由于念珠菌一般在正常禽鸟体内也存在,因此只有出现大量克隆才有诊断意义。

## 防控

1. 在家禽企业运行高标准的卫生设施。用石炭酸消毒剂或碘制剂消毒设备。

2. 防止其他疾病或管理措施使禽群抵抗力降低。

3. 避免禽鸟过度使用抗生素、药物、抗球虫药、生长调节剂和其他制剂,那样可能会影响消化道的正常菌群。

## 治疗

1. 硫酸铜 1：2 000 稀释在饮水中,通常可同时用于预防和治疗,但其效果存在争议。在饲料和饮水中加入制霉菌素在火鸡可有效对抗念珠菌病。

2. 常规按比例加入抗真菌药是浪费钱,去除有利感染的因素和其他疾病可预防念珠菌病。然而如果卫生设施故障不能修复,使用抗真菌药是合适的。

# 念珠菌病

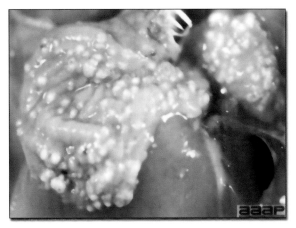

图 1
嗉囊霉菌病。

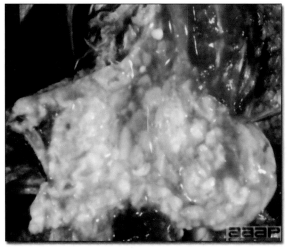

图 2
严重的嗉囊霉菌病。

# 赭霉病（黄褐病）
## （OCHROCONOSIS）

（之前叫作指霉病 DACTYLARIOSIS）

## 定义

为火鸡雏鸟和小鸡的一种嗜神经组织霉菌病，有许多曲霉病的临床和病理特征。奔马赭霉（*Ochroconis gallopava*）是暗色（暗色丝孢霉病）含色素的有隔膜真菌，有特异的红棕色细胞壁。常发于泥土、锯末、其他垫料、腐烂植物和温泉等。最常见是偶发在火鸡雏鸟的肺结节。赭霉病的症状（不协调，震颤，斜颈，转圈，躺卧）与曲霉病的脑部病变相关（图1）。病变偶尔发生在气囊、肝、眼（球）。其病原，奔马赭霉（指霉）常在家禽垫料的旧锯末中自发生长。

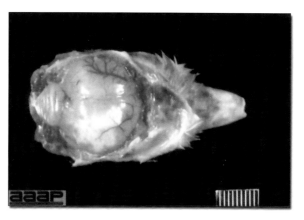

图1
霉菌性脑炎。

# 黄癣

## （FAVUS）

［禽癣（Avian ringworm），禽脚癣（Avian dermatophytosis）］

## 定义

  黄癣是首先在鹑鸡类禽鸟发现的霉菌感染。目前在商品家禽很少发生，但偶尔庭院饲养禽群有报道，特别是在外来的禽鸟和斗鸡可见。特征性病变是鸡冠和肉髯上的白壳或粉状物质（图1），可延伸到有羽毛部分的皮肤，在毛囊基部形成黄癣痂。真菌偏好在表皮的角质层和毛囊，造成角化过度，因此肉眼可见粉状物质。尽管也可以分离到石膏样毛癣菌（*M. gypseum*）和西米毛癣菌（*Trichophyton simii*），但鸡皮小孢子菌（*Microsporum gallinae*）是最常分离到的。用制霉菌素进行药物治疗对个体禽鸟是有效的。

图 1
鸡冠上的白色结痂。（见于右侧的鸡）

# 真菌(毒素)中毒症
## （MYCOTOXICOSIS）

## 定义

真菌毒素中毒症是由真菌代谢的毒素引起的疾病，可以同时影响人和动物。家禽真菌中毒症通常是由在谷物和饲料侵袭生长的真菌引起，也涉及其他环境方面的真菌。

## 发病

1.当环境的温度和湿度条件合适时，作为食物原料的谷物和饲料会有一些真菌生长。其中的一些真菌产生的代谢产物对人和动物是有毒的，可导致与之接触的消化道和皮肤的疾病（真菌中毒症）。

2.真菌中毒症在世界所有动物饲养地区都有发生。但在特定的地理位置某些真菌中毒症发生更频繁，谷物的洲际和国际运输会导致真菌中毒症的广泛分布。

## 诊断

真菌中毒症的明确诊断应该包括特定毒素的分离、鉴定和定量分析。由于饲料和原料的大量和快速使用，这种检测在现代化的家禽工业很难完成。

## 防控

1.防止真菌毒素中毒症的发生就需要检测和控制饲料成分受霉菌毒素的污染，并延续应用到饲料的生产和管理实践中，以防长霉，产生霉菌毒素。

2.饲料和谷物目前可以通过单克隆抗体检测试剂盒监测几种霉菌毒素（黄曲霉毒素、T-2毒素、赭曲霉毒素、玉米赤霉烯酮）。许多家禽公司已经通过色谱方法（微柱技术）常规检测谷物中的黄曲霉毒素污染。

3.真菌毒素可在饲料饲喂装置、饲料厂和储存箱内的腐败的、陈旧的和空心的饲料中产生。储存箱要在批间间隔进行检查，确保无饲料残留，并在必要时清理储存箱和饲喂器。可在牧场使用串联的饲料储存箱，使得在连续输送饲料时可进行清理。

4.在饲料中加入抗真菌剂防止真菌生长对已形成的毒素无作用，但当与其他的饲料管理措施联合使用是合算的。几种商业产品可以按照生产厂家的建议使用，它们多数添加苯丙酸。

5.沸石是一种含有二氧化硅的复合物，在饲料配方中作为抗结块剂，并辅助提高蛋壳质量，有希望成为实用且经济的减少某些霉菌毒素作用的方法。水合钙钠硅铝酸盐可结合黄曲霉毒素 B1，可能将其在消化道封锁，从而减少对鸡的毒性。

## 治疗

1.去除有毒饲料并用不掺杂毒素的饲料代替。

2.治疗伴发疾病（寄生虫、细菌），通过诊断评估确诊。

3.应立即纠正不符合标准的管理措施，否则会在受到霉菌毒素影响的禽群中增加不利影响。

4.霉菌中毒时需要增加维生素、微量元素（硒）、蛋白，可以通过饲料配方和饮水的方法进行。

## Ⅰ.黄曲霉毒素中毒
### （AFLATOXICOSIS）

## 历史资料

1.在 1950 年代，发生在美国东南部的一种犬的疾病叫作 X 型肝炎，与吃了发霉的犬粮相关。后来 1960 年在英格兰由同一种霉菌毒素导致肝脏毒性造成火鸡高致死率（火鸡 X 病）。从巴西进口到英格兰的花生粉严重受到曲霉属的寄生黄曲霉群（*Aspergillus flavus-Aspergillus parasiticus* group）的污染，产生了黄曲霉毒素。

2.黄曲霉毒素的事件在历史上非常重要，是因为与麦角中毒和营养性毒性白细胞减少症不同,它有散发并且相对地方性的现象。黄曲霉毒素中毒吸引着全世界的关注,涉及霉菌毒素在食物链中的潜在问题,且这问题容易广泛发生。

## 病原学

1.黄曲霉毒素类($B_1$、$B_2$、$G_1$、$G_2$)的真菌毒素是黄曲霉毒素中毒的原因。黄曲霉毒素 $B_1$ 在谷物中最常见并且毒性高。黄曲霉毒素在花生、玉米、棉籽和它们的产品中、在其他谷物、在家禽垃圾中产生。在谷物中曲霉属黄曲霉是黄曲霉毒素最主要的制造者、但不是所有真菌都产毒素。

2.像其他霉菌毒素一样,黄曲霉毒素只在底层、温度、湿度都理想的情况下产生。毒素产生的最佳条件为在大量储存或运输的谷物中产生有毒的"热点",一旦形成,毒素很稳定。

3.昆虫和干旱使谷物损坏,破碎的谷物更容易造成真菌生长和毒素形成。

4.黄曲霉毒素 $B_1$ 是高效的、天然的致癌物,因此受到特殊的公共卫生关注。

## 临床症状

黄曲霉毒素中毒在家禽首先是肝病(图 1),在身体其他系统导致严重后果,可最终导致生产出问题和致死。发病的禽鸟在生长、色素沉着、产蛋、免疫功能等方面会降低,对蛋白质、微量元素(硒)、维生素的营养需求会增加。这种病可以致命。

## 病理变化

尸体剖检发现,短暂或低浓度接触毒素的损伤很小,如黄疸、一般性水肿、出血、肝脏变为黄褐色(图 2)或黄色,更严重中毒可见肾脏肿胀(图 3)。肝脏的显微病变表现为肝细胞坏死、肝细胞脂肪积累、胆管增生和纤维化。这些是毒素导致器官的一般性病变,尽管这可以提示为黄曲霉毒素中毒,但不是可确诊的特征性病变。

## II. 橘霉素真菌毒素中毒
### (CITRININ MYCOTOXICOSIS)

## 病原学

橘霉素是最早从橘青霉素(*Penicillium citri-*num)中分离得到的真菌毒素,但也可由其他种类青霉属和曲霉属的几个种产生。橘霉素可能是丹麦肉畜肾病的一个因素,但没有另外涉及家禽的可资证明的病例的研究。

## 临床症状

针对鸡、火鸡和鸭的实验性橘霉素真菌毒素中毒表明鸡是相对能抵抗的,但所有都发生了明显排稀便的临床疾病,与水分消耗和尿液排出增加相关,发生了电解质和酸碱平衡代谢变化。小鸡增重下降。

## 病理变化

橘霉素在肾脏产生明显的功能改变,然而肉眼病变可以是轻微的,或可忽略不计。当严重暴露后可造成肾脏肿胀和有显微镜下病变的肾病。在此情况下可发生淋巴组织萎缩和肝坏死。

## III. 麦角中毒
### (ERGOTISM)

## 历史资料

1.麦角中毒是中世纪在欧洲中部确认的最早知道的真菌毒素中毒症。人的麦角中毒症为开始手脚冰凉、随后有灼烧感觉。患病的人和动物会有持续发展的肢端坏疽。这种病发生在用黑麦和其他谷物做面包的地方,谷物上会有产毒素的真菌菊麦角菌(*Claviceps purpurea*)的寄生。霉菌增殖并替代了谷物的核心,形成一个硬的深紫色或黑色物质叫作麦角或菌核。

2.尽管在中国5000年前就认识到麦角的药用价值,直到1875年才认识到菌核中的生物碱是麦角中毒的致病因素。

## 病原学

1.麦角生物碱是一个大复合物家族,它的药理或毒理作用可导致血管收缩。

2.各种麦角菌生长在小麦、黑麦和黑小麦中,是人和动物麦角中毒的最常见原因。

## 临床症状

鸡麦角中毒可引起鸡生长和产蛋下降,神经

素乱。

## 病理变化

病变包括羽毛发育异常，喙、鸡冠、脚趾的坏疽，以及小肠炎。

## Ⅳ. 赭曲霉真菌毒素中毒
（OCHRATOXICOSIS）

### 历史资料

1. 赭曲霉毒素中毒是从丹麦的畜牧加工厂中鸡的肾脏病变中发现的。

2. 在美国三次疾病暴发涉及 36 万只火鸡，与赭曲霉毒素浓度高达 16 ppm 相关。

### 病原学

赭曲霉毒素 A、B 和 C 是由产生毒素菌株的纯绿青霉菌（*P. viridicatum*）产生的。也可由其他种青霉菌（*penicillium*）或赭曲霉（*Aspergillus ochraceus*）产生。赭曲霉毒素 A 毒性最强，对家禽生产威胁最大。

### 临床症状

1. 饲料摄入的减少和病死率的增加。
2. 体重下降。
3. 报道赭曲霉毒素 A 致使产蛋下降。

### 病理变化

1. 在肾脏和肝脏有肉眼和显微镜下病变。

2. 鸡的实验性赭曲霉毒素中毒导致剂量相关的增重减少，在靶器官，肝和肾出现肉眼和显微镜下病变。内脏痛风、血浆类胡萝卜素、免疫功能和一些血液凝集因子减少。

## Ⅴ. 卵泡霉素真菌毒素中毒
（OOSPOREIN MYCOTOXICOSIS）

### 病原学

卵泡霉素是由毛壳菌（*Chaetomium*）和其他真菌产生的有毒色素，污染谷物和饲料。

### 临床症状

卵泡霉素真菌毒素中毒在鸡和火鸡的研究表明，其可导致剂量相关的增重减少和饮水量的增加。鸡比火鸡更易受影响。

### 病理变化

中毒性肾损伤导致内脏和关节痛风。

## Ⅵ. 单端孢霉烯真菌毒素中毒
（TRICHOTHECENE MYCOTOXICOSIS）

（镰刀菌中毒 Fusariotoxicosis）

### 历史资料

1. 20 世纪 30 年代，特别是第二次世界大战期间在俄国人中发生了一种疾病叫作食物中毒性白细胞缺乏症。战争期间由于劳动力短缺，使得谷物（小麦、黑麦和小米）在田里过冬，收割延迟到来年春天。由这种谷物做的面包导致了急性胃肠炎，随后形成面部和口腔黏膜溃疡，面部浮肿和淋巴结肿大，最后阶段出现骨髓功能失调，贫血和流血不止。在某些村庄发病率和死亡率超过 50%。同样的问题也发生在该地区的家畜和家禽身上。

2. 这种病现在确认是由谷物中生长的镰孢菌属（*Fusarium*）的有毒菌株造成的真菌毒素中毒。这种真菌产生单端孢霉烯（trichothecene）家族的霉菌毒素，许多可导致黏膜和皮肤的腐蚀性损伤，为此病面部、口腔、胃肠道特征性病变的原因。它也会影响快速分裂的细胞（同辐射作用），表现为骨髓的功能失调（贫血，流血不止）和流产。

### 病原学

已知有 40 多种单端孢霉烯族真菌毒素存在，T-2 毒素是对家禽毒性最强的。

### 临床症状

1. 有镰刀菌中毒（单端孢霉烯真菌毒素中毒）的鸡生长减慢、羽毛异常（图 1）、严重精神不振、便血。

2. 在鸡、鸽子、鸭和鹅，单端孢霉烯族毒素腐蚀性的特性表现为禽鸟拒绝采食，与霉菌接触的广泛的口腔黏膜及大面积皮肤坏死，以及急性胃肠疾病症状。

3.实验性镰刀菌毒素中毒，用纯 T-2 毒素在鸡复制的症状与自然发生疾病非常相似，但缺少广泛出血。

## 病理变化

单端孢霉烯真菌毒素中毒可以导致口腔黏膜坏死(图 2)，残留的胃肠道黏膜潮红，肝上有斑点，胆囊膨胀，脾脏萎缩，内脏出血。

## Ⅶ. 玉米赤霉烯酮真菌毒素中毒
### (ZEARALENONE MYCOTOXICOSIS)

## 历史资料

在一个研究实验中，鸡表现出对玉米赤霉烯酮(zearalenone)的作用相对不敏感。

1927 年已经公认玉米赤霉烯酮真菌毒素中毒在美国和其他地方可引起猪，牛类似雌激素刺激的症状。

## 病原学

玉米赤霉烯酮是由玫瑰(粉红)镰刀菌(*Fusarium roseum*)(玉米赤霉菌)(*Gibberella zeae*)和其他多种镰刀菌(*Fusarium* spp.)产生的真菌毒素。在低温之后一段时间的温暖、高湿最有助于在谷物产生毒素。

## 临床症状

1.玉米赤霉烯酮污染饲料与 24 000 只肉种鸡群的高致死率(40%)相关。病禽出现鸡冠和肉髯发绀的，行走困难。

2.火鸡泄殖孔肿胀，繁殖力下降。

3.公鹅精子的数量和活力降低。

## 病理变化

病鸡有腹水，输卵管内、外侧有囊肿。输卵管肿胀，发炎，被含纤维蛋白的液体阻塞。一些输卵管破裂。

# 黄曲霉毒素中毒

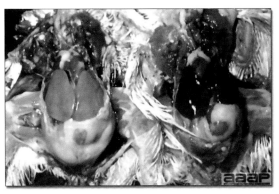

**图 1**
黄褐色肝脏(饲料中黄曲霉毒素 3 ppm)与正常肝脏的
对比(右侧)。

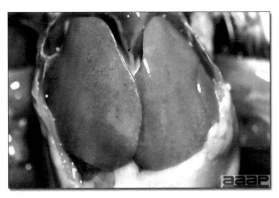

**图 2**
黄褐色肝脏(饲料中黄曲霉毒素 3 ppm)。

**图 3**
肿胀的肾脏(饲料中黄曲霉毒素 3 ppm)与正常肾脏的
对比(右侧)。

# 单端孢霉菌毒素中毒

**图 1**
羽毛异常。

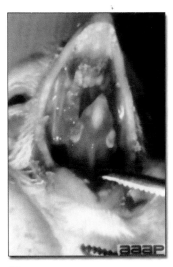

**图 2**
口腔溃疡和坏死。

家禽常见真菌毒素中毒总结表

| 项目 | 黄曲霉毒素 B₁,B₂,G₁,G₂ 是自然污染物 | 烟曲霉毒素 | 卵孢霉素 | 单端孢霉烯 T2,DAS,DON 多于100种真菌代谢产物 | 赭霉毒素 赭霉毒素 A，B 和 C | 橘霉素 | 麦角中毒 麦角碱（麦角胺，麦角克碱） | 玉米赤霉烯酮 |
|---|---|---|---|---|---|---|---|---|
| 主要产毒素真菌 | 曲霉属，尤其是黄曲霉和寄生曲霉 | 串珠镰刀霉 | 三边毛壳菌属 | 最初从多种镰刀菌分离得到 A型(对鸡毒性更大)14PEB | 由赭曲霉、绿青霉菌和其他种类青霉菌产生。赭曲霉A是家禽最常见和毒性最强的真菌毒素 | 橘青霉 | 菊麦角菌或其他种类麦角菌 | 禾谷镰刀菌；玫瑰（粉红）镰刀菌 |
| 毒物作用 | 靶器官：肝 对人为潜在的致肝癌物质 | 破坏神经鞘脂合成；对家禽毒性低 | 主要为肾小管损伤 | 主要抑制蛋白质合成，随后间接破坏DNA和RNA合成；影响快速分裂的细胞，例如与胃肠道相关的皮肤、淋巴细胞和红细胞；与毒素接触的皮肤和黏膜的广泛坏死；消化道和骨髓的急性反应；免疫抑制 | 靶器官：肾，干扰DNA、RNA、蛋白质合成；影响肾脏碳水化合物代谢（糖原异生对肾近曲小管上皮损伤）；减少电解质的吸收，增加水的排泄 | 可逆性肾损伤 | 动脉和静脉收缩；外周组织坏死；可能的内皮损伤引起的血液减少 | 强的雌激素作用；对家禽毒性低 |
| 临床症状 | 饲料摄入减少、体重减少、皮肤状况差、产蛋下降、免疫下降 | 体重下降 | 生长的剂量相关的减少，饮水量增加 | 饲料摄入减少、生长放缓、严重精神萎靡、羽毛异常、便血 | 饲料摄入减少、死亡增加；饮水增加；褥草潮湿、产蛋下降 | 明显的水样便；饮水增加；多尿增加；增重减少（雏鸟）；褥草潮湿 | 生长减少；产蛋下降；神经症状（不协调） | 繁殖力下降 |

续表

| 项目 | 黄曲霉毒素 B₁,B₂,G₁,G₂ 是自然污染物 | 烟曲霉毒素 | 卵孢霉素 | 单端孢霉烯 T2,DAS,DON 多于100种真菌代谢产物 | 赭霉毒素 A,B 和 C | 橘霉素 | 麦角中毒（麦角碱，麦角克碱）麦角胺，麦角克碱 | 玉米赤霉烯酮 |
|---|---|---|---|---|---|---|---|---|
| 损伤 | 黄疸；全身性水肿，出血；肝变为棕黄色或黄色；肝：门静脉周围坏死，纤维化；胆管增生；淋巴器官萎缩 | 肝重量增加；肾重量增加；胆汁增生并肝坏死 | 脱水；肾脏苍白，肿胀；继发内脏和关节痛风 | 口腔黏膜局部黄色干酪样增生；胃肠道黏膜潮红；肝脏有斑点；胆囊膨胀；脾脏萎缩；内脏出血 | 肾脏苍白肿胀；继发内脏痛风；肝脏苍白肿大；淋巴器官衰退，细胞耗尽 | 肾肿胀；近端小管和远端小管上皮细胞变性；坏死 | 坏疽样病变；喙、冠、趾环死；小肠炎 | 输卵管肥大；泄殖腔肿胀（火鸡）；精子的数量和活力降低（鹅） |
| 来源 | 花生，玉米，棉籽及其产品；其他谷物和家禽牧草 | 玉米和玉米饲料 | 谷物饲料 | 多种镰刀菌在谷物生产中很重要（玉米，小麦，大麦，燕麦，米，黑麦） | 谷物中广泛存在自然污染（大麦，燕麦，黑麦，玉米） | 经常在谷物中共同存在赭曲霉素 A（玉米，大麦，小麦，黑麦和米） | 开花的禾本植物（黑麦，小麦，黑小麦，大麦，燕麦，高粱，玉米，米）和儿种草 | 玉米，玉米产品，米 |
| 治疗 | | | | 无 | 补充维生素 C 或许可以减少有害影响 | | | |

（匡宇，译；赵鑫静，校）

163

# 寄生虫病

PARASITIC DISEASES

由 Dr. Steve Fitz-Coy 修订

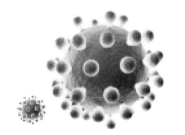

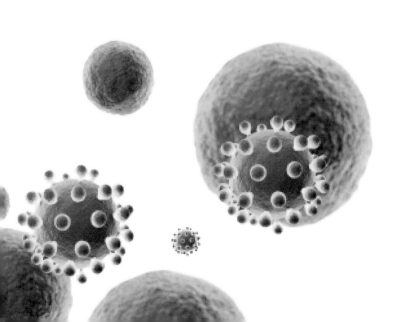

# 体外寄生虫
## EXTERNAL PARASITES

## I. 虱子
### （LICE）

### 定义

虱子是昆虫类外寄生虫。一般来说，虱子有寄主的种特异性，即每种禽鸟和哺乳动物都有特定种类的虱子寄生。

### 病原学

家禽已报道了超过 40 种虱子。一些非常重要的鸡虱子有：体虱（稻草状刺虱或草黄鸡体羽虱）（*Menacanthus stramineus*），头虱（异形 *Culclotogaster*）（*Culclotogaster heterographa*），鸡羽虱（鸡虱）（*Menopon gallinae*），翅虱（鸡翅长羽虱）（*Lipeurus caponis*），鸡虱或鸡姬虱（鸡）（*Gonicogallinae*），棕色鸡虱（鸡（异形）角羽虱，圆羽虱）（*Goniodes dissimilis*）；同时大火鸡虱（火鸡（大头）角虱）（*Chelopistes meleagridis*），细长鸽虱（咖伦巴长虱）（*Columbicola columabae*）也很重要。禽鸟可以同时寄生一种以上的虱子。

### 流行病学

如同名字所提供的线索，某种虱偏爱禽鸟身体的不同部位。它们食用禽鸟的皮屑和羽毛。生命周期接近 3 周。全部生活史都在宿主身体上。虱子离开宿主 5～6 天就会死亡。通过密切接触在鸟与鸟间传播。虱子的问题在秋冬的月份更加严重。

### 临床症状

虱子在成年禽鸟不是高致病性的，但是虱子叮咬引起的不适对禽群的行为表现有很大影响。雏鸟严重感染时影响睡眠，会造成很大危害。

### 病理变化

泄殖孔、翅膀下面、头（鸡冠和肉髯）和腿会有这些寄生虫，应仔细检查。多数禽鸟的虱子呈稻草黄色，1～6 mm，一些可达到 10 mm。虱子卵常结成团粘在羽毛上，叫作"虱子卵"（图 1）。

### 诊断

通过肉眼观察皮肤和羽毛进行诊断。

### 防控

杀虫剂治疗涉及严格控制的化学物质，并对人和动物的健康、组织残留、环境污染等方面存在潜在风险。需要从地方农业主管部门或大学专家处获得最新的许可使用的杀虫剂清单。美国环保局批准的控制螨和虱子的系列药物包括：有机磷、氨基甲酸酯、除虫菊酯和拟除虫菊酯。由于虱子只在禽鸟身上，而不在环境中，所以治疗比较简单。一般情况下，治疗效果取决于所用的化合物。药剂一定要穿过皮肤以杀死虱子。由于虱子是运动的，可离开治疗的部位，所以整只鸟都要进行治疗。由于虱子卵不受杀虫剂治疗的影响，因此至少要做两次杀虫剂治疗。治疗要有 7～10 天的间隔期。要去除虫卵附着的羽毛。存栏禽群要在两周到一个月进行一次常规感染检查。

图 1
附着在羽毛上的虱子卵团块。

# Ⅱ. 螨
## （MITES）

## 定义

螨非常小，没有放大镜很难识别。它们没有宿主特异性，可感染所有种类的禽鸟。螨以血、羽毛、皮肤和皮屑为食。一些螨不是在禽鸟身体度过全部生命。只是来进食，因此鸟和环境都要进行处理以控制其侵袭。以下是家禽最常见的螨虫种类。

（1）鸡螨—红螨（CHICKEN MITE-REDMITE）（鸡皮刺螨）（*Dermanyssus gallinae*）

普通红螨大小约 0.7 mm×0.4 mm，呈现黑色或灰色，吸饱血后为红色。红螨多数夜间进食，白天也许在宿主身上找不到它。确认感染往往需要晚上检查。它们的生活周期可在短短的 7 天内完成。白天它们可以聚集在缝隙里，栖木或是鸟巢的接缝中。它们在没有食物的情况下可以存活 30 周。因此要控制这种虫子，消毒周围设施非常必要。严重感染可造成贫血或是死亡，特别是雏鸟。已有报道螨虫可传播禽霍乱和螺旋体病原。它们经常寄生于笼养蛋鸡。对鸡只和鸡笼每周都要重复消毒。

（2）北方禽螨（NORTHERN FOWL MITE）（北方刺脂螨）（*Ornithonyssus sylviarum*）

这种螨虫是多种家禽和其他鸟类常见的吸血生物。它们是或者怀疑是鸡痘，新城疫、禽疫和一些脑炎病原的携带者。这些螨虫持续停留在禽鸟身体，呈从红到黑的斑点。严重感染时羽毛呈现黑色，泄殖孔周围的皮肤有结节或裂开（图1）。螨虫的卵囊位于翅膀下，泄殖孔上或下，肉髯和冠及大腿附近的羽毛上，白色或米黄色团块。在接触或在剖检时，螨虫可以传染到接触者或诊断医生的手或胳膊上。北方禽螨可寄生于笼养蛋鸡，特别是在冬天，可见其在蛋上爬。禽群内所有鸟类在5～7天内要进行两次治疗。

（3）毛囊脂螨（DEPLUMING MITES）（鸡皮鸟疥癣）（*Knemidokoptes gallinae*）

多种羽毛螨虫生长在家禽和野生鸟类的羽毛和羽毛管内。羽毛螨虫一定程度倾向于宿主特异性。它们造成羽毛的破坏或完全缺失。鸡、野鸡和鸽子的毛囊脂螨虫（鸡皮鸟疥癣）（*Knemidokoptes gallinae*））在羽毛主杆的基部打洞，产生强烈刺激使得宿主拔掉自己身体的羽毛。失去羽毛可导致不能控制体温，可提高其他疾病的易感性。这种螨虫很难治疗，因为羽毛毛杆可保护它们免受化学药物影响。可隔离感染禽鸟，用治疗鸡皮皮刺螨（红螨）的方法处理。

（4）鳞足螨（SCALY LEG MITE）（突变膝螨，*Knemidokomutansptes*）

这种螨虫代表亲缘关系很近的一个螨虫族群，主要生活在没有羽毛的皮肤，经常是在胫骨和爪的部位。没有放大镜是看不到的。感染的皮肤出现增厚，带有白色粉末的过度角化的脱落鳞片（图2）。其中有一些螨虫可侵犯禽鸟的喙。如果不进行治疗，感染的鸟会逐渐残疾。长期的个体治疗才能恢复。这种螨在群内传播一般较慢。

## 防控

感染各种不同螨虫的禽鸟的治疗方法要进行调整，即精准的诊断非常重要。在许多病例中禽鸟和环境要同时进行处理。用于螨虫的杀虫剂可以是粉剂和喷雾剂。杀虫剂渗入皮肤非常重要。对于生活在宿主之外的螨虫（例如：鸡皮刺螨）可对设备进行可湿粉或液体喷雾，这样液体可到达裂缝或裂口。地面和垫草也要进行处理。杀虫剂是严格控制的化学物质，对人和动物的健康和环境污染存在潜在风险。需要从地方农业主管部门或大学的专家处获得最新的获准使用的杀虫剂清单。一个值得注意的例外是鳞足螨（突变膝螨）只能通过使用油剂进行治疗，比如用凡士林油或食用油和煤油（50∶50）每日涂抹，至少进行2周或直到腿恢复正常。用肥皂水轻轻清洗有病部位使过度角化部位变松软也很有用。

# 螨

图 1
北方禽螨虫感染。

图 2
丝光鸡足部的过度角化症。

# Ⅲ. 其他害虫

## MISCELLANEOUS PESTS

（1）臭虫（Bedugs）（温带臭虫，*Cimex lectularius*）

臭虫攻击哺乳动物以及家禽和鸽子在内鸟类。成年寄生虫可达 5 mm 长，有 8 个腹节。臭虫通常在夜间进食并可在所寄生的鸟身上看到。臭虫可在没有家禽的房屋内生存一年。被臭虫寄生的鸟很快会变瘦并贫血。

（2）恙螨病或沙螨病（Chiggers）（美洲新许恙螨，*Neoschongastia americana*）

美洲新许恙螨的幼虫在南方各州是火鸡和禽鸟的严重害虫。其幼虫攻击火鸡的皮肤，引起局部皮肤病变，导致市场等级下降。病变类似丘疹，可以多发。

（3）黑菌虫和小粉虫（Dapkling Beetle and Lesser Mealworm）（拟步科甲虫，*Alphatobius diaperinus*）

这种甲壳虫（图 1 和图 2）和它的幼虫（图 3）常出现在禽舍垫料中。它们可以是马立克病毒，传染法氏囊病毒的载体。在这些甲壳虫身体中发现肉毒杆菌毒素，也可能是带状蠕虫的载体。它们对商业家禽饲养场最重要的是对隔热材料和禽舍新式墙体材料造成的破坏而导致的严重经济损失。

（4）禽毒蚤（Sticktight Fleas）（鸡冠蚤，*Echidnophaga gallinaceae*）

这种寄生虫常紧密附着在家禽头部皮肤，它们刺激皮肤，造成贫血，产蛋量降低并有可能杀死雏鸟。成体跳蚤大约 1.5 mm 长，红棕色。

（5）鸽子跳蚤（Pigeon Flies）（金丝雀蔓草虱蝇，*Pseudolynchia canariensis*）

深棕色吸血跳蚤，约 6mm 长，经常寄生于鸽子，特别是雏鸟。跳蚤可引起贫血，皮炎。这些虫子也传播鸽变形血原虫（*Hemoproteus columbae*），可引起类似疟疾的鸽病。

（6）蚋（Blackflies，Simuliidae）

灰黑色厚的驼背昆虫，5 mm 长。成群地攻击哺乳动物和禽鸟，包括家禽。蚋是鸭的原虫病（住白细胞虫病）和丝虫病（*fallisensis* 鸟丝虫）的媒介。这些叮咬昆虫需要血液大餐以供卵成熟。吸血的蚋可致禽鸟严重贫血，并可杀死雏鸟。

（7）蚊子（Mosquitos）

多个种属的蚊子以禽鸟为食，包括家禽。蚊子是病毒病最重要的携带者，例如：痘和马脑炎。一般母蚊子产卵需要吸取血液。它们也传播原虫，可导致禽疟疾样综合征。蚊子叮咬产生的刺激可影响禽鸟的行为。

（8）禽蜱（Fowl Ticks）（锐缘蜱，*Argas persicus*）

软蜱包括禽蜱，广泛寄生于家禽、野生鸟，偶尔有哺乳动物。一些蜱不但引起贫血、皮肤斑点或蜱麻痹，也传播导致螺旋体病的委陵菜包柔氏螺旋体菌（*Borrelia anserina*）。禽蜱在西南各州发生更多，包括加州。蜱在宿主身体度过的时间相对较少，容易被忽视。

# 其他害虫

图 1
黑甲虫。

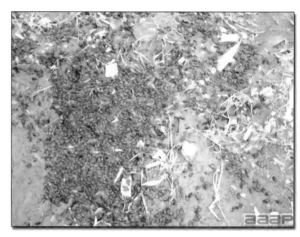

图 2
黑甲虫。

图 3
黑甲虫幼虫。

# 体内寄生虫
## INTERNAL PARASITES

## Ⅰ. 线虫,绦虫和吸虫
### (NEMATODES,CESTODES AND TREMATODES)

### ("蠕虫"和吸虫,"WORMS" AND FLUKES)

### 定义

禽鸟最重要的内寄生虫在分类学属于线虫类。它们有纺锤形身体,锥形末端,如蛔虫。卵在宿主的粪便中排出。当一只鸟从环境中摄入含胚胎的卵(直接生活周期),或吃掉感染的中间无脊椎宿主(间接生活周期),就会发生感染。其他有诊断意义的内寄生虫是绦虫和吸虫。

(1) 蛔虫(Ascarids)(大的肠道蛔虫,Large Intestinal Roundworms)

鸡和火鸡最常见的寄生性家禽蛔虫之一(鸡蛔虫 *Ascaridia galli*),成虫有 1.5~3 in 长,大小像正常的铅笔芯一样(图1)。严重寄生的禽鸟表现出精神沉郁、瘦弱并有腹泻症状。严重的病例会有饲料转化效率下降。

蠕虫的生活周期因没有中间宿主而简单,雌性在肠道排出厚壳卵,通过粪便排出。经过 2~3 周卵中的胚胎发育到可感染阶段;含胚胎的卵可长时间保持生活状态。禽鸟通过吃掉大量含有感染性胚胎的卵而被感染。正常清洁剂和消毒剂不能杀死卵。

(2)盲肠蠕虫(Cecal Worms)

这些蠕虫(鸡皮异刺线虫 *Heterakis gallinae*)在鸡、火鸡和其他鸟类的盲肠中(图1和图2)。蠕虫本身不是主要威胁,但大多认为它们是黑头病病原(火鸡组织滴虫 *Histomonas meleagridis*)的主要携带者。

生活周期与大蛔虫相似。卵(图3)在盲肠中产生,通过粪便排出并在接近 2~3 周时有感染性。

(3)毛细线虫(Capillaria)(毛细或线蠕虫,Cap-

illary or Thread Worms)

毛细线虫属有多个种可侵袭鸟类;但在商品家禽中常见的是环节毛细线虫(*Capillaria annulata*)和弯曲毛细线虫(*Capillaria contorta*)(图1)。它们出现在宿主的嗉囊和食管中(图2),可以导致黏膜增厚和炎症,偶尔在火鸡和猎禽中造成可持续的严重损失。严重感染可导致死亡。

生活周期是直接性的,成虫嵌入肠内层。卵(图3)在排泄物中排出,胚胎发育在 6~8 天后产生。

(4)绦虫(Tapeworms)

绦虫是扁平的带状蠕虫,包括很多节片(图1)。绦虫大小差异较大,从很小到几英寸长。有几种绦虫侵袭禽鸟,但家禽最常见的是有轮赖利(*Raillietina cesticillus*)(图2)和漏斗带状绦虫(*Choanotenia infundibulum*)。

绦虫的生活史有中间宿主,鸟因食用中间宿主而感染。这些宿主包括:蜗牛、鼻涕虫、甲壳虫、蚂蚁、蝗虫、蚯蚓、家蝇和其他动物。中间宿主通过食用有绦虫卵(图3)的鸟粪而感染。绦虫对家禽的侵害或病理变化不确定;然而,绦虫阻塞肠道是很常见的。

### 流行病学

动物在现代商品化家禽养殖系统中由于少有接触寄生虫和中间宿主的机会,发病率和蠕虫携带率低;庭院或自由牧场的禽群感染机会更高,明显携带蠕虫。商品化肉鸡和火鸡的全进全出生产体系中临床发病也很少。商品化肉鸡或火鸡的短暂寿命期间也面临严重的寄生虫病风险。肉食禽鸟的蛔虫病是最常见寄生虫病。商业化的笼养蛋鸡没有中间宿主(特别是绦虫),很少有寄生虫,因为它们没有与土壤接触的机会。饲养在垃圾成堆环境中的商品火鸡和肉鸡,种禽群,非笼养商品蛋鸡

群、庭院禽群、猎禽、宠物或动物园的动物容易表现出高寄生虫感染率。

## 防控

对于多数有直接周期的线虫的感染，干扰其生活周期是有效的控制措施。对有间接生活周期的寄生虫（一些线虫、绦虫和吸虫）的控制往往以去除中间宿主为目的，如甲壳虫或其他昆虫、蜗牛或鼻涕虫，或者防止家禽接近中间宿主。

哌嗪是FDA批准的唯一治疗肉和蛋禽内寄生虫的药物。在未产生抗性的地区对蛔虫有效。在饮水中给药。FDA规定目前允许在其他肉用动物许可使用的药物说明书可用于家禽。芬苯哒唑已作为食物和饮水添加剂成功起到抗毛细线虫、异刺线虫感染的作用。噻苯哒唑、甲苯哒唑、坎苯哒唑、左旋咪唑和四咪唑已经用于抗比翼线虫和其他线虫，如：毛圆线虫。

噻吩嘧啶酒石酸盐和盐酸四咪唑对某些线虫感染也是有作用的。Butynorate许可治疗鸡绦虫。

见177页普通蠕虫和吸虫表格。

## Ⅱ. 血液携带的原生动物寄生虫
### BLOOD-BORNE PROTOZOAL PARASITES

## 简介

多种禽鸟是许多血液携带原虫的宿主。大部分感染是不明显并不能确诊的，这种信息不明对诊断提出挑战。诊断通常通过显微镜检查血涂片或组织切片。寄生虫可以通过组织分布，大小和物理结构特点进行辨别。

## 预防和治疗

这些疾病很少进行治疗，有效的治疗方法很少。氯羟吡啶（二氯二甲嘧啶酚）按0.012 5%～0.025%加入饲料喂给14～16周龄火鸡用于治疗住白细胞虫病比较成功。预防要从控制携带者入手。在有地方性动物病的地区，筛查饲养的禽群，控制黑蝇和蚊子的程序不能起到控制疾病的作用。尽量避免将家禽饲养在适于携带者繁殖的地方。如果能够避免与携带寄生虫的地方性野鸟接触，每年淘汰老弱家禽对清除病原携带者是有效的。

## A 弓形虫（Atoxoplasma）

球虫类原虫主要寄生于笼养禽鸟，也可能有雀形目野鸟。这些微生物与其他已知的艾美耳亚目成员如弓形虫、兰克斯特球虫属或等孢子球虫属等多年存在分类学关系的争议。寄生虫通过粪—口途径传播；生活史包括肠道和肠道外两个阶段。卵囊在鸟粪中排出。通过显微镜检查与等孢子球虫属区别卵囊是困难的。孢子化的卵囊有两个胞囊和四个子孢子。雏鸟会发生急性死亡，成鸟可慢性感染并且没有症状。常见肝脾肿大。慢性感染的鸟的肝和脾有类似肿瘤的病变。当清楚的切面位于单核细胞的细胞核时寄生虫可在显微镜下观察到，有时在红细胞中。细胞学检测对肠道外阶段有效，组织病理学对肠道阶段有效。

## B 变形血原虫（Haemoproteus）

### 简介

变形血原虫属于疟原虫科（Plasmodiidae），并与疟原虫和住白细胞虫（Leucocytozoon）有相似性。寄生于禽的报道多于120个种，多数为野生水禽、猛禽、雀形目和其他禽鸟。感染有宿主特异性。在家禽和观赏鸟发病的是火鸡变形血原虫（*Haemoproteus meleagridis*），已经在家养和野生火鸡确诊；在鸽子的鸽变形血原虫（*H. columbae*）和萨氏变形血原虫（*H. sacharovi*），以及水禽的小鸭变形血原虫（*H. nettionis*）。

### 流行病学

叮咬的蚊蝇是传播的媒介。孢子生殖发生在昆虫宿主体内，进入禽鸟宿主是通过蚊虫叮咬。裂殖体一般感染肺血管内皮或其他血管内皮细胞。裂殖子入侵红细胞并成熟。有些种类的变形血原虫有第二个分裂生殖周期，裂殖子入侵红细胞之前在心肌和骨骼肌中有大裂殖体。

### 临床症状、病理变化和诊断

多数感染是不明显的，且不能诊断。报道在鹌鹑、火鸡、鸽子和一些鹦鹉有临床症状。一般只有少部分的感染禽鸟表现出临床症状。对火鸡实验性感染火鸡变形血原虫会出现严重跛行、腹泻、精神萎靡、消瘦和厌食。也有贫血和肝肿大的报道。

与大裂殖体相关的肌肉病在野生火鸡有报道,横纹肌内有平行于肌纤维方向的纺锤形包囊。在鸽子有少量肌胃增大的报道。番鸭感染小鸭变形血原虫有少量跛行、呼吸困难、与肺水肿相关的猝死,内脏器官肿大的报道。吉姆萨或瑞氏染色的血涂片上,紧挨着红细胞核可见配子囊和色素颗粒(图1)。在肺和内脏器官的血管内皮细胞内可见裂殖体。

## C 住白细胞虫(Leukocytozoa)

### 简介

住白细胞虫病是禽鸟的急性或慢性的原生动物病,包括:火鸡,鸭,鹅,珍珠鸡和鸡。这种病最早在野生鸟类发现,并于1895年有对火鸡的报道。最近十年很少有急性住白细胞虫病在家禽暴发的报道。这种病一般临床症状不明显。急性暴发多数是雏鸟,而成鸟(种群)一般发生慢性病症。黑蝇(蚋科)和库蠓蚊为中间宿主。禽舍在小河、水塘或沼泽附近,这种疾病较为常见。多数暴发是在黑蝇较多的温暖季节。在美国住白细胞虫病在南方和中西部各州发生更频繁。

### 流行病学

禽鸟是多数住白细胞虫的唯一宿主。病原是住白细胞虫,但分类可能不准确,一般实际名字包括:史密斯住白细胞虫(*L smithi*)(火鸡),西蒙迪住白细胞虫(*L. simondi*)(鸭),尼夫住白细胞虫(*L. neavei*)(珍珠鸡)和安德鲁斯住白细胞虫(*L. andrewsi*)(鸡)。在疾病中幸存的野生或家养禽鸟是冬天没有症状的住白细胞虫携带者。在温暖的季节黑蝇(蚋科)和蚊虫(库蠓属)以带虫禽鸟为食,

被住白细胞虫感染。寄生虫在昆虫体内经历孢子发生,并运输到口腔的腺体内。昆虫作为带虫者并在它们吸血时将住白细胞虫传播到易感雏鸟体内。在病中幸存的鸟转而成为带虫者。

### 临床症状,病理变化和诊断

常常是很多禽鸟突然发病并且很快表现出症状:精神沉郁、厌食、口渴、失去平衡、虚弱和贫血。可出现快速吃力地呼吸。过程常常较短暂,几天内病鸟死亡或恢复。死亡率不同,但经常很高。在禽鸟中只活几天的可出现脾肿大(图1)、肝肿大和贫血现象。最明显的病变常是脾肿大。显微镜下,在瑞氏或吉姆萨染色的血涂片中,常见肿大、变形的红细胞、白细胞或以上两种细胞中有配子(图2和图3)。肝脏和脑的组织切片常存在大裂殖体或裂殖体。

## D 疟原虫(Plasmodium)

在家鸽、金丝雀、火鸡、企鹅、猎鹰、秃鹰和崖燕有少量疟原虫感染的报道。多种疟原虫常常是非宿主特异性的。寄生造成的疾病与人的疟疾相似,并且是通过带虫蚊子注入感染的血液传播。寄生虫在红细胞中(图1)。

## E 锥虫(Trypanosomes)

在多种野生或家禽的血浆中可运动的原生动物。在家禽可导致明显病症的非常少或没有。有广泛的昆虫携带者,包括:蚊子、库蠓(蚊)、虱蝇(黑蝇)、螨和蚋。

# 线虫，绦虫和吸虫（"蠕虫"和吸虫）

## 蛔虫

图 1
蛔虫。

## 盲肠蠕虫

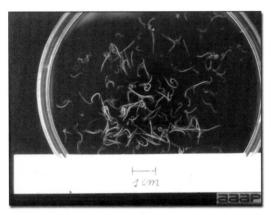

图 1
异刺线虫。

图 2
盲肠异刺线虫。

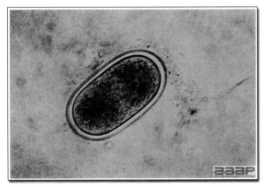

图 3
异刺线虫卵。

# 毛细线虫

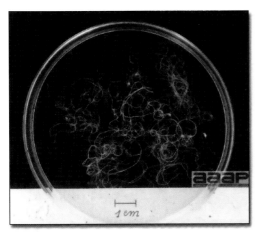

图 1
毛细蠕虫。

图 2
嗉囊中的毛细线虫。

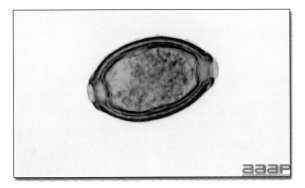

图 3
毛细线虫卵。

# 绦虫

**图 1**
严重的绦虫感染。

**图 2**
成年的赖利绦虫 12～13 cm。

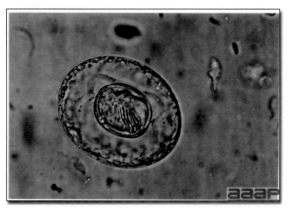

**图 3**
绦虫卵（赖利绦虫）。

# 血液携带的原生动物寄生虫

## 变形血原虫

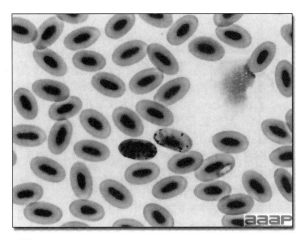

图 1
变形血原虫：邻近红细胞核的配子母细胞和色素颗粒。

## 住白细胞虫

图 1
脾脏肿大。

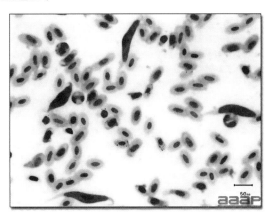

图 2
血涂片中大量的住白细胞虫。

## 疟原虫

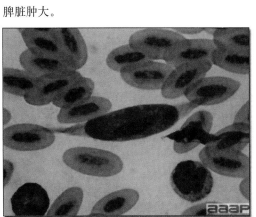

图 3
变形肿大的白细胞中的住白细胞虫（配子）。

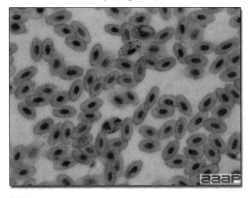

图 1
红细胞中的疟原虫。

# Ⅲ. 消化道的原生动物感染
## PROTOZOAL INFECTIONS OF THE DIGESTIVE TRACT

## A 球虫病（Coccidiosis）

### 定义

禽球虫病是家禽和许多其他鸟类常见的原生动物病，以腹泻和肠炎为特征。除鹅的肾球虫病外，家禽的球虫病都感染肠道。

### 发病

在家禽生产的每一个环节都有球虫病，并且分布于世界范围。对此病加强管理的生产体系提高了经济效益。人们已经认识到亚临床发病对商品肉鸡生产的表现有重要的影响，并对蛋鸡和种雏蛋鸡群的一致性有负面影响。有效的抗球虫药和疫苗的开发对于预防临床发病以及其负面影响更加可控。失控的球虫病可使生产受到损失甚至有致死性。球虫病是促使梭状芽孢杆菌属的产气荚膜杆菌（*Clostridia perfringens*）引起坏死性小肠炎的诱因。在猎禽的繁育中，控制球虫在预防由梭状芽孢杆菌（*Clostridia colinum*）引起溃疡性小肠炎或"鹌鹑病"暴发是非常重要的。

### 流行病学

1. 鸡和火鸡的球虫病是由原生动物艾美耳球虫属（*Eimeria*）的多个种致病的。在鸡有9个种，火鸡有7个种的球虫已有报道，但不都是致命的病原。球虫有宿主特异性，因此不会在不同种类的家禽中传播，分散艾美球虫（*E. dispersa*）可感染火鸡、鹌鹑和其他鹑鸟类。

2. 球虫有直接但复杂的生活周期。通过粪—口途径感染，摄取感染的饲料、水、粪便和土壤可导致感染。当形成孢子（有感染性的）的球虫卵囊被采食，孢子体便释放并开始一系列的无性生殖，然后是有性生殖周期，可在肠或盲肠中繁殖出数以千计新的卵囊。未形成孢子的卵囊随粪便排出。这些卵囊在24 h内形成孢子，并对其他鸡或火鸡有感染性。单个的卵囊可产生高达十万个后代。

3. 球虫通过在肠道上皮细胞生长和繁殖对其破坏，同时造成肠黏膜和黏膜下层的创伤而产生肠道病变。肠道损伤程度直接与易感宿主采食的有孢子卵囊的数量和种类呈正相关。

4. 球虫的种类是通过卵囊的显微结构特点（大小、形状、颜色、长度和宽度），寄生肠道的部位，产生损伤的类型，潜伏期，孢子形成时间等方面的特征而定。行业内有经验的人常根据以上这些特点做合理、准确的鉴定。近来，分子手段也有了进步并成为有效鉴别几种艾美耳球虫的方法。在控制此病时精确地鉴别对选择最有效的抗球虫药很有价值。

5. 通过可控的活疫苗接种，鸟类可以产生长期的免疫力，一般没有临床症状。目前疫苗既有孵化前接种的，也有孵化后接种的。免疫是通过自己暴露于所挑选的艾美耳球虫，以刺激并产生免疫力。家禽通过反复暴露于特定种类的球虫来保持免疫力。宿主对未接触过的球虫有易感性。禽鸟可以同时感染一种以上的球虫。

6. 卵囊可存在于禽舍的粪便中，可以很容易地通过靴子，鞋子，衣物，货箱，车辆，其他动物和昆虫等传播到家禽养殖场。人是球虫非常重要的携带者。湿的垫料和温暖的温度有利于孢子形成，并导致球虫病的暴发。

### ■ 鸡球虫

已报道鸡有9种艾美耳球虫：堆型艾美耳球虫（*E. acervulina*）、毒害艾美耳球虫（*E. necatrix*）、巨型艾美耳球虫（*E. maxima*）、布氏艾美耳球虫（*E. brunetti*）、柔嫩艾美耳球虫（*E. tenella*）、和缓艾美耳球虫（*E. mitis*）、变位艾美耳球虫（*E. mivati*）、早熟艾美耳球虫（*E. praecox*）、哈氏艾美耳球虫（*E. hagani*）。临床疾病是由感染球虫的种类决定的。很少的致病种类产生轻微的或不产生病变。更多的致病种类常引起黏液样或血样腹泻，腹泻和脱水随后是羽毛凌乱、贫血、精神萎靡、虚弱、头颈回缩和嗜睡，对生长率有不良影响。产蛋母鸡的球虫病表现为产蛋量下降。典型病例表现为皮肤脱色。在鸡群内的发病率和死亡率有很大不同，但都很高。

（1）堆形艾美耳球虫（*Eimeria acervulina*）

堆形艾美耳球虫是中等致病性的病原，可致肠道前三分之一发生肠炎（图1）。肠炎从轻度到重度，可导致黏膜增厚。由此产生的对类胡萝卜素的吸收障碍影响皮肤色素沉着，并降低饲料转化率。

在黏膜可见白色转化为灰色条纹状(图2)。黏膜刮片中的卵囊中等大小,呈卵圆形(18.3 $\mu$m×14.6 $\mu$m)。这种类型的球虫病在年龄大的禽鸟发生得更频繁。此部位也被其他不易引起疾病的球虫种类所寄生。换言之,有多个种类的球虫同时出现会混淆诊断。堆形艾美耳球虫是商品化家禽饲养场最常见的一种。

(2)毒害艾美耳球虫(*Eimeria necatrix*)

毒害艾美耳球虫引发以充血、出血为特点的严重肠炎,小肠中段坏死,出血引起血便(图3)。小肠常出现明显肿胀、发炎和增厚。透过浆膜从完整的肠道可见白色到黄色病灶或斑点状出血(图4);这种病变主要是大裂殖体在中段小肠的生长造成的(图5)。这种球虫病经常被弄错或与巨型艾美耳球虫的病变相混淆。毒害艾美耳球虫的病变表现为盐和胡椒的外观(深红)。卵囊只在盲肠中发育,并且卵囊的数量可能不是很多;而且死亡可能发生在粪便中出现卵囊之前。毒害艾美耳球虫常常是高致死性的,常导致商品化肉鸡、种鸡和产蛋小母鸡发病。

(3)巨型艾美耳球虫(*Eimeria maxima*)

巨型艾美耳球虫有中度致病性,可引起中度的死亡率。并可致中度到严重的肠炎,有时伴有中段小肠的肠壁增厚和严重的膨胀,这些与毒害艾美耳球虫相似,但巨型艾美耳球虫的病变是鲜红的(图6)。肠道内容物可以是带血的。有非常大的卵囊(30.5 $\mu$m×20.7 $\mu$m),常带有金色和大的配子母细胞是这个种的球虫的诊断标准。亚临床感染会阻碍吸收并导致皮肤色素沉着减少。这个种类的球虫在商品化家禽场中是很普遍的。

(4)布氏艾美耳球虫(*Eimeria brunetti*)

布氏艾美耳球虫在小肠的下段,直肠和邻近的盲肠产生肠炎。在严重的病例,纤维蛋白或纤维素性坏死的碎片团块覆盖在发病的肠黏膜上或在回肠和直肠产生干酪样核心(图7)。这些卵囊相当大(24.6 $\mu$m×18.8 $\mu$m),每个都有一个极性颗粒。布氏艾美耳球虫是中度致病的,可引起中度死亡率、增重减少、饲料转化率降低。

(5)柔嫩艾美耳球虫(*Eimeria tenella*)

柔嫩艾美耳球虫是高致病性的,可导致严重的盲肠炎(图8),偶尔也会影响到相邻的肠道。在感染的早期,盲肠和粪便中经常可见出血(图9);随后可见干酪样盲肠芯。盲肠刮片在显微镜下可见大量的裂殖体。柔嫩艾美耳球虫可导致商品化肉鸡

和雏蛋鸡的高发病率,高死亡率和增重减少。这种球虫在商品代家禽中是非常普遍的。

(6)和缓艾美耳球虫(*Eimeria mitis*)

这种球虫没有临床病变,小肠后段可表现为苍白和松弛。已证实疾病影响单冠白来航母鸡增重并使其产蛋终止。

(7)变位艾美耳球虫(*Eimeria mivati*)

可致禽鸟增重减少和死亡。这种球虫是中度致病,可致黏液样出血性肠炎,严重病例的病变可涉及整个小肠(图10)。在浆膜可见散在分布的白点,并且在黏膜上也可见。卵囊在黏膜刮片上相对较小,是宽的卵圆形(15.6 $\mu$m×13.4 $\mu$m)。这个位置也是其他种类球虫的常发部位,例如:堆形艾美耳球虫,所以可干扰诊断。

(8)早发艾美耳球虫(*Eimeria praecox*)

导致十二指肠内带有黏液的和黏液样脱落物的水样肠道内容物。可使增重减少、色素减少、脱水和饲料转化率降低。

(9)哈氏艾美耳球虫(*Eimeria hagani*)

据报道可导致肠道水样内容物和卡他性炎症。这个球虫种类在商品化肉鸡中相对少见。

■ 火鸡球虫

在美国已报道的火鸡球虫为7种,4种是致病的,包括:腺艾美耳球虫(*Eimeria adenoeides*)、小火鸡美耳球虫(*Eimeria meleagrimitis*)、孔雀艾美耳球虫(*Eimeria gallapovonis*)、分散艾美耳球虫(*Eimeria dispersa*)。非致病的球虫包括:无害艾美耳球虫(*Eimeria innocua*)、火鸡艾美耳球虫(*Eimeria meleagridis*)和微(亚)圆艾美耳球虫(*Eimeria subrotunda*)。火鸡的球虫病类似于鸡的球虫病;腹泻是水样的,黏液样的和血便,并可能致死。

(1)小火鸡艾美耳球虫(*Eimeria meleagrimitis*)

小火鸡艾美耳球虫导致从十二指肠到回肠的多点充血或瘀血点,空肠扩张,肠道前三分之二黏膜脱落(图11)。空肠病变非常严重并从此处向前后伸延。黏膜刮片中的卵囊较小(19.2 $\mu$m×16.3 $\mu$m),卵圆形。这种球虫是温和的病原体。年轻家禽感染后会出现死亡、发病、体重下降、脱水及普遍瘦弱。非病原的无害艾美耳球虫和微(亚)圆艾美耳球虫也可在同一区域出现。这种球虫在商品化火鸡场的垫料中是常见的艾美耳球虫之一。

这种球虫在商品火鸡养殖场中是非常普遍的。

（2）分散艾美耳球虫（*Eimeria dispersa*）

分散艾美耳球虫使浆膜表面产生奶油色，肠道膨胀，在中1/3肠道产生微黄色的黏液样粪便。病变主要位于中肠区域，但一些感染可从十二指肠延伸到盲肠颈。卵囊大（26.1 $\mu m \times 21\ \mu m$），宽卵圆形。卵囊壁有特殊的波状外形，缺乏其他种类普遍有的双壁。潜伏期是火鸡球虫中最长的，达120 h。这种球虫有温和的致病性，但能够导致年轻家禽增重减少和腹泻。也可寄生于其他禽鸟宿主（鹌鹑和野鸡）。在商品火鸡场中是非常普遍的。

（3）孔雀艾美耳球虫（*Eimeria gallapovonis*）

孔雀艾美耳球虫导致回肠黏膜水肿、溃疡、黄色分泌物和粪便带血块。病变主要位于肠道的后1/3（回肠和直肠）和盲肠。卵囊较大（27.1 $\mu m \times 17.2\ \mu m$），为长的椭圆形。潜伏期在105 h。这种球虫在年轻家禽可导致高死亡率，但流行性较低。

（4）腺艾美耳球虫（*Eimeria adenoides*）

腺艾美耳球虫侵袭肠道的后1/3并可导致形成带有黏液和血块的水样便。盲肠或/和肠壁水肿、肿胀。盲肠内容物经常含有硬的黏膜碎片，形成松弛发白的盲肠芯（图12）。病变主要位于盲肠，但一般延伸至其下面的小肠和泄殖孔。卵囊是椭圆的并非常长（25.6 $\mu m \times 16.6\ \mu m$）。这种球虫是火鸡球虫中致病性最强的球虫之一。在年轻家禽中传染可致高死亡率，在老火鸡中传染可导致明显的体重下降。在同一地区也可见火鸡艾美耳球虫。这种球虫在商品化养殖场的垫料样本中相对普遍。

## 诊断

1. 应对禽群中有代表性的新鲜（小于1 h）死禽鸟进行整体的尸体剖检。死后尸体的变化可以很快地使肉眼病变模糊不清。

2. 诊断主要依据为临床症状、表现和肠道的肉眼病变位置。感染禽鸟的黏膜刮片上出现大量卵囊。新鲜制备的湿涂片和/或肠道组织学检查能确认无性或有性阶段的球虫（孢子、体裂殖子、裂殖体）。禽群近期接触大量形成孢子的卵囊有助于诊断。

3. 亚临床感染是很普遍的。在粪便中的少量卵囊不足以对临床疾病做出诊断。

4. 球虫病频繁发生与其他禽病相关，如坏死性肠炎、溃疡性肠炎、沙门氏菌病和组织滴虫病。免疫抑制病可以增加临床疾病的严重性和发生率。

## 防控

1. 控制球虫的最常见方法是饲料中添加抗球虫药。然而，球虫可对抗球虫药产生耐药，因此轮流使用多种药物可延长药效。尽管一些药物对几种球虫有效，但没有抗球虫药对所有种类的球虫都非常有效。几种抗球虫药确认可抗球虫病，尽管不是所有都已商品化，如安普罗利、莫能菌素、氯羟吡啶、尼卡巴嗪、盐酸氯苯胍、地可喹酯、拉沙里菌素，溴氯哌喹酮，甲基盐霉素，地克珠利和赛杜霉素。不是所有产品都可以用于所有家禽种类；火鸡对盐霉素和甲基盐霉素非常敏感。在选择所用产品时要小心。

2. 免疫。可获得商品化球虫疫苗。通过向孵化器、饲料、饮水、凝胶块或孵化18～19天的蛋广泛喷洒卵囊而程序性地使年轻鸡或雏鸟接触少量的卵囊已成功地应用。疫苗中艾美耳属的每个种类的球虫卵囊数量对只引发免疫但不引发临床发病是非常关键的。一些疫苗包括艾美耳属的药物敏感虫株，可促进建立药物敏感的球虫群体并延续抗球虫药的效能。一些疫苗包括弱化的和/或早熟的艾美耳属虫系。

3. 自然接触。如果鸡的生活环境中有适当数量的卵囊，它们会对相应的球虫的种类形成免疫。接触一定是适度的，或有临床症状的。如果垫料保持干燥，接触就是有限的。要特别注意避免潮湿的垃圾（包括水周围的区域）。这种方法很少用于大的商业化饲养场。

## 治疗

要强调预防。而广泛用于治疗的化学药物包括安普罗利、磺胺二甲氧哒嗪、磺胺喹噁林、磺胺甲嘧啶。磺胺制剂不能用于蛋鸡。通常在上市交易之前需要休药期。在饲料或饮水中增加维生素A和K可分别减少死亡和加速恢复。

## B 六鞭毛虫病或螺旋核原虫病（Hexamitiasis/Spironucleosis）

## 定义

六鞭毛虫病是以卡他性肠炎并泡沫或水样腹

泻为特征的原生动物病。

小火鸡和大部分其他易感禽鸟的病原是火鸡螺旋核原虫（*Spironucleus meleagridis*）（之前称为火鸡六鞭毛虫）。鸽子的病原是鸽螺旋核原虫（*Spironucleus columbae*）。

## 历史资料

六鞭毛虫病与毛滴虫病互相混淆了很多年。在 1938 年 Hinshaw 和其他人第一次明确定义了六鞭毛虫病和它的病原。在火鸡养殖业发展的早期，在散养的禽群中，大量的损失都归咎于六鞭毛虫病。

## 流行病学

1. 在火鸡，六鞭毛虫病常见于 1～9 周的雏鸡。六鞭毛虫病也可在猎禽（野鸡、鹌鹑、欧石鸡等），孔雀和鸭发生。鸽有它们特别的六鞭毛虫病。

2. 寄生虫存在于粪便，可污染饲料、水和散养区。病愈的禽鸟是隐性的携带者。易感鸟类通过采食感染微生物。很容易种间传播，例如从猎禽传给火鸡雏鸡。这种传播方式在散养的幼禽中可能性更大。

3. 在同一畜牧场中连续地饲养多批次火鸡雏鸡，特别是卫生条件差时，会出现螺旋核原虫病数目逐批次增加的情况，并在后来的批次中症状也相应地增加。

4. 这种疾病在许多国家都有报道。通常发生在一年中较为温暖的月份或卫生条件较差的饲养场。目前六鞭毛虫病的商品化药品较少，但有针对庭院或观赏禽鸟的药品。

## 临床症状

1. 最初病鸟表现为神经质和非常活跃。它们过度鸣叫、颤抖，簇拥在热源周围，体温低于正常。有水样或泡沫样腹泻并很快脱水。

2. 随后禽鸟更加精神沉郁，缩头站立，羽毛凌乱并翅膀下垂。最后鸟昏迷，挣扎并死亡。最后的症状表现与低血糖相关。

3. 发病率高。死亡率随年龄和饲养管理条件不同而不同。在饲养条件差并得不到治疗的雏鸟死亡率很高（75%～90%）。

## 诊断和病理变化

1. 尸体脱水。肠道松弛，可见局部球状扩张，含有过多的黏液和气体。前 1/2 肠道有炎症。盲肠扁桃体充血。

2. 在肠腺的隐窝中可见火鸡螺旋核原虫，特别是在感染禽鸟，包括年老的携带者的十二指肠和空肠前段。这种原生动物 3～9 μm，有 8 根鞭毛和两个类似于眼睛的核心。它以快速投射的方式移动。

3. 新鲜宰杀的感染禽鸟要用暗视野或相差显微镜检查十二指肠刮片。在前段肠道有大量火鸡螺旋核原虫提示为六鞭毛虫病。如果只有近期的死鸟，用温盐水加到刮片上可复苏足够的螺旋核原虫用于鉴定。死的火鸡螺旋核原虫鉴定是非常困难的，因此提供活的禽鸟进行剖检更可取。

4. 病史、症状和病变可提示本病，但必须与小肠炎冠状病毒、副伤寒感染、毛滴虫病和黑头粉刺进行区分。

## 防控

1. 六鞭毛虫病目前很少报道，也可能未能诊断。在火鸡饲养场加强卫生措施和管理可减少发病率，或者常规给予抗组织鞭毛虫药品来治疗黑头粉刺也可控制六鞭毛虫病。

2. 短期杀灭并且彻底清理消毒禽舍将大量减少火鸡螺旋核原虫的数量。

3. 清洁和消毒饲喂器和饮水器并将其放置在粗丝编的平台上，使禽鸟与粪便分离。

4. 不要将旧禽群的可能带虫者留下来。每群只饲喂年龄相同的禽鸟。

5. 防止接触捕获的雏鸟或野的猎禽。避免将猎禽养在雏鸟场内。

## 治疗

在美国没有现成的药物许可用于肉用动物。抗原虫药，比如：灭滴灵，考虑用于非食用动物。支持性治疗，如增加孵卵室的温度到某一点时鸟类表现舒服，可有利于雏鸟。

## C 组织滴虫病（Histomoniasis）

（黑头病；肠肝炎）（Blackhead；Enterohepatitis）

## 定义

组织滴虫病是由火鸡组织滴虫感染多种禽鸟

引起的原虫病,包括:火鸡、鸡、孔雀、松鸡、鹌鹑、其他鹑鸡类鸟和鸭。此病以盲肠和肝脏的坏死病变为特征。

## 发病

组织滴虫病发生在商品化和非商品化火鸡,特别是年轻火鸡,并且如果不进行治疗多数会死。在鸡也会发生黑头病但流行性低,并不严重。雏鸟发生率高并疾病侵袭严重。

## 历史资料

1.组织滴虫病一度限制了火鸡产业的发展。在开发出安全的抗组织滴虫药物之前,此病只能通过繁琐低效的措施防止火鸡接触盲肠寄生虫的含胚的卵(鸡异刺线虫 *Heterakis gallinarum*)。

2.在生产出安全的抗组织滴虫药之后火鸡产业发生了明显的增长。此病目前不常发生,这些药物不再常规使用。在先前养鸡处养火鸡时会偶发此病。此病在鸡依然普遍,但对生产的影响是轻微的并很少识别。组织滴虫病仍然是其他鸡形目动物的重要致死原因,包括:孔雀、野鸡和鹌鹑。

3.最近,黑头病已成为商品化小母鸡群的重大关注点,并已有许多次复发。

## 病原学

1.病原是原生动物火鸡组织滴虫,并继发细菌感染。在实验中缺乏此细菌则组织滴虫无致病性。火鸡组织滴虫在盲肠腔中是鞭形的,但在组织中是变形虫样的。

2.一种更大的组织滴虫通过它的 4 个鞭毛进行区分,火鸡的温氏组织滴虫( *H. wenrichi* )也在盲肠中,但无致病性。

## 流行病学

火鸡组织滴虫在易感鸟类中的传播主要通过 3个途径:

1.采食新鲜粪便。这条路径可能相对较少,除非是在散养的群内。

2.采食带有原虫的含胚盲肠蠕虫卵。在有抵抗能力的虫卵中组织滴虫可存活数年。当采食的卵在肠道孵化,组织滴虫被释放到肠道,入侵到盲肠壁并引起疾病。

3.采食组织中感染了盲肠蠕虫幼虫的蚯蚓。

蚯蚓充当盲肠蠕虫的转运宿主,同时盲肠蠕虫又作为组织滴虫的转运宿主。在采食过程中盲肠蠕虫的幼虫得到释放,组织滴虫实现感染。

## 诊断

1.可根据临床症状和病变特征进行诊断。典型的严重病变是可以作为诊断依据的,包括盲肠炎和特征性肝脏病变(图 1)。

2.火鸡的组织滴虫病出现在感染后的 7～12日。开始为精神萎靡,中度厌食,翅膀下垂和黄色粪便(硫黄色)。可出现头部发绀(黑头),但多数不出现。鸡的组织滴虫病有些在粪便中带血。

3.随后生病火鸡情绪低落,站立时翅膀下垂,闭眼,头垂向身体,慢性病例常出现消瘦,通常是老年禽鸟。年轻火鸡发病率和死亡率很高,可达100%。老年禽鸟倾向有更大的抗性。

4.肉眼病变。双侧盲肠肿大并盲肠壁增厚(图2)。黏膜常现溃疡。盲肠含有黄色、灰色或绿色层状干酪样核心。在慢性病例中核心可能已被排出。盲肠穿孔可造成腹膜炎。

5.肝有中央下凹的不规则圆形的靶样病变(图3)。通常是黄色或灰色,也可能是绿色或红色。直径大小不一,常为 1～2 cm,并可合并产生更大的病变。

6.对于正在治疗中的禽鸟、易感性低的禽鸟种类或在疾病早期的小火鸡病变可能不是很典型。对大多数感染鸟群而言,如果检查足够数量的禽鸟便可见到典型的病变。尽管鹌鹑死亡率很高,但盲肠不会发生病变。

7.显微镜下,在发炎的盲肠壁和肝脏坏死灶可见组织滴虫(图 4)。病理剖检处死的禽鸟在盲肠内容物涂片或肝脏病变边缘刮片有时可见病原。

## 防控

1.预防组织滴虫病通常是在日粮中给予适当剂量的抗组织滴虫药物。目前在美国没有批准的预防药物。胂酸(histostat)(硝苯胂酸 nitarsone)在美国以外的地区仍可用于禽鸟。对于鹌鹑来说,胆碱酯酶抑制剂氨基甲酸酯(carbamate)(西维因)可增强组织滴虫病的易感性。

2.除非使用良好适用的卫生设施,单纯用抗组织滴虫药来控制此病可能会失败。

3.用弱化的火鸡滴虫进行控制;近来免疫禽鸟对抗攻毒的实验表明此方法有好的前景。

4.以下为其他辅助控制的方法：

（1）不要将鸡和火鸡（或其他易感鸟）放在同一养殖场中。

（2）不要用鸡场养火鸡或其他易感鸟，除非这一区域已经 4 年以上不养鸡。

（3）火鸡组织滴虫会被杀虫剂或干燥环境很快消灭，除非在蚯蚓体内或盲肠蠕虫卵细胞内得到保护。避免接触携带寄生虫的动物。如果可能易感鸟类应饲养于砂质，干燥、松软的土地。雨后防止其接近蚯蚓。如果可以，散养的禽鸟要定期轮换饲养场。一些场地较小的经营者可每几年用机械设备替换表面几英寸的土壤或犁地以减少盲肠蠕虫卵或其他病原的数量。

（4）减少禽鸟接触自己粪便或被粪便污染的饲料和饮水。将饲喂器和饮水器放在网状平台上，或将它们放在场地以外，禽鸟头伸到金属栅栏外才可以采食。

## 治疗

针对肉用动物治疗组织滴虫病目前没有批准的药物。非食用的小群禽鸟可有效地进行个体治疗，甲硝唑每千克体重 30 mg，每日一次，口服 5 天。抗蠕虫治疗可有助于抑制盲肠蠕虫的数量。

## D 毛滴虫病（Trichomoniasis）

（鸽子溃疡；猎鹰卷缩）（Canker in pigeons and doves；Frounce in falcons）

### 定义

毛滴虫病是由一种有鞭毛的原虫鸡皮毛滴虫（*Trichomonas gallinae*）引起的。不同虫株的致病性有很大不同。此病以消化道前部产生干酪样病变为特征，但也可能扩大到其他组织。家鸽、鸽子、火鸡、鸡和猛禽经常感染。

### 历史资料

毛滴虫病曾经是火鸡和鸡的一个很重要的疾病，特别是对散养火鸡，但现在很少报道了。相反，毛滴虫病在家鸽和鸽子继续为常见和重要的疾病。毛滴虫病在信鸽消亡的过程中起了作用。毛滴虫病是猛禽的严重疾病。

### 流行病学

1.在环境中微生物是脆弱的，通过接触携带者的口腔分泌物或口腔分泌物污染的水传染。一般认为家鸽是自然宿主和初始携带者。流行时接近100％的成年家鸽感染。携带禽鸟没有症状和病变。

2.家鸽和鸽子在饲喂反刍的半消化嗉囊内容物（鸽乳）时将毛滴虫病传给它们的幼雏。猛禽（隼、猫头鹰、鹰等）及其幼雏是通过消化感染的捕食动物而感染的。被传染的火鸡和鸡是在喝了含有鸡皮毛滴虫的不流动表层水感染的。其他疾病可促使火鸡出现毛滴虫的临床症状。

3.在已有的鸟群或鸽房，毛滴虫病的发生也许是由于禽鸟接触新来的禽鸟或野生携带者后感染了更致命的鸡皮毛滴虫而导致的。

### 诊断

1.典型的症状和病变对诊断是非常有提示性的。在家鸽、鸽子和猛禽，消化道前段有大量的黄色斑块或干酪样突起的团块。团块常较大并为圆锥或棱锥体，并能惊人地侵入软组织（图 1）。病变通常最易在口腔、咽或食管发展（图 2），但也可以在其他部位发生，包括嗉囊、前胃或鼻窦。在猛禽，病变也可发生在肝并伴有腹膜炎。

2.感染的雏鸟（小鸽子）精神萎靡并在 7～10 日龄死亡。口腔病变最普遍，但也发生在鼻甲骨和脑。可以是全身性的感染，伴有肝和其他内脏器官的病变。

3.成年家鸽、鸽子和猛禽经常由于口腔病变而闭嘴困难。它们流口水并反复做吞咽动作。偶尔有禽鸟因鼻旁窦或眼眶周围的病变而表现出眼睛流泪。少量病例有穿透头骨的病变，出现中枢神经障碍，包括失去平衡。

4.火鸡的病变是相似的，但常发于嗉囊或食管上段或下段。偶尔在前胃有病变。感染火鸡经常外表憔悴，并嗉囊上部空虚。经常可见吞咽动作，感染禽鸟有难闻气味（酸嗉囊）。感染火鸡的发病率和死亡率差异大，可以很高。在没有病变的情况下证明口腔液体中有毛滴虫意义不大，由于许多正常禽鸟都有一些滴虫。黏膜上小的斑块不要与痘病毒或念珠菌病混淆。

### 防控

1.清除任何已知感染的禽鸟和可疑的携带者。

如果可能,在常规的单位面积里减少养殖数量并对养殖场设施彻底消毒。不要在已建立的禽群内混入其他禽鸟,因为它们很可能会携带致命虫株。不允许接触家鸽、鸽子和易感家禽。

2. 提供干净、新鲜的水源,不断更新的流动水更好。清除所有死水。定期给水容器和输水管消毒(例如:氯)。

3. 避免给猛禽饲喂感染的家鸽和鸽子。

## 治疗

目前没有批准的针对肉用禽鸟治疗毛滴虫病的药物。非肉用禽鸟可用甲硝唑(灭滴灵)进行个体治疗,每千克体重 30 mg 口服 5 天,或用氨硝噻唑。

# Ⅳ. 其他原生动物感染
## OTHER PROTOZOAL INFECTIONS

## A 隐孢子虫病(Cryptosporidiosis)

### 定义

隐孢子虫病是一种原虫病。在禽鸟以呼吸道或消化道的急、慢性疾病为特征。隐孢子虫属在鸟类根据寄生的特异性部位和微生物形态可分为两种。火鸡隐孢子虫(*Cryptosporidium meleagridis*)只感染小肠,而贝氏隐孢子虫(*Cryptosporidium baileyi*)感染消化道(特别是法氏囊和泄殖孔)并也可感染呼吸道。它的生活周期与球虫相同,完全定位在细胞内,但胞浆外定位在上皮细胞的纹状缘。

### 历史资料

1. Earnest Tyzzer 博士首次报道了对实验鼠感染缪里斯隐孢子虫(胃黏膜)和小球隐孢子虫(小肠)(1907)。

2. Tyzzer(1929)也首次描述并报道了鸡的盲肠内感染隐孢子虫。但未记录此病的症状。1955 年第一次报道禽鸟发病和死亡是由侵入火鸡小肠末段的隐孢子虫引起的。1978 年首次报道了呼吸系统的各种隐孢子虫病也会侵害火鸡。

3. 人的隐孢子虫病是 1976 年发现的。并很快确定为与获得性免疫抑制综合征(AIDS)及其他免疫抑制失调相伴的威胁生命的肠道疾病。

### 流行病学

此病是通过采食或吸入在粪便或呼吸道分泌物散发的卵囊传播的。卵囊在环境中可以存活很长时间。已有鸡、火鸡、鹌鹑、野鸡、孔雀、鹦鹉、雀科鸣鸟和水禽感染火鸡隐孢子和贝氏隐孢子虫的报道。禽隐孢子虫属的各个种不感染哺乳动物,包括人,也就是说不存在公共卫生的威胁。其他种的隐孢子虫有动物传染的可能性,并在人和其他哺乳动物,爬行动物,两栖动物和鱼之间传播的记录。隐孢子原虫病在免疫抑制的宿主可以成为严重的威胁生命的疾病。但免疫抑制不是感染和生病的必要条件。一些感染是无症状的。

### 临床症状

1. 隐孢子虫病的症状没有特异性,并常涉及其他病原。在小肠引起腹泻,这对年幼的火鸡、鹌鹑和鹦鹉可以致命。年轻鹌鹑的死亡率可达 95%。肉鸡消化道感染可导致身体色素沉着减少。

2. 呼吸道隐孢子虫病产生的症状与感染部位相关。眼、鼻有分泌物,鼻窦肿胀,咳嗽,喷嚏,呼吸困难和啰音。当深部的肺和气囊感染时可能会出现死亡。呼吸道其他病原的同时感染是肯定的,不会有例外。

### 病理变化

1. 小肠膨胀并有液体。盲肠膨胀内有泡沫、液体等内容物。组织病理学表现为绒毛变短,坏死,肠上皮细胞从绒毛顶端脱落,黏膜上皮的纹状缘出现许多微生物(图 1)。盲肠扁桃体黏膜、法氏囊黏膜和泄殖孔也会出现微生物。法氏囊黏膜上皮细胞增生,伴有异嗜性粒细胞浸润。

2. 呼吸道隐孢子虫病导致结膜、鼻窦、鼻甲、气管、支气管、气囊等感染的黏膜表面有灰色或白色的黏液样分泌物。火鸡会出现眶下窦明显扩张。感染的肺可能会出现灰色和实变。

### 诊断

1. 多数隐孢子虫病的病例是在活检或尸体剖检样品的组织学检查时发现的。微生物在 HE 染色中嗜碱,直径 2~4 $\mu m$。紧密地附着在黏膜的纹状缘。

2. 细胞学检测可确认诊断。在黏膜表面压片并用相差显微镜或干涉相差显微镜检查。也可风干后用石炭酸品红染色或吉姆萨染色。与酵母区分需用吉姆萨染色。

3. 漂浮法从粪便中鉴定卵囊,包括:Sheather's蔗糖溶液、硫酸锌(33%饱和)和氯化钠(36%饱和)。卵囊直径 4 μm,有厚的细胞壁,突出的残余体,较小的圆形密集体和弯曲的孢子体。

4. 与呼吸系统隐孢子虫病同时发生的呼吸道病原包括:埃希氏大肠杆菌、多杀性巴氏杆菌、新城疫病毒、腺病毒、传染性支气管炎病毒和呼肠孤病毒。

5. 多数有法氏囊隐孢子虫的肉鸡有传染性法氏囊病,但不是引起疾病的必要条件。在其他禽鸟宿主中,与隐孢子虫病伴发的疾病有:沙门氏菌病、念珠菌病、火鸡病毒性肝炎、肠道呼肠孤病毒感染和其他寄生虫。

## 防控

1. 从环境中减少或清除卵囊是控制隐孢子虫病传播的主要方法。

2. 严格的清洁然后用蒸汽或高压灭菌法破坏卵囊从而阻断感染周期是必要的。多数消毒剂不可阻止卵囊的活动,10%福尔马林或5%的氨水作用至少 18 h 以上可降低卵囊的活性。未稀释的商品化漂白剂也有效。

## 治疗

1. 在哺乳动物用于球虫和其他原虫病的药物对隐孢子虫病是无效的。治疗药物对降低临床疾病的严重程度和干预微生物的复制都效果甚微。

2. 对动物个体的支持疗法是可以考虑的,但群体动物会持续排出感染微生物,传染群体内、笼内或养殖场内的其他动物。治疗和控制伴发或继发感染以减少死亡率。

## B 肉孢子虫(Sarcosporidia)

### 定义

Lankeste 在 1982 年第一次报道了肉孢子虫属(Sarcocystis)的几个种引起的寄生感染。肉孢子虫分布于世界范围,但在家禽很少有报道。野生水禽和雀形目发生率较高,如:鹩哥。在家禽没有经济损失严重的疾病,但是广泛发生在野鸭和猎禽。尽管没有公共健康危险,因为寄生物在烹调和冰冻时即被杀死。多数得病的尸体由于感觉不好的原因都被丢弃了。

### 流行病学

1. 肉孢子虫属至少有 5 个种已被确认。认为霍氏肉孢子虫(S. horwathi)是鸡的病原(也叫作鸡肉孢子虫 S. gallinarum)。在鸭体内发现鸭肉孢子虫(S. anatina)和瑞氏肉孢子虫(S. rileyi)(瑞氏巴尔比亚尼虫 Balbiani rileyi)。

2. 所有种类的肉孢子虫都有类似的发育阶段并两个宿主。肉孢子虫在心肌、平滑肌和横纹肌组织被终末宿主吃掉,释放囊殖子,它穿过肠壁,在上皮下的组织中发育。在粪便中形成并排出完全孢子化的卵囊。当孢子囊被中间宿主采食,它们在各种器官的内皮细胞内经过一系列的无性生殖周期。最终释放裂殖子,侵入肌肉组织,最终发育为肉眼可见的住肉孢子虫囊(1.0~6.5)mm×(0.48~1.0)mm。每个包含着数个香蕉样的囊殖子[缓殖子(2~3)μm×(8~15)μm]。

### 诊断

通常根据肉眼病变,即在肌肉组织中出现大的、苍白的住肉孢子虫包囊(图 1),与肌纤维平行排列。组织学上可以确诊。

# 鸡球虫

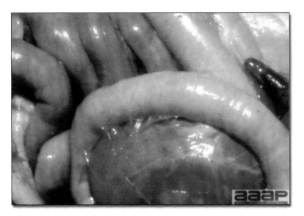

**图 1**
堆型艾美耳球虫。

**图 2**
堆型艾美耳球虫，空肠黏膜可见灰白相间的横向条纹。

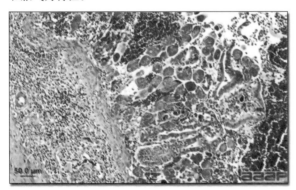

**图 3**
严重的毒害艾美耳球虫，感染通常在中段肠道，并以出血和胀气为特征。

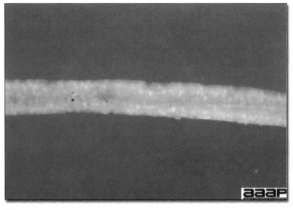

**图 4**
毒害艾美耳球虫，肠的胀气和膨胀。

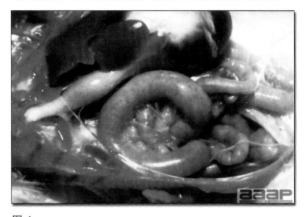

**图 5**
毒害艾美耳球虫，小肠中段大裂殖体明显。

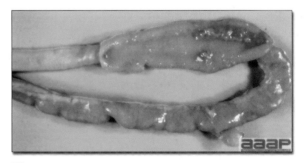

**图 6**
温和的巨型艾美耳球虫感染，浆膜表面有许多红色瘀血点，小肠中包含着橘红色黏液。

# 鸡球虫

图 7
布氏艾美耳球虫。

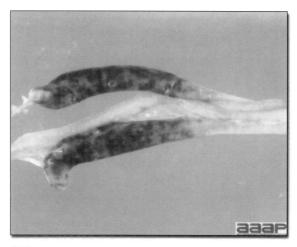

图 8
柔嫩艾美耳球虫：通过盲肠壁可见血液。

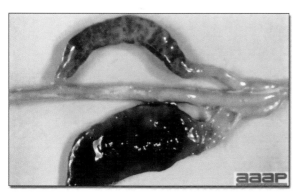

图 9
严重的柔嫩艾美耳球虫感染，盲肠由于充血而膨胀。

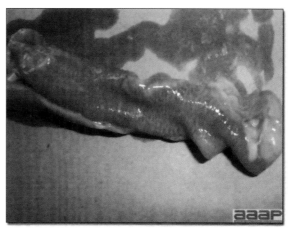

图 10
变位艾美耳球虫。

# 火鸡球虫

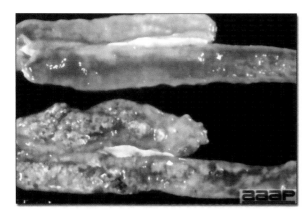

图 11
小火鸡艾美耳球虫。

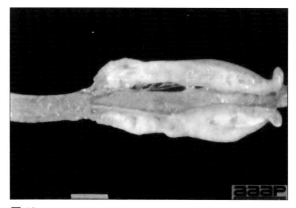

图 12
腺艾美耳球虫。

# 组织滴虫病

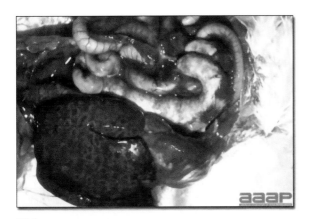

**图 1**
肝炎和盲肠炎。

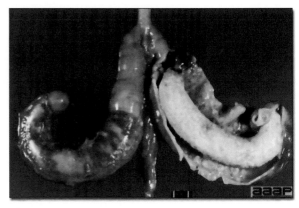

**图 2**
盲肠芯。

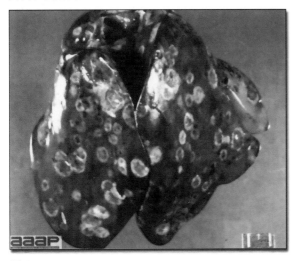

**图 3**
肝炎：典型的不规则圆形，凹陷，靶样病变。

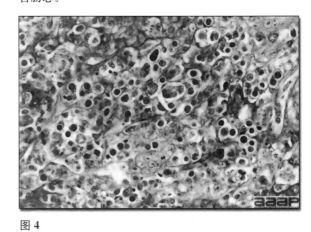

**图 4**
肝脏组织滴虫的组织学形态。

# 毛滴虫病

**图 1**
上消化道的团块入侵软组织。

**图 2**
口腔、咽、食管和嗉囊的广泛性病变。

# 隐孢子虫病

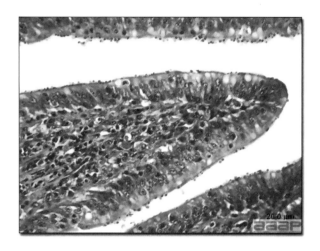

图 1
存在于黏膜上皮纹状缘的微生物组织学形态。

# 肉孢子虫

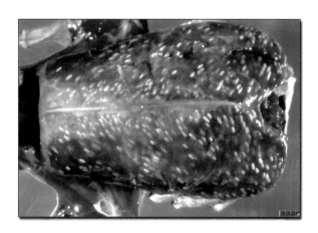

图 1
存在于肌肉组织的大的、白色肉孢子虫。

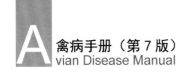
### 家禽的常见内寄生虫

| 寄生虫 | 常用名 | 描述 | 生活周期 | 感染部位 | 病理变化/临床症状 | 注释 |
|---|---|---|---|---|---|---|
| 尖旋尾线虫属 | 眼蠕虫 | 2 cm 线虫 | 间接或直接蟑螂是某些种的中间宿主。 | | 结膜炎，眼炎，瞬膜突出，眼睑粘连 | 所有类型的家禽和野鸟 |
| 气管比翼线虫 | 呵欠虫 | 2 cm 长的红色线虫，外表分叉，雌雄永久交配 | 间接或直接，蚯蚓、蛞蝓、蜗牛是许多种的中间宿主 | 器官和可能有大的支气管 | 气喘，张口，呼吸困难并摇头 | 所有种类的家禽可发病。一般较难治疗。Cyafrostoma 支气管可导致家鹅气喘 |
| 毛细线虫、环纹线虫、弯曲或嗉囊筒线虫 | 嗉囊蠕虫 | 细，线样线虫，60 mm 长 | 直接 | 嗉囊或嗉囊和食管 | 感染组织增厚，红肿。导致营养不良，消瘦和严重贫血 | 所有种类的家禽可发病。肉眼观察困难，最好在黏膜刮片中确认 |
| 胆道蛔虫 | 圆线虫 | 大的，粗的，黄白色线虫 | 直接，被昆虫吞食的卵保留着感染性 | 小肠腔 | 体重减少，潜在的肠道阻塞和失血 | 感染鸡、火鸡、鸽子、鸭和鹅。家禽大于3月龄形成免疫抗性。与报道的火鸡蛔虫及在家鸽和鸽子报道的鸽蛔虫相似 |
| 毛细线虫属多个种 | 肠道蠕虫 | 像发丝样的线虫，6~25 mm 长 | 直接或间接，蚯蚓为中间宿主 | 小肠和盲肠黏膜 | 挤在一起，消瘦，腹泻，出血性小肠炎，或死亡。前段肠增厚并有卡他性分泌物 | 许多种类家禽发病。 |
| 咽饰带线虫属各个种，四棱线虫属各个种，奇异线虫属多个种 | 前胃蠕虫 | 肉眼可见，3~18 mm 长线虫 | 间接。蚱蜢、蟑螂是中间宿主 | 前胃黏膜和腺体 | 腹泻，消瘦和贫血。黏膜溃疡，坏疽，出血，肿胀 | 家禽和其他鸟类发病 |
| 头饰带线虫属裂口线虫属 | 砂囊（肌胃）蠕虫 | 宽的线虫，25 mm 长 | 间接。蚱蜢、甲虫、象鼻虫、砂蚕是中间宿主 | 在胃黏膜的深面 | 肌胃的肌肉壁可能为囊状或破裂。黏膜溃疡，坏死或脱落 | 很多家禽种类 |
| 鸡异刺线虫 | 盲肠蠕虫 | 小白线虫，15 mm 长 | 直接，卵在孵化并生活数月的地方可能被蚯蚓采食 | 多数在盲肠顶端 | 明显的炎症和增厚，盲肠壁结节。可见肝脏肉芽肿 | 感染许多家禽种类。携带黑头粉刺组织滴虫（黑头粉刺） |
| 绦虫 瑞立属多个种 | 绦虫 | 扁平，带状，分体节的。通常肉眼可见 | 间接，许多无脊椎中间宿主、苍蝇、蜗牛、甲虫、蚯蚓、甲壳纲 | 肠 | 在附着部位的小病变，与感染程度成比例的肠炎 | 通常感染确定的宿主，但没有宿主特异性 |
| 吸虫 | 皮肤吸虫 | 半球形，形状扁平，5.5 mm 长 | 需要软体动物的中间宿主，并可以有第二宿主 | 皮肤，通常靠近泄殖孔 | 形成皮肤囊肿，经常在泄殖孔处有2个吸虫 | 没有宿主特异性。感染家禽和野鸟。其他吸虫可能侵入输卵管、消化器官、肾、循环系统器官、眼 |

（匡宇，译；赵鑫静，校）

# 营养性疾病

## NUTRITIONAL DISEASES

由 Dr. H. L. Shivaprasad 修订

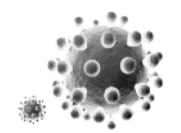
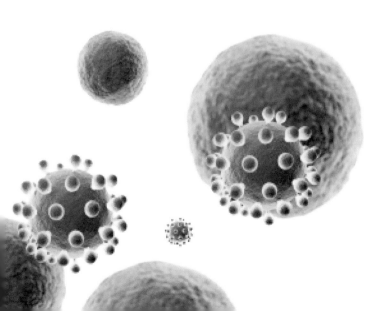

禽病手册（第7版）
Avian Disease Manual

## 简介

营养物质（包括氨基酸、碳水化合物、脂肪、维生素、无机盐、能量、水和氧气）的供给是家禽正常的生长发育、存活、生产和繁殖所必需的。这些营养物质在饲料中应该有适当的含量和平衡才是有效的。对于生长雏鸡、火鸡雏鸡、产蛋母鸡、肉鸡和火鸡的饲养，其营养物质的需要量已经得到很好的确立。

很多因素都可以引起禽鸟的营养性疾病，了解这些因素对采取纠正措施十分必要。这些因素包括人为过失，如：漏加一种原料，两种或更多种维生素（水溶性和脂溶性）成分的缺乏，饲料混合不当，储存不当，饲料配方错误，以及错误饲喂了与禽鸟品种、性别或年龄不匹配的饲料。其他引起营养性疾病的重要因素包括饲料原料营养价值低、营养物质和矿物质相互作用、饲料保质期短以及饲料不足。由于细菌、病毒、寄生虫和其他原因引起禽鸟健康状况不佳，会导致厌食、吞咽困难、消化不良、吸收不良、存储或利用率降低、排泄或分泌增加，需

求增加，也会引起营养不良。

家禽营养不良会导致一般性的或特定的疾病。特定的疾病很容易诊断和治疗，如：脑软化或佝偻病。但一般性的或亚临床症状的诸如体重减轻或生长迟缓这样的症状，由轻度营养不良导致，诊断和治疗都很困难。后者在实际中可能比了解得更为普遍。营养不良也会抑制免疫系统，降低繁殖性能，减少体重增重，导致羽毛生长问题以及降低对治疗药物的反应性。

家禽营养不良的诊断通常可以基于病史，如最近饲料的变化、临床症状、肉眼和镜下的病理变化、饲料分析（如果可以的话），对禽鸟肝脏和血清进行血清生化、X 光照相分析，饲料中过氧化氢水平检测指示饲料酸败程度。对可疑饲料进行喂养试验，但费时、昂贵，试验结果常常不尽人意。治疗是疾病诊断的另一个可选择的做法，例如，由于核黄素（维生素 $B_2$）缺乏造成的曲趾瘫痪，如果疾病及时得到诊断和治疗，禽鸟会对补充核黄素或多种维生素 B 产生反应。

# 维生素缺乏症
## （VITAMIN DEFICIENCIES）

鸡对维生素缺乏特别敏感,因为它们很少或不能从消化道获得微生物合成的维生素。禽鸟增长快速,在现代管理条件下饲养,容易出现各种应激反应。饲料运输或存放的时间不同,温度不同,产生氧化应激,这些都有可能造成营养物质的丢失。由于上述原因,根据国家研究中心(NRC)建立的理想条件下预防临床症状所需维生素的最低标准,在商品化日粮中增加维生素水平以确保生长和表现达到最佳。

禽鸟如果一段时间内获得的维生素低于需求水平,会以不同速度产生典型缺乏的病理变化,这取决于年龄、由种母鸡得到的维生素的量,以及维生素存储量等因素。例如,雏鸡会迅速出现临床症状,小的鸡胚为最敏感的模型。水溶性维生素缺乏最易发现,如维生素 B,因为它没有任何储存,甚至过量会从尿液排出,而脂溶性维生素缺乏需要更长时间才出现,因为在年长禽鸟的脂肪组织和肝脏储存有脂溶性维生素。

目前通常的做法是饲喂含维生素和矿物质的复合性预混饲料,因此我们很少能见到典型的个体维生素缺乏症状,如下描述的是某个体漏掉未吃混合饲料的情况。通常看到的是整体预混料处置不当,结果是出现一系列复杂的临床症状。

## 生物素缺乏症
### （BIOTIN DEFICIENCY）

### 定义

生物素(维生素 H)在家禽饲料中较为常见。然而,最近的情况是某些生物素可能具生物不可利用性。火鸡似乎比鸡对生物素缺乏症更敏感。

### 相关疾病

生物素作为羧化酶的辅酶参与脂类和碳水化合物代谢。生物素缺乏的最初症状与细胞增殖减弱有关。

### 1. 皮炎

生物素缺乏引起喙与眼周围(图 1)以及趾与腿部(图 2)的渗出性皮炎,需要与泛酸缺乏症进行鉴别。在火鸡,发生皮炎和趾垫开裂(趾垫皮炎),可随即转化为软骨营养障碍。

图 1
喙周围的渗出性皮炎。

图 2
趾部渗出性皮炎。

### 2. 软骨营养障碍（旧名：锰缺乏症）

骺软骨板障碍,长骨比正常短,是生长期的鸡和火鸡生物素缺乏的一个症状。因为生物素可影响骨的重建,在腿可能会形成内翻畸形。

### 3. 脂肪肝和脂肪肾

脂肪肝和脂肪肾综合征是肉鸡对生物素的反应性疾病。雏鸡表现为生长抑制、低血糖、非血浆脂肪酸升高，并且在肝脏和脂肪组织中脂肪酸 C 16：1 对 C 18：0 的比值升高。尸检可见肝脏和肾脏苍白，脂肪积累。研究表明，生物素缺乏可能降低含生物素的丙酮酸脱羧酶的活性，从而使葡萄糖异生作用减弱，导致丙酮酸盐向脂肪酸的转化增加。

### 4. 脂肪肝综合征

在蛋鸡的脂肪肝综合征中，生物素也可能是一个复杂的因素。

### 5. 胚胎异常和孵化率降低

生物素是胚胎发育必需的物质。缺乏生物素母鸡的胚鸡表现为鹦鹉嘴、软骨营养障碍、小肢和并趾。胚胎死亡有两个高峰期：一个是在孵化的第 1 周，另一个是在孵化期的最后 3 天。

## 治疗

水溶性维生素是很容易摄取的，可以按需要添加。为了避免生物素缺乏，多数雏鸟和生长禽鸟的供给量为每千克体重 0.1～0.3 ng 生物素。

## 核黄素缺乏症
### (RIBOFLAVIN DEFICIENCY)

[维生素 B$_2$ 缺乏 (Vitamin B$_2$ Deficiency)；鸡麻痹性弯趾病 (Curled Toe Paralysis)]

## 定义

生长雏鸡、小火鸡和幼鸭需要按比例补充核黄素，因为家禽饲料中不含大量核黄素。

## 临床症状

核黄素在所有动物的生长和组织修复中是必不可少的。如果缺乏，许多组织都可能受到影响。最为严重的病变常见于上皮和各种神经纤维的髓鞘。

#### 雏鸡

其特征性临床症状为"曲趾"瘫痪，由坐骨神经病变引起；但如果明显缺乏或严重缺乏，雏鸡则会在出现曲趾瘫痪症状之前死亡。在轻微病例，雏鸡会借助跗关节栖息，脚趾仅略有屈曲（图 1）或根本不屈曲。在中度病例，雏鸡腿部明显软弱，一侧或双侧脚趾明显卷曲。在严重病例，雏鸡脚趾完全向内或向下卷曲（图 2），腿部严重无力，雏鸡借助翅膀通过跗关节行走（"翼行走"）。在休息时，翅膀会下垂。腿部肌肉萎缩，皮肤干燥、粗糙。其他症状包括发育迟缓，8～10 天后出现腹泻，在发病 3 周时出现高死亡率。雏鸡羽毛生长通常没有受到影响。

#### 小火鸡

皮炎，大约 8 天后导致在眼睑和嘴角处结痂。泄殖孔表面形成外壳，发炎，并伴有破溃。其他临床症状与雏鸡类似。约在 17 天生长迟缓或完全停止。在 21 天左右发生死亡。

#### 幼鸭

幼鸭和幼鹅通常会腹泻，生长发育障碍，腿部弯曲并伴有软骨发育异常。

#### 蛋鸡

核黄素缺乏会导致产蛋量下降和孵化率降低，大致与缺乏程度成正比，伴有肝脏增大并脂肪含量增加。

#### 胚胎

典型的核黄素缺乏，胚胎死亡高峰期出现在孵化的第 4、14 和 20 天。如果缺乏更加严重，则死亡高峰期会更为提前。在严重的情况下，由于循环衰竭使胚胎在 4 天发生死亡。中度缺乏，胚胎在孵化的第 14 天死亡，伴有四肢缩短，下颌骨畸形，可能水肿，绒毛不完整。但未能在饲喂缺乏核黄素日粮的肉种鸡的后代上复制典型结节状绒毛。结节状绒毛是由于绒羽不能突破毛鞘所致，可能发生在晚期胚胎或刚孵出的小鸡的颈部和泄殖孔周围区域。核黄素在临界值时，死亡将延迟，可见尖声鸣叫的侏儒雏鸡以结节状绒毛为主要症状。

## 病理变化

年轻家禽核黄素缺乏会在主要的外周神经干产生特异性的病理变化。可能会有明显的坐骨神经和臂神经丛水肿和软化，并纹理消失（图 3）。可见髓鞘变性、施万细胞增殖和轴索变形碎片化（图 4）。也可观察到胸腺小叶的充血和提前萎缩。

## 治疗

如果在疾病发生的早期，治疗可以显著改善和缓解临床症状。水溶性维生素容易获取，如果需要可以加入水中饮用。但时间过长会产生不可逆性损伤。

# 核黄素缺乏症

图 1
小火鸡核黄素缺乏造成脚趾弯曲。

图 3
坐骨神经肿胀伴随纹理消失。

图 2
严重的核黄素缺乏症。

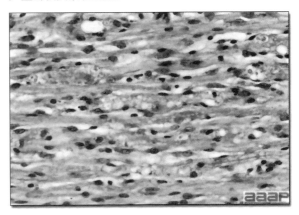

图 4
髓鞘变性，施万细胞增殖和轴索变形碎片化。

## 维生素 A 缺乏症
### （VITAMIN A DEFICIENCY）

### 发病

维生素 A 缺乏症大多暴发于年轻的禽鸟，通常是 1～7 周龄的雏鸡或火鸡雏鸡。其他病例发生在小母鸡或母鸡。因为由小规模的、家庭饲养的鸡群的日粮配制最容易造成缺乏，大多数发病也常常见于这些鸡群。维生素 A 缺乏症也可以发生在商品化饲养的鸡群。

### 病原学

1. 多数家禽日粮中含有一些苜蓿粉或新的黄玉米，这是维生素 A 前体类胡萝卜素的两个最佳来源，它很容易在肠黏膜相关酶的作用下转化为维生素 A。如果日粮中不包含苜蓿粉，或玉米储存时间较长，可能会降低日粮中维生素 A 的含量，除非补充添加维生素 A，天然鱼油富含维生素 A。

2. 由缺乏维生素 A 的蛋孵化出的禽鸟体内维生素 A 储备非常低。出壳后如果日粮缺乏维生素 A，它们很快就会患维生素 A 缺乏症。

3. 散养禽鸟可以从绿色植物中获取大量的维生素 A，但是笼养期间禽鸟没有这一来源的维生素 A，如果配方日粮不包含其他来源的维生素 A，将很快形成维生素 A 缺乏症。

4. 由于维生素 A 是一种脂溶性维生素，如果在饲料中的脂肪已发生变质，对维生素 A 的摄取会产生有害影响。

### 临床症状

维生素 A 参与很多生理活动：它在视觉、保持黏膜完整性和脑脊液压力方面起作用，这些是正常生长和繁殖所必需的。维生素 A 具有抗氧化剂作用，是一种光保护剂和抗癌药。

#### 刚孵出的禽鸟（雏鸡和火鸡雏鸡）

1. 按照储存于卵中的和饲料中维生素 A 的量，在 1～7 周出现症状。首先出现的是厌食，生长发育迟缓，继而嗜睡，轻度共济失调和死亡率增加。

2. 禽鸟通常在形成眼睛病变之前死亡，然而，在存活 1 周以上幼禽，眼睑发炎，鼻孔和眼睛可能出现干酪样渗出物（图 1）。

#### 成年禽鸟

1. 根据肝脏储备水平，2～5 个月后出现严重缺乏维生素 A 的症状。身体憔悴，产蛋量下降，孵化率降低并可见胚胎死亡。

2. 分散栖息的禽鸟的眼睛或鼻窦出现炎症，眼睛和鼻窦可能会肿大。结膜囊内有黏液样或干酪样渗出物积聚，结膜囊可能会扩张。鼻和眼有分泌物，所以业主经常会报告为禽鸟"感冒"了。

### 病理变化

1. 在雏鸡，眼睑出现炎症反应，经常被黏性渗出物粘连。可有过多的尿酸盐沉积在输尿管、肾的集合管和法氏囊。

2. 在蛋鸡的口腔、咽、食道黏膜出现 1～3 mm 白色脓疱样病变（图 2），有时会波及嗉囊（图 3）。鼻道经常出现黏液样渗出物。结膜囊和鼻窦充满黏液样或干酪样渗出，可能严重肿胀。气管黏膜表面可能形成一薄层假膜。

3. 显微镜观察可见最初的上皮被角质化上皮取代。上呼吸道和消化道中的分泌腺和腺上皮有鳞状上皮细胞化生，阻塞黏液腺导管，进而导致腺体内因坏死物质而肿胀（图 4）。

### 诊断

1. 仔细研究日粮的配方以诊断维生素 A 缺乏的可能性。不仅要考虑配合日粮的组成成分，而且也应该考虑这些成分的质量。配给量的分析是昂贵和耗时的，并且可能会产生误判，除非所检测样品是确实有代表性的。

2. 症状和病变可提示维生素 A 缺乏症。显微镜观察鼻腔鳞状上皮细胞化生可以辅助诊断。

3. 肝脏的维生素 A 水平低通常指示维生素 A 缺乏。

4. 眶下窦肿胀和结膜囊渗出物也可能发生在家禽的其他疾病。鉴别诊断应考虑鸡传染性鼻炎，慢性禽霍乱，火鸡传染性鼻窦炎和火鸡、鸭、鹅、鹌鹑的流感。

### 防控

1. 饲喂含有适量维生素 A 的日粮很容易进行预防（肉鸡和火鸡：7 000～12 500 U. I. /kg，种鸡最高推荐量：10 000～14 000 U. I. /kg）。

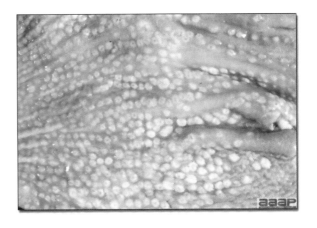

2.避免配合饲料或饲料原材料的长期储存。购买或配备相对少量的饲料。

3.当饲料中维生素 A 的剂量正常时添加化学抗氧化剂约两周时间。然后饲喂平衡制剂以保护维生素 A 的成分或加入正常水平的固定比例的维生素 A。

## 治疗

通过在患病禽群的饮用水中添加充足的有水分散性的维生素 A,或者在日量中补充适量有稳定性的维生素 A 2～4 次。

**图 3**
嗉囊中肿胀、坚实的黏膜腺体,形成小的白色结节。

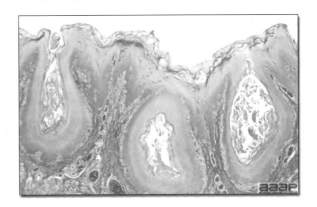

**图 4**
鳞状上皮化生。

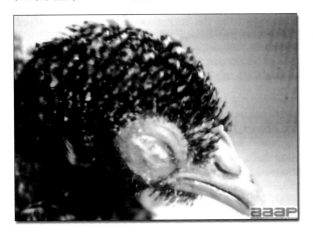

**图 1**
眼睑下干酪样渗出物。

**图 2**
食管肿胀、坚实的黏膜腺体,类似脓疱样。

# 维生素 E 缺乏症
## （VITAMIN E DEFICIENCY）

## 定义

家禽维生素 E 缺乏有三种明显的失调症状（综合征）。每一种症状通常单独发生，偶尔合并发生。这三种失调症状是：

1. 脑软化症（雏鸡癫狂病）。
2. 渗出性素质。
3. 肌营养不良症。

虽然这些综合征在一定程度上与维生素 E 缺乏症相关，但每一种症状都可以通过改变与日粮中维生素 E 成分无关的食谱来预防。可以与合成抗氧化剂、硒和含硫氨基酸共同添加，特别是在预防渗出性素质和肌营养不良症方面。

## 发病

维生素 E 缺乏通常出现在雏鸡和火鸡雏鸡，也可发生于雏鸭，以及其他家禽。维生素 E 缺乏通常发生于封闭饲养的禽鸟，即这些禽鸟只能采食供给它们的食物。此病多发于饲喂多元不饱和脂肪含量较高（例如，鳕鱼肝油，大豆油等）、氧化或变味的禽鸟。维生素 E 是非常不稳定的，易被食物中的矿物质或多元不饱和脂肪氧化破坏。

## 病原学

1. 维生素 E 和含硒的谷胱甘肽过氧化物酶能够防止由代谢产生的过氧化物和其他强氧化剂将细胞膜破坏。

2. 有证据表明，维生素 E、硒和含硫氨基酸可以单独发挥作用，但也能协同作用，以防止组织中有害的过氧化物的积累，部分过氧化物从饲料中的多元不饱和酸衍生而来。

3. 在考虑病因时应注意下列情况：

A. 脑软化可以通过在饲料中添加合成抗氧化剂来预防。

B. 渗出素质可以通过在饲料中添加硒来预防。

C. 肌营养不良症可以通过在饲料中加入半胱氨酸、含硫氨基酸来预防。

## 临床症状

维生素 E 涉及多种代谢功能，但多数为天然抗氧化剂的作用。

### 脑软化症

症状与中枢神经系统病变有关，包括共济失调、身体失衡、向后摔倒并拍打翅膀、突然衰竭、两腿向一侧伸直、脚趾弯曲、头缩回（图 1）。禽鸟出现临床症状，往往继续采食。通常出生后第 15～30 天出现病症，但是最早可能在 7 日龄，最迟在 56 日龄发生。

### 渗出性素质

毛细血管通透性增加造成严重水肿。这种水肿位于胸部和腹部的腹侧，也可能在颌下。严重水肿的禽鸟可能行走困难，由于皮下积液积累到腹部，导致双腿分开站立。

### 肌营养不良症

症状通常不明显，但运动可能有问题。

## 病变

### 脑软化症

肿胀的小脑常呈现黄色或充血、出血或表面可见的坏死区域（图 2）。患有脑软化症的火鸡雏鸡的小脑肿胀和出血十分明显。病变较少发生于大脑。病变经福尔马林固定几个小时后更明显。在显微镜下可见火鸡腰段脊髓灰质软化。

### 渗出性素质

在胸腹部皮下组织和皮肤出现绿蓝色血样黏性水肿（图 3）。偶尔也出现同一只禽鸟胸部或腿部肌肉营养不良。心包因积液扩张是禽鸟猝死的原因（图 4）。

### 肌营养不良症

雏鸡白色至黄色的肌纤维变性使得胸部或腿部骨骼肌呈现条纹状（图 5）。小火鸡肌胃的肌肉组织可能会出现肌肉变性的灰色区域（图 6）。

## 诊断

1. 通常可根据典型症状和肉眼病变诊断。

2. 检测和分析日粮可以判定饲料酸败程度或维生素 E 和/或硒是否缺乏。饲料中维生素 E 的活性分析耗时而且昂贵，因此应谨慎提交真正有代表性的样本。肝脏也可以进行维生素 E 和硒的分析。储存温度和持续时间对评估维生素 E 的品质非常重要。

3.肉眼和显微镜检查典型病变对确认疑似维生素 E 缺乏十分有价值,特别是脑软化症或肌营养不良症。

## 防控

1.饲料混合的时间间隔要短。使用高品质的原材料。混合饲料的储存时间避免超过 4 周。如果长时间储存需要添加化学性抗氧化剂。

2.在饲料中定量使用稳定的脂肪。

3.饲料储存在阴凉、干燥的地方,以减少维生素和其他质量损失。

4.个人生产饲料应避免混合不当。大多知名的商品化配制饲料比无计划的自混料的品质高。

## 治疗

1.饲料中推荐的维生素 E 剂量为 30～150 mg/kg,如果储存时间较长或环境温度较高,应在饲料中添加抗氧化剂(每 1 000 kg 饲料加 0.25 kg 2,6 -二叔丁基对甲苯酚(BHT)或甲氯喹啉)。而最新的维生素是包装好的,更耐热、耐湿和易于存储。在肉鸡和火鸡的饲料中,硒的推荐剂量为 0.3 ppm。0～3 周龄的雏鸡和 0～6 周龄的火鸡接受剂量减半的禽鸟更容易得到有机硒。

2.每只禽鸟口服维生素 E 300 IU 可治愈渗出性素质和肌营养不良症。患有脑软化症的禽鸟对治疗的反映较差。

# 维生素 E 缺乏症

图 1
雏鸡局部麻痹或瘫痪。

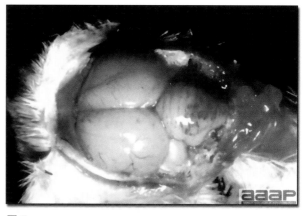

图 2
小脑出血。

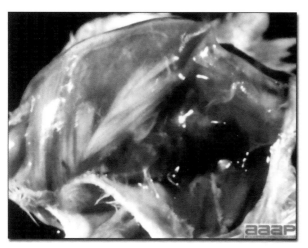

图 3
渗出性素质：皮下组织水肿。

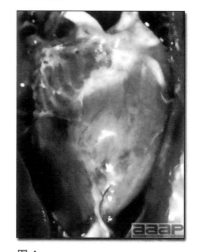

图 4
心包积液胀而扩张。

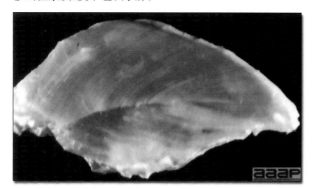

图 5
肌纤维变性的营养性肌病。

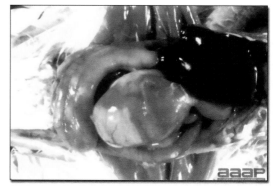

图 6
肌胃肌肉变性。

# 其他的营养疾病

## （Other nutritional diseases）

## 佝偻病

### （RICKETS）

### 定义

缺乏维生素 $D_3$ 和磷，或饲料中钙磷比例严重失衡都会导致家禽患佝偻病。软骨病这个术语也用来形容有相似状况的蛋鸡。

### 发病

雏鸡和几周龄大的小鸡最常出现维生素 $D_3$ 和磷缺乏症状。钙不足通常会影响同龄禽鸟或成年蛋鸡。小规模饲养并饲喂配方粗糙日粮的家禽较为频繁地出现佝偻病。大多数商品化饲料都经过精心配合而成，富含必需营养物质。佝偻病在患传染性发育不良或吸收不良综合征的鸡群中，发病率增加。

### 病原学

1.维生素 D 有多种类型，然而只有胆钙化醇或维生素 $D_3$ 是 1,25 -二羟胆钙化醇的前体。1,25 -二羟胆钙化醇作为一种激素，能促进钙、磷通过主动运输穿过肠道上皮细胞，形成骨骼以及蛋壳。运输钙的作用，随着钙磷比例的变大或变小，致使机体对维生素 $D_3$ 的需求增加。

2.尽管缺磷可导致佝偻病，大多数佝偻病是由维生素 $D_3$ 不足而引起的。有时也会出现误将维生素 $D_2$ 代替 $D_3$ 来饲喂家禽的情况。

3.生长迅速的年轻鸡或火鸡因吸收不良或肠道疾病而影响营养吸收，即使在磷、维生素 $D_3$ 足够的情况下也可能患佝偻病。相比其他原因，日粮的吸收不良或营养物质利用不佳是导致佝偻病的第二大原因。

4.缺钙的蛋鸡可能会患笼养蛋鸡疲劳症(到 30 周龄)或骨折(老母鸡)。

### 临床症状

1.在年轻生长的禽群中，受佝偻病影响的鸡会逐渐发展成瘫腿、僵硬步态，阻碍了生长发育。很可能会发展为长骨末端增大，尤以跗关节较明显。鸟类经常处于蜷伏状。

2.蛋鸡经历薄壳和软壳蛋的数量增加之后很快产蛋量下降。

3.患有笼养疲劳症的蛋鸡会两腿伸展或屈膝侧卧于笼中，或蹲伏在笼中一角。

### 病变

1.幼年禽鸟的骨、喙和爪柔软并有弹性，长骨的骨骺经常会肿大。有特征性的肋骨串珠，与脊柱的结合处最为明显。肋骨增厚，容易弯曲，致使胸表面变平。喙变软，具有弹性，容易弯曲或活动(图 1)。甲状旁腺常明显肿大。

2.红色或黄褐色等有色品种的鸡，通常羽毛发育不良并有不正常的黑色条带。

3.蛋鸡的骨质疏松且易折断，肋骨可为串珠状(图 2)，甲状旁腺肿大(图 3)。

### 诊断

1.年轻禽鸟的年龄、症状和病理变化都可用于诊断。软化的喙和肋骨串珠是特征性的病理指标。

2.认真计算日粮中的钙磷比和维生素 $D_3$ 水平，可发现其是否缺乏或配比不平衡。可以做日粮中矿物质和 $D_3$ 的化学分析，但是价格昂贵并耗费时间。单一样品对日粮没有代表性，广泛抽样检测依据科学更为可取。

### 防控

1.饲喂钙、磷和维生素 $D_3$ 含量足够的平衡日粮。日粮应精心混合配制，以适应不同年龄、用途和产品的禽群,同时满足鸡群生产需要。注意家禽所必需的维生素 $D_3$ 的结构不同于饲喂其他家畜的维生素 $D_2$。水合鱼肝油丸是1,25-二羟胆钙化醇的一种商品化形式,可以单独或结合维生素 $D_3$ 一同饲喂禽鸟。

2.推荐的钙磷比例如下:

肉鸡:(1.35～1.5):1

火鸡(0到6周龄):1.5:1

火鸡(生长末期):(1.35～1.5):1

商品化蛋鸡:(5.8～7):1(根据产蛋周期调整变化)

种鸡:(4.5～5.5):1

## 治疗

1.调整日粮,要与禽群的年龄和生产水平相符

合。如果日粮缺乏维生素 $D_3$,在2～3周的时间内给予正常剂量3倍的维生素 $D_3$,然后回到正常推荐量的平衡日粮。维生素 $D_3$ 液也可治疗禽鸟。

2.钙不足、瘫痪或产蛋下降的家禽可以在几天内每天摄入1 g的碳酸钙胶囊。如果患病蛋鸡是笼养的,应将其释放出来,在地面上圈养,直到完全恢复。

3.如果舍饲的禽鸟缺乏维生素 $D_3$,将它们放出来圈养,或暴露在阳光下比较有效。

4.把患笼养蛋鸡疲劳症的母鸡在跛行早期从笼里放出来,可以恢复。

**图1**
橡胶喙。

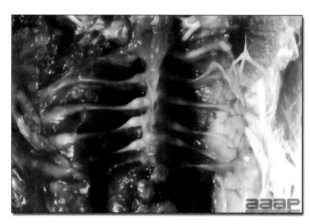

**图3**
甲状旁腺肿大。

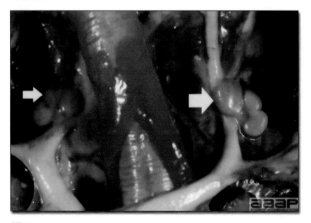

**图2**
肋骨串珠。

# 脂肪肝出血综合征
## （FATTY LIVER – HEMORRHAGICS YNDROME）

［FLHS,脂肪肝综合征(Fatty Liver Syn-
drome)］

## 发病

脂肪肝出血综合征(FLHS)是一种遍布全球的偶发性疾病,主要出现于笼养蛋鸡。疾病最常在高温天气下,高产鸡群内暴发。

## 历史资料

脂肪肝综合征首次报道于1956年,并很快被很多其他诊断人员观察到。蛋鸡的笼养伴发此症状。有关综合征的致病原因有很多猜测。1972年,通过强制饲喂母鸡实验性地复制出综合征。其病变与自然发病的病变非常相似。该病的发生与多种因素有关。

## 病原学

1.过度摄入高能量食物同时限制活动会导致过量脂肪在肝脏沉积。

2.脂肪肝出血综合征致病因素可能包含遗传因素。

3.综合征可能是由于一种肝脏脂肪代谢必需的抗脂肪增多因子的缺乏引起的。

4.蛋鸡饲料中的黄曲霉对综合征的形成起着重要作用,它能够使肝脏中脂肪含量增加近20%。

5.脂肪肝出血综合征通常与蛋鸡疲乏症同时发生。

## 临床症状

脂肪肝出血综合征暴发通常伴随着突发的产蛋量下降(从78%～85%到45%～55%)。鸡群可能整体性肥胖(体重超过正常值25%～30%)。一些鸡出现鸡冠和肉髯苍白,覆盖片状表皮。死亡率中度上升,满负荷产蛋鸡偶发毫无征兆的死亡。死亡母鸡通常头部苍白。死亡率一般不超过5%。

## 病理变化

肝被膜下出血和肝实质破裂可导致死亡禽鸟在腹部有较大的血凝块,通常包裹着肝脏(图1),肝实质中可见被膜下血囊肿或血肿(图2)。肝脏通常肿大、苍白、黄染且易碎。肝脏中的脂肪含量通常超过干重的40%,甚至能达到70%,因此呈黄色。同一个鸡群中临床表现正常的鸡也可能出现肝脏血肿,可以为深红色(近期的)或绿色到棕色(久远的)。腹腔及内脏周围有大量脂肪。

## 治疗

目前除摄入了过量卡路里可导致脂肪肝出血综合征外,没有阐明其他饮食因素。降低产蛋母鸡肥胖目前是唯一有效的预防措施。然而,在产蛋期更换饲料可能导致更严重的生产损失。广泛使用各种抗脂肪肝因子,例如:维生素E、维生素$B_{12}$、生物素、蛋氨酸以及胆碱,产生的结果各不相同。减少热应激并将饲料中霉菌的生长减少到最低限度可能也有助于减少损失。饲喂特殊营养或营养配方来治疗脂肪肝出血综合征的效果是不确定的。

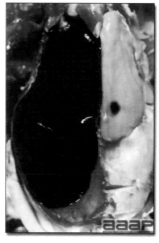

图1
肝被膜下出血伴随肝实质破裂。

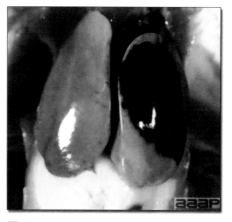

图2
肿大、苍白、黄染的肝脏伴随被膜下血囊肿。

（马云飞,译;赵继勋,张涛,匡宇,校）

203

# 其他杂病

## MISCELLANEOUS DISEASES

由 Dr. H. L. Shivaprasad 修订

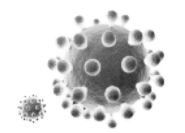

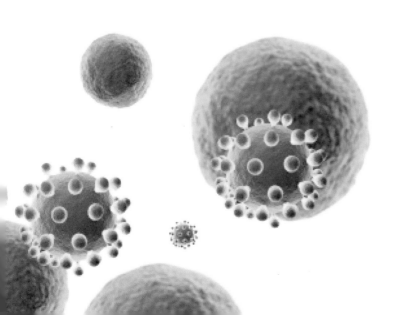

# 心血管疾病
## CARDIOVASCULAR DISEASE

### 鸡的心血管疾病
CARDIOVASCULAR DISEASE OF CHICKEN

## Ⅰ. 腹水或肺动脉高压综合征（ASCITES OR PULMONARY HYPERTENSION SYNDROME）

### 定义

继发肺动脉高压综合征（pulmonary hypertension syndrome，PHS）的腹水是肉鸡群中引起死亡的最重要因素之一。它与快速生长及高代谢率相关。

### 发病

全世界范围内快速生长的肉鸡群都会发生腹水。

### 历史资料

1968年，首次报道了一个饲养在高海拔地区肉鸡群的腹水症。然而，过去几年中饲养在低海拔地区的肉鸡由肺动脉高压综合征导致腹水的发生率也上升，这与基因和营养改善导致生长率和饲料转化率提高有一致性。

### 发病机理

已发现四种导致腹水的病理生理机制：血管静水压升高、胶体渗透压降低、毛细血管通透性增加，以及淋巴回流受阻。尽管报道多种化学毒物通过以上机制之一引起肉鸡腹水，快速生长的肉鸡腹水最常见的原因是血管静水压升高。

快速生长、高代谢率，以及相应的高需氧量增加了心脏的工作负担。以上因素与现代肉鸡肺部毛细血管容量不足共同加剧了肺动脉高压，进而加速右心室肥大。

右心室肥大伴随而来的是扩张和右心室衰竭，被动瘀血，然后产生腹水。由于其特殊的解剖结构，该过程在禽鸟是加速的。右房室瓣膜是一个下垂的肌肉瓣，即为右心室壁的延伸，右心室壁肥大会影响瓣膜贴附在室间隔对侧，静脉回流受阻，被动瘀血，产生腹水。

### 临床症状

临床发病的肉鸡比正常的鸡体型小、精神沉郁、羽毛粗乱。严重患病的禽鸟表现腹部膨胀，不愿走动，呼吸困难，同时发绀（图1）。

### 病理变化

1. 右心室肥大和扩张（图2）伴发或不伴发腹膜腔内草黄色腹水聚积（图3），广泛的被动瘀血是肺动脉高压综合征继发腹水的显著特征（图4）。

2. 鸡慢性肺动脉高压可能出现心包积水，腹水中蛋白凝固，以及肝脏纤维化（图5）。

3. 镜检病变显示广泛的被动瘀血。

### 诊断

肉眼可见病变可以诊断。

如果一个鸡群的死亡率异常高，查找肉鸡有效供氧降低（通风不足，海拔高，同时呼吸系统病变等），或者需氧量增加（快速生长，饲养温度低刺激代谢率）的原因。

也要考虑可能涉及腹水产生的其他病理机制，以及由钠、石炭酸复合物、煤焦油衍生物以及二噁英导致的毒性作用。

### 防控

可通过降低代谢率来降低需氧量从而减少腹水，如果其强度够大便可预防腹水。已有一系列使用或推荐的饲喂限制和光照程序。目的是要找到一个方案，既能维持饲料效率，又能降低代谢率，并且不延长出栏的时间。

## 治疗

没有治疗方法。

## Ⅱ. 肉鸡猝死综合征 ( SUDDEN DEATH SYNDROME OF CHICKENS )

### 定义

表面健康、快速生长的肉鸡，经短暂拍打翅膀，抽搐，然后突然死亡，以雄性为主。死鸡呈仰卧姿势(图1)。这是鸡群"正常死亡"的常见情况。

### 发病

这种病症在世界多数高密度肉鸡饲养地区发生，主要是1~8周龄的生长肉鸡。该病在鸡群中的发生率从0.5%到高于4%不等。60%~80%的发病鸡是雄性。

### 历史资料

这一综合征已发现了30年，曾经描述为急性死亡综合征，心力衰竭，突然翻转，身体状况良好时的死亡，以及肺水肿。

### 病原学

病因尚不清楚，但此疾病影响高产肉鸡。死亡可能是由继发于代谢或电解质失衡的心室肌震颤导致的。此病划归为代谢性疾病，且受遗传、环境以及营养因素的影响。

### 临床症状

没有预先的症状。大的健康肉鸡开始抽搐、拍打翅膀，并以仰卧姿势迅速死亡。

### 病理变化

鸡的身体状况良好，消化道充满食物(图2)。胸肌有红色和白色的斑块(图3)，心室收缩，心耳扩张并有充盈血液。肺部由于死后血液淤积而充血。没有特异的组织病理学病变。

### 诊断

死鸡外观健康，除上述病变外没有其他病变。

### 防控

在不降低饲料转化率的前提下，尝试过的各种饲喂和光照措施并没有明显降低肉鸡猝死的发病率。

### 治疗

没有治疗方法。

## Ⅲ. 肉鸡圆心病(ROUND HEART DISEASE OF CHICKENS)

这种心肌变性曾经影响成年肉鸡(大于4月龄)，但已经多年未在商品肉鸡群中诊断出此病。死鸡出现双侧心室肥大与扩张。组织病理学显示出现心肌有脂肪浸润。病因不明。

# 腹水或肺动脉高压综合征

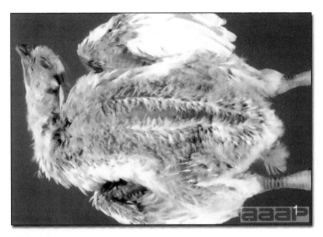

**图1**
右心室衰竭后因腹水死亡的肉鸡。注意发绀和腹部胀满。

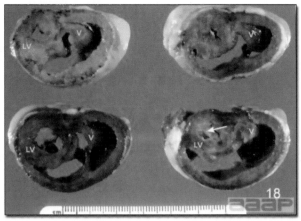

**图2**
固定后的心脏横截面表现出明显的右心室肥大和扩张以及右房室瓣的肥大(V)。

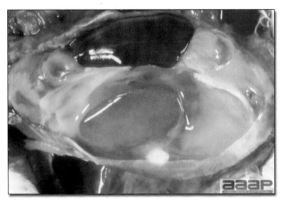

**图3**
积聚在腹膜腔内的淡黄色腹水。

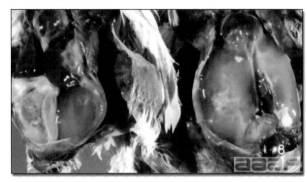

**图4**
肉鸡尸体显示有广泛的被动瘀血、心脏肥大和大量的黄色凝固蛋白(纤维蛋白)以及积聚在腹膜腔内的液体。

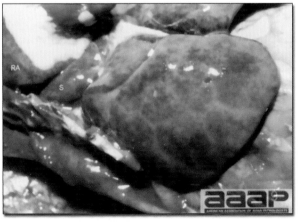

**图5**
在慢性肺动脉高压综合征的鸡体内可能出现心包积液、腹水中的蛋白凝块以及肝脏纤维化。

# 肉鸡猝死综合征

图 1
呈仰卧姿势死亡的肉鸡,肉鸡农场中很常见。

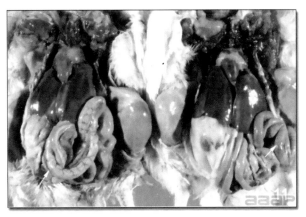

图 2
鸡尸体状况良好,消化道充盈(箭头所指处)。心室收缩,心耳扩张并有血液充盈。

图 3
肉鸡嗉囊充盈,胸肌上有红色和白色斑块。

## 火鸡心血管疾病
### (CARDIOVASCULAR DISEASES OF TURKEYS)

### Ⅰ. 主动脉破裂或夹层动脉瘤（AORTIC RUPTURE OR DISSECTING ANEURYSM）

主动脉破裂是 12～16 周龄、体重较重的火鸡偶然死亡的原因,主要特征是主动脉下端有大量内出血,出血很少发生在主动脉上端。病因不明,但有一些促发因素,例如,火鸡高血压、先天对动脉粥样硬化的易感性,以及主动脉下端缺乏内部滋养血管(动脉固有的血管)等,或许对发病有一定的作用。发病火鸡肝脏的铜和锌的水平正常。遗传因素可能对发病有一定影响,因为特定种系的后代似乎具有更高的发病率。尸体通常状况良好但是较苍白。口鼻中可见出血。体腔内可见大量血凝块,如果在主动脉下端发生破裂,则血凝块会包围肾脏或充满整个体腔(图 1);如果在主动脉上端发生破裂,则血凝块会包围心脏。仔细检查会发现大动脉壁上的一个纵向撕裂(图 2)。镜检可见血管内膜下层纤维化并血管中膜的弹性组织减少。降低此病发病率的管理性措施包括避免禽鸟兴奋。

与主动脉破裂相似,冠状动脉瘤及破裂同样可以发生在快速生长的雄性火鸡中。尸体剖检可见心包积血和冠状沟出血。本病的病因和发病机理尚不知晓,但可能和主动脉破裂相似。

### Ⅱ. 火鸡扩张性心肌病（DILATED CARDIO-MYOPATHY OF TURKEYS）

（圆心病,ROUND HEART DISEASE）

此病通常导致 1～4 周龄的小火鸡死亡,在商品火鸡群是一种常见的偶发性疾病。患病的雏鸡死亡,并出现严重的双侧扩张性心肌病(图 1 和图 2),通常伴随继发性腹水、心包积水(图 3)和其他器官的充血。如果这种心脏异常的小火鸡幸存下来,它的生长会停止,并很快出现羽毛蓬乱,不愿走动,呼吸困难,然后死亡。肝脏经常出现慢性被动性充血,和小叶中央肝细胞变性并伴随细胞质空泡化。显微镜下心肌的变化通常是非特异性的。病因尚

不清楚,但以下几种因素可能对该病有影响。如:遗传因素、早期病毒性心肌炎以及孵化时含氧量低等,由于此病与人的扩张性心肌病相似,火鸡成为此病的动物模型。

### Ⅲ. 火鸡猝死综合征（SUDDEN DEATH SYNDROME OF TURKEYS）

（肾周出血,PERIRENAL HEMORRHAGE）

#### 定义

火鸡猝死综合征(SDS)或肾周出血综合征在体重重的火鸡群中导致死亡,尤其是在生长期。身体状况良好的火鸡突然死亡,以雄性为主,尸检病变为急性广泛性被动充血。

#### 发病

火鸡猝死综合征是导致 8～15 周龄快速生长火鸡死亡的主要原因,但在超过 20 周龄的火鸡中也有报道。此病在雌性火鸡中不常见。

#### 历史资料

本病于 1973 年首次报道,命名为偶发肾出血。本病也被称为肾周出血综合征、急性高血压性血管病,或者肾周出血性猝死。这些令人困惑的名称描述了病变,但没有表明病因和发病机制,似乎指向同一种疾病。

#### 病原学

通过加强遗传筛选与饲喂高能量饲料,养禽业培育出了生长快速、肌肉发达的火鸡。火鸡猝死综合征发生在快速生长期,但通常发生在鸡群有应激反应或活动水平增加之后。

实验研究证实,家养火鸡的心血管系统不能满足由运动引起的代谢需求;几分钟之内,火鸡出现血压过低并伴有严重的乳酸酸中毒。死于猝死综合征的火鸡也表现出心室重量增加,且心脏的变化描述为中心性左心室肥厚。

有种假设是一定比例的火鸡具有中心性左心室肥厚,降低了心肌血流,阻碍了冠状动脉血液供给。运动或者应激可以导致急性心肌缺血,诱发心室心律不齐以及最终心室肌纤维震颤。运动过程中组织缺氧导致的严重乳酸酸中毒也可能导致心

室心律不齐。因此,火鸡的心血管对应激或运动的反应不足可能导致不稳定的血流动力,进而导致猝死。

## 临床症状

除了濒死时剧烈而痛苦地拍打翅膀外无临床症状。

## 病理变化

死于猝死综合征的火鸡身体状况良好,消化道充满食物,这证明死亡是突发性的。病变表现为一种急性广泛性被动充血,伴随着皮下静脉曲张,肺充血与水肿,肾周出血(图1),脾严重充血肿胀以及其他器官的充血。

肾周出血也在其他待定的所谓猝死综合征疾病的火鸡出现。火鸡有一个肾门静脉系统,在肾小叶边缘有浅表小管周毛细血管丛。局部被动充血会导致肾周围区域的血液瘀积并可能出现血细胞渗出,这些现象可以解释在肾表面观察到的出血。

## 诊断

通过病变可以确诊。主动脉瘤影响相同年龄段的火鸡;患主动脉瘤的火鸡苍白,在体腔内有血液出现。

## 防控

避免火鸡群兴奋。

## 治疗

没有治疗方法。

# 主动脉破裂

图 1
主动脉破裂:大量内出血。

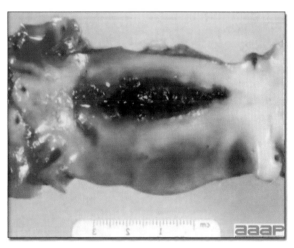

图 2
破裂的主动脉。

# 火鸡扩张性心肌病

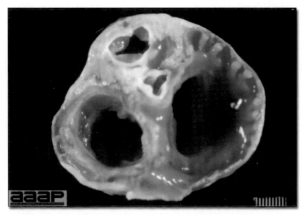

**图 1**
严重的双侧扩张性心肌病：心脏的横断面。

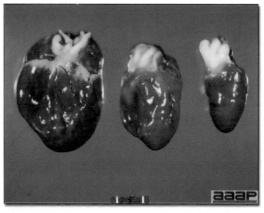

**图 2**
不同程度的扩张性心肌病（右侧心脏正常）。

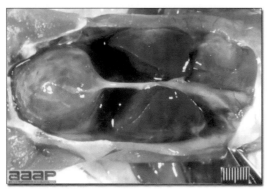

**图 3**
严重的双侧扩张性心肌病伴有心包积液和继发性腹水。

# 火鸡猝死综合征

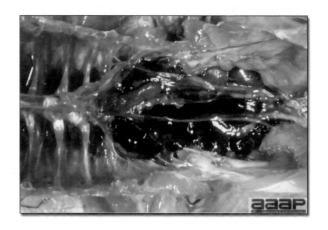

**图 1**
肾周出血。

# 消化系统异常
## （DIGESTIVE DISORDERS）

## I. 嗉囊下垂（PENDULOUS CROP）

嗉囊下垂在鸡群和火鸡群中是偶发的疾病。禽鸟有明显膨胀的嗉囊（图1），里面充满饲料和恶臭的物质。嗉囊黏膜可能有溃疡或者被白色念珠菌（*Candida albicans*）感染。患病禽鸟持续进食，但由于饲料吸收受到影响，它们的体重迅速减少，最终瘦弱并死亡。屠宰场不接受达到出栏年龄的发病胴体。天气突然变热时的饮水量增加是可能的病因，因为禽鸟在夜晚温度降低时会过量饮水和进食。这可能会"过度抻拉"嗉囊甚至是前胃的肌层，导致永久性膨胀。在火鸡中还提出遗传性倾向。

图 1
肉鸡嗉囊严重膨胀。

## II. 前胃扩张（PRO VENTRICULAR DILATION）

前胃扩张在饲喂细粉料的禽鸟中有报道。用这种饲料饲喂的禽鸟肌胃无须有力收缩，这种肌肉发育不良引发了前胃扩张。扩张的前胃胃壁很薄，且肌胃和前胃的界限不明显（图1）。过量的组胺也会导致前胃扩张与松弛，伴发肌胃糜烂。

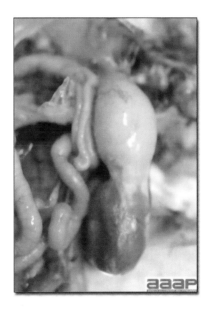

图 1
前胃扩张。

## 鸡的消化系统异常
### (DIGESTIVE DISORDERS OF CHICKENS)

### Ⅰ. 菌群失调症(DYSBACTERIOSIS)

### 定义

该术语在欧洲用于描述一种肠道微生物菌群失调和过度生长,特征为肠炎和轻微腹泻。

### 发病

在欧洲,菌群失调症常见于 21 日龄后的商品肉鸡群,但可早在 15 日龄发病。

### 历史资料

1999 年随着欧洲禁用生长促进剂后,患菌群失调症的肉鸡群数量曾一度升高。

### 病原学

已经证实,家禽患菌群失调症与十二指肠的非正常菌群过度生长有关。已发现梭菌(*Clostridium* spp.)会导致禽鸟过度生长。抗生素生长促进剂、动物蛋白和动物脂肪的缺少可能使家禽更易患此病。其他易患病因素可能包括非特异性应激、真菌毒素(毒枝菌素)和全身性疾病。

### 临床症状

菌群失调症的特征是水的消耗正常,垫料潮湿,湿便不成形以及摄食量下降。

### 病理变化

小肠变薄、胀气,伴随着黏性或水样肠内容物(图 1)。

### 诊断

有腹泻,湿便史。排除其他任何导致腹泻和垫料潮湿的原因。抗菌剂对产气荚膜梭状芽孢杆菌(*Clostridium perfringens*)或其他肠道病原的试验性治疗效果可以成为坏死性肠炎和菌群失调症的诊断依据。

### 防控和治疗

用一小盒和一张铺在下面的吸水纸来监控垫料质量可以鉴定粪便含水量的任何变化,同时预警腹泻的早期症状。如果出现死亡或者继发性坏死性肠炎,则可能需要使用抗生素。竞争性排除产品可能会有用。

### Ⅱ. 肉鸡多囊性小肠炎或肉鸡生长发育迟缓综合征(POLYCYSTIC ENTERITIS OF BROILER CHICKENS or RUNTING-STUNTING SYNDROME OF BROILER CHICKENS)

### 定义

多囊性小肠炎(PE)在美国的东南部最常见,但在西海岸以及美国的其他地区也出现个别病例。在世界的其他地区,尤其是澳大利亚和欧洲,这种疾病可以造成经济损失。特征是大量仔鸡有明显的生长抑制、水样腹泻以及囊性小肠炎。此病是根据其镜检特有的小肠腺窝显著囊性扩张而命名的。

### 发病

多囊性小肠炎(PE)可能在仔鸡 6～7 日龄就出现,但高峰通常出现在 10～12 日龄,多在冬季或春季。不同批次鸡群间有短期间隔的农场患此病的风险更高。火鸡是否会患此病未知。

### 历史资料

20 世纪 70 年代末期在鸡发现发育不全发育迟缓综合征(RSS)。此病通常在一个特定农场里偶然发生,在一年时间内病情逐渐严重,之后开始缓解。2003—2005 年出现了新的临床和病理表现,在美国东南部以及亚洲、中东和拉丁美洲的一些国家造成了严重的经济问题。与发育不全发育迟缓综合征相比较,由于鸡群依次发病,在特定"问题"的农场出现了持续的多囊性肠炎问题。许多研究机构在积极研究此病,进一步描述肠病毒的特征,研发诊断试验并寻找适合做疫苗的潜在候选毒株。

## 病原学

将肉用仔鸡放在先前发病农场的污染垫料上并强饲患病鸡的肠道内容物可以重复此病,会导致其体重严重下降。已从患多囊性小肠炎的仔鸡鉴别出多种病毒,包括轮状病毒、呼肠孤病毒以及星状病毒。细菌可能并不是导致此病的主要因素。垂直传播可能是诱因,正在进行调查。

## 临床症状

发病鸡群在安顿好后的几个小时内许多仔鸡会出现精神沉郁并挤在饲喂器和饮水器周围,垫料很快变潮湿。采食量下降,鸡群均匀性损失,很多仔鸡会表现出严重的发育迟缓(5%～20%)(图1)。发育迟缓的鸡留在鸡群里不会恢复健康,会造成更多的淘汰,更低的存活率,更高的饲料消耗以及更长的出栏时间。

## 病理变化

剖检表明患病仔鸡肝脏缩小,胆囊肿大,肠道扩张、壁薄、苍白,内有水样内容物以及未消化的食物(图2和图3)。肠道组织学病变包括小肠隐窝有许多大囊泡,这些囊泡腔内有变性或者坏死细胞以及黏液(图4)。随着病程发展,小肠绒毛变短并呈棒状。

## 诊断

病史、临床症状以及镜检肠道病变都提示此病。

## 防控

垫料堆积和短暂的间隔可能导致多囊性小肠炎。适当的孵化温度可减少早期发育不均匀和发育迟缓。在间隔期间对发病鸡舍实施热处理会减轻疾病。

## 治疗

没有特效的治疗方法。良好的管理和患病鸡群的对症处理将会减少经济损失。严重发育不良的仔鸡不会康复,应当淘汰。

## Ⅲ. 传染性病毒性前胃炎(TRANSMISSIBLE VIRAL PROVENTRICULITIS)

## 定义

传染性病毒性前胃炎(TVP)是针对商业化饲养肉鸡的,由病毒引起的可传染的前胃炎症,与前胃虚弱、饲料消化障碍、生长表现不良以及污染增加和消化效率下降有关。

## 历史资料

在过去的几年中,来自美国东南部、西海岸以及其他州的商品肉鸡出现少许病例。

## 病原学

通过接种发病禽鸟的前胃组织匀浆和与一种新型双RNA病毒一致的病毒(不同于传染性法氏囊病毒)已实验性地复制了传染性病毒性前胃炎。对于自然或者试验感染的鸡,前胃病变中出现该病毒表明它就是引起疾病的原因。仔鸡可以通过口腔或体内接种试验性地感染,但自然感染途径尚不清楚。

## 临床症状

发病的鸡苍白且明显小于同一鸡群中未发病的鸡。它们表现出生长率低,饲料转化率升高,排出的粪便中有未消化或消化不完全的饲料。

## 病理变化

剖检可见发病肉鸡前胃肿大,尤其是前胃和肌胃之间的峡部(图1),有斑块样增厚且坚硬的壁。腺管伸入腔内开口的黏膜乳头可见变细,黏膜粗糙。扩张的囊泡化的腺体不是传染性病毒性前胃炎的特征,因为这是一种死亡之后迅速发生的变化。前胃有四种典型的显微结构变化(图2):①腺上皮坏死;②前胃腺和黏膜间质组织淋巴浸润;③导管上皮增生;④缺失的腺上皮被导管上皮替代。上皮细胞核肿胀、苍白,且通常有明显的核仁。其他组织不发生病变。

## 诊断

根据大体病变难以识别传染性病毒性前胃炎。相比较而言,显微镜病变有足够用于诊断的特征。

需要通过 PCR 证实新型（异常）双 RNA 病毒来确诊。组织病变与病毒出现的相关性很高。

### 控制、预防与治疗

除了有效对抗感染源的生物安全措施外，传染性病毒性前胃炎没有特效的治疗、预防或控制方法。

## Ⅳ. 局灶性十二指肠坏死
（FOCAL DUODENAL NECROSIS）

局灶性十二指肠坏死（FDN）是 1996 年在美国蛋鸡中发现的一种病理变化。这种病的典型特征是产蛋量下降和/或蛋重低于标准。透过浆膜可以看到病变位于十二指肠袢上单个或多个深灰色灶性区域（图 1）。这些区域与肠上皮坏死或溃疡的区域一致（图 2）。组织学上，可见十二指肠上皮的局灶性坏死和大量革兰氏阳性菌附着在肠绒毛尖端（图 3）。

尽管已经通过分子的方法证实鹑梭状芽孢杆菌（*Clostridium colinum*）的存在，但是也发现了其他细菌，其因果关系还未确定。关于疾病的原因，本质和风险因素还有很多不确定性。局灶性肠坏死可以通过在饲料中添加常用于预防肉鸡坏死性小肠炎的抗生素来治疗和预防，例如在饲料中添加杆菌肽锌。

# 菌群失调症

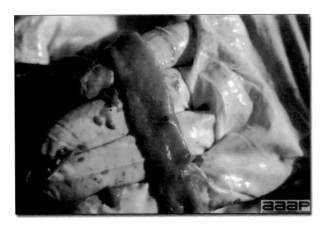

图 1
小肠变薄伴有黏液样肠内容物。

# 肉鸡多囊性小肠炎

图 1
鸡群发育一致性差,雏鸡严重生长抑制(中间)。

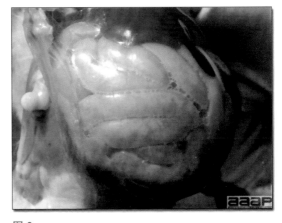

图 2
尸检时,发病仔鸡肝脏小,胆囊增大,肠道苍白、扩张,肠壁变薄,有水样内容物和未消化的食物。

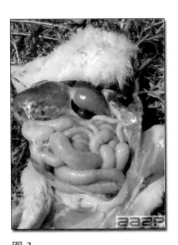

图 3
雏鸡肠道苍白、扩张、壁薄。

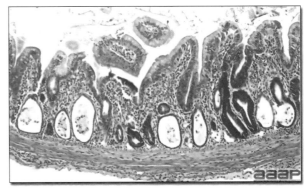

图 4
在显微镜下,在小肠隐窝可见许多大囊腔,腔内有变性或坏死的细胞和黏蛋白。

# 传染性病毒性前胃炎

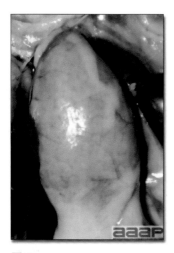

**图1**

28 日龄肉鸡的前胃扩张（特别是前胃和砂囊之间的峡部）。

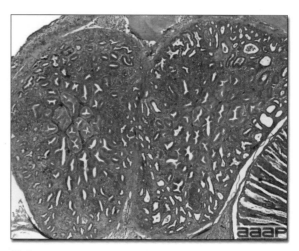

**图2**

显微镜下观察，前胃腺上皮坏死，在前胃腺和黏膜间质中有淋巴细胞浸润，导管上皮增生并替代消失的腺上皮。

# 局灶性十二指肠坏死

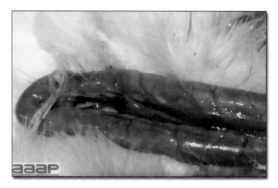

**图1**

在十二指肠衬浆膜表面可见多个灰色区域。

**图2**

在炎症的不同阶段，在十二指肠黏膜可见多个圆形及合并的坏死区域。

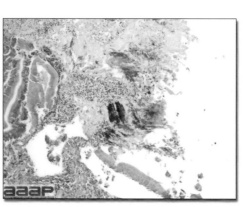

**图3**

十二指肠上皮局灶性坏死，伴有大量革兰氏阳性菌覆盖在绒毛顶端。

# 火鸡消化系统异常
(DIGESTIVE DISORDERS OF TURKEYS)

## Ⅰ. 小火鸡肠炎综合征(POULT ENTERITIS COMPLEX, PEC)

小火鸡肠炎综合征是用来描述年轻火鸡各种传染性肠道疾病的术语。包括多种疾病,例如,火鸡冠状病毒病(TCV),小火鸡吸收不良或发育迟缓综合征以及小火鸡肠炎死亡综合征(PEMS)。这些疾病都有下列特征:低于六周龄的火鸡出现腹泻,然后很快出现生长迟缓并继发性营养不良。然而,尽管火鸡冠状病毒特征显著,但小火鸡吸收不良或发育迟缓综合征以及小火鸡肠炎死亡综合征在病原学上的界定还不太明确。基本的发病机理为一种或多种病毒对肠黏膜的损伤,且很可能会有继发性致病菌感染的机会。

### ■ A. 火鸡冠状病毒(TURKEY CORONAVIRUS, TCV)见 75 页。

### ■ B. 小火鸡吸收不良或发育迟缓综合征(POULT MALABSORPTION/RUNTING-STUNTING SYNDROME)

### 定义

小火鸡的吸收不良或发育迟缓综合征是一种年轻火鸡的肠道疾病(图 1 和图 2)。其特征是营养的吸收或消化不良,可能会导致发育迟缓,继发性营养疾病,如软骨病或脑软化,以及继发感染,如隐孢子虫或细菌性小肠炎等。

### 发病

小火鸡吸收不良或发育迟缓综合征通常发生在 7~28 日龄的火鸡。营养的吸收和/或消化被抑制,导致生长率下降,发育障碍,羽毛稀疏,骨骼出现问题,以及鸡群生长的不均一。在整个生长期缺少均匀性并有骨骼发生病变的可能。

### 病原学

小火鸡营养吸收不良或发育迟缓综合征是病因不明的多因素疾病。经常从患病小火鸡肠道分离出多种病毒,包括星状病毒、肠道病毒、细小病毒以及轮状病毒。然而,从感染的宿主中发现的病毒本身并不能构成与这个病的因果关系。此外,已经发现隐孢子虫、螺壳鞭毛虫以及球虫会增加疾病的严重性并延长病程。也常从感染的火鸡分离出沙门氏菌属和革兰氏阳性丝状细菌。饮食因素,例如,高蛋白的开胃饲料、低品质的脂肪和鱼粉以及真菌毒素都会使疾病变加重。

### ■ C. 小火鸡肠炎死亡综合征(POULT ENTERITIS MORTALITY SYNDROME, PEMS)

### 定义

小火鸡肠炎死亡综合征有两个临床类型:一个是急性型,迅速达到死亡率峰值(7~28 日龄的死亡率大于或等于 9%,连续三天的日死亡率高于 1%),另一个是不严重型(7~28 日龄的死亡率超过 2%,但连续三天的日死亡率不足 1%),二者都归为火鸡过高死亡病症(EMT)。

患病的小火鸡出现腹泻、脱水、厌食、生长迟缓、免疫抑制以及死亡,还会出现一系列生理异常,包括体温下降、能量代谢下降以及甲状腺机能减退等。

### 发病

此病只在 7~28 日龄的火鸡发病。有年龄阶段易感性;鸡群越年轻,临床表现越严重。散养的产蛋母鸡比公鸡更易感。急性型小火鸡肠炎死亡综合征最常见于美国东南部且呈现季节性,即从晚春到早秋。这个类型在 20 世纪 90 年代末期非常流行,但现在已不常见。然而,火鸡过高死亡病症仍时有报道。

### 病原学

小火鸡死亡综合征的病因尚不知晓。通过接触或口腔接种感染小火鸡的肠道内容物可实验性地在健康小火鸡复制此病,并且该病是严格水平传播的。已经从综合征病例中分离或鉴定出多种病原,包括火鸡冠状病毒、轮状病毒、星状病毒、呼肠孤病毒、Ⅰ型禽腺病毒、环曲病毒以及尚未识别的小环状病毒。而且发现绝大多数病原都可以单独引起此病,或总是和此病有关。除病毒之外,发现特定的非典型埃希氏菌属大肠杆菌,包括黏附和脱

落性大肠杆菌以及其他细菌，还有各种原生动物都与小火鸡的死亡综合征有关。

## 临床症状

发病小火鸡最初过度活跃且发出噪声。但24 h之内它们会变得沉郁、厌食并且在热源周围聚集。采食和饮水量下降，同时出现腹泻。由于大量水样粪便聚集使得垫料品质迅速恶化。疾病发生后几天内可见鸡群的不均一性明显（图1）。7～10天内临床症状会减弱，但生长不均匀性会更严重，并且会持续鸡群的整个生命过程（图2）。

## 病理变化

病变以急性严重腹泻为特征。尸体很脏且出现脱水（图3）和消瘦。消化道排空并偶尔在砂囊里出现垫料，小肠壁薄且因其中的液体和气体而胀满（图4和图5）。盲肠因多泡内容物而扩张（图6）。更严重的发病火鸡出现淋巴器官萎缩（图7和图8）。

## 诊断

小火鸡肠炎综合征的诊断需要鸡群记录，用来比较分析生长和孵育表现，临床评估，收集样本，如血清、粪便排泄物、水和饲料等，尸体剖检以及分离和鉴定肠道病原等。

## 防控

生物安全是最重要的控制小火鸡肠炎综合征的方法。生物安全措施包括：死亡火鸡处理的管理、垫料管理、使用过垫料的运输、人和车的限制交通模式、啮齿动物防控以及水的卫生管理等。发病农场应该进行隔离，房屋应该彻底清洁、消毒和熏蒸。全进全出生产或孵育单元与育成单元分开等都是有益的。目前没有可用的疫苗。

## 治疗

发病火鸡群的护理包括缓慢提高鸡舍温度使小火鸡感觉舒适。在饮用水中加入水溶性维生素和/或电解质。在饲料中加入两倍推荐剂量的维生素E也有帮助。使用抗生素取得的结果成败参半。应当使用直接针对革兰氏阳性细菌的抗生素，因为抗生素对革兰氏阴性菌有作用，可能会进一步搅乱正常肠道菌群。

任何提高饲料采食量的行为对小火鸡肠炎综合征都有积极作用，例如：饲养人员在火鸡群中频繁走动，反复混合饲料，在饲料上覆盖燕麦片、谷粒等。在感染小火鸡肠炎综合征风险高的农场，推荐措施是避免饲养年轻种鸡的后代，因为它们的后代体型小，更易患病。

# 小火鸡吸收不良或发育迟缓综合征

**图1**
肠道扩张，肠壁变薄，气体和水样内容物充盈。

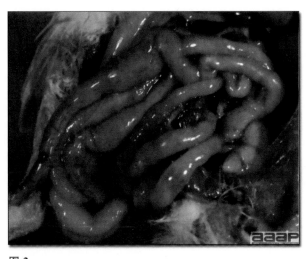

**图2**
肠道扩张，肠壁变薄，气体和水样内容物充盈。

# 小火鸡肠炎死亡综合征

**图 1**
发病几天后可见明显的缺乏均匀性。

**图 2**
发育不均匀的火鸡群。

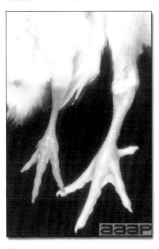

**图 3**
脱水的小火鸡(左侧)与正常小火鸡(右侧)。注意:脱水后特征性小腿变深色,以及患小火鸡肠炎死亡综合征的小火鸡污染的泄殖孔。

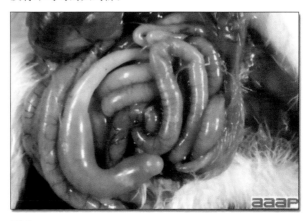

**图 4**
小火鸡的小肠肠壁薄且被液体和气体充盈。

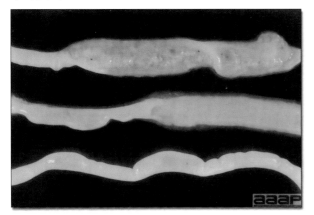

**图 5**
小肠肠壁变薄,并且充满液体、气体和/或消化不完全的水样肠内容物。

**图 6**
扩张的盲肠。

# 小火鸡肠炎死亡综合征

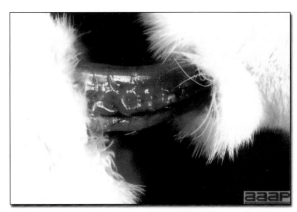

图 7
小火鸡正常的胸腺。注意胸腺叶与颈静脉伴行。

图 8
小火鸡肠炎死亡综合征。发病小火鸡的胸腺萎缩。

# 肌肉与骨骼异常

## （MUSCULOSKELETAL DISORDERS）

通常认为骨骼变形是造成养禽业经济损失的主要原因。大部分腿部问题的明确原因很难确定，通常认为此病有遗传基础，但是也可能受环境或营养因素的影响，或由这两种因素造成。随着营养学的进步及计算机生成的配方饲料的应用，骨骼异常的疾病已经十分少见。然而，大多数实际问题和快速生长相关，发病率可以通过限制生长率而减少。

### Ⅰ. 骨骼弯曲畸形

#### （ANGULAR BONE DEFORMITY）

（跗关节的外翻足—内翻足畸形）（Valgus-Varus Deformity of the Intertarsal Joint）

角骨畸形或跗关节的外翻足和内翻足是肉鸡和火鸡最常见的长骨扭曲。胫跗骨远端的外侧（图1）或者内侧（图2）扭曲，导致腿的远端的偏离并经常使跗跖骨近端弯曲。也可能发生胫骨髁变平，腓肠肌腱错位。扭曲严重时，鸡会用跗关节行走并造成局部擦伤，形成皮肤溃疡，有时还有继发感染。本病导致加工过程中的大量修剪工作。

### Ⅱ. 软骨营养障碍

#### （CHONDRODYSTROPHY）

软骨营养障碍是一种普遍的长骨生长（骺）板异常，导致生长障碍，而钙化和附着生长保持正常。此病出现在生长期的年轻小火鸡。过去，这种病通常描述为骨短粗病。任何疾病，无论源自遗传、营养或环境所致，只要导致生长软骨细胞无法增生即可称为软骨营养障碍。软骨营养障碍导致长骨变短、跗关节肿大，经常继发性内翻足或外翻足畸形（图1）和腓肠肌腱半脱位。

### Ⅲ. 足垫接触性皮炎

#### （CONTACT DERMATITIS OF FOOT PADS）

（足皮肤炎或禽掌炎）（PODODERMATITIS OR BUMBLEFOOT）

本病以禽足部外皮的局部损伤为特征，通常出现在指端或足底跖骨垫，导致结痂和皮下组织炎症（图1）。常见的后遗症包括肌腱炎、化脓性关节炎以及骨髓炎。创伤、垫料状况不良、氨气浓度上升以及脚底结构丧失负重能力通常促使该疾病发生。严重的脚部病变可导致跛脚、不愿走动、体重下降，可能进一步导致胸骨滑膜囊炎（胸发热或起水泡），是宰杀时尸体降级的原因。

### Ⅳ. 深部胸肌病

#### （DEEP PECTORAL MYOPATHY）

本病又叫绿肌病，是一种劳累性肌病，涉及肉用型鸡的乌喙骨上（深胸）肌（图1和图2）。有力的翅膀拍打会增加这块肌肉的筋膜下压力，导致其缺血性坏死。病变是单边或者双边的，并且肉眼可见，外观随年龄变化而不同。早期病变包括水肿，继而出血和坏死。在慢性病例中，坏死的肌肉由于纤维化而萎缩并均呈绿色，这种缺陷在屠宰场显而易见。在胸部发病肌肉上有一处凹陷，会导致评级下降。火鸡腿部水肿是另一种继发于劳损性肌病的疾病，例如，在运送去屠宰场的途中产生。

### Ⅴ. 股骨头坏死

#### （FEMORAL HEAD NECROSIS，FHN）

股骨头坏死（FHN）是一个界定不明的术语且

223

经常不恰当地用于描述肉用禽鸟的多种病变。它曾用或混淆于下列疾病（Ⅵ、Ⅶ和Ⅷ）。

# Ⅵ. 股骨头的医源性损伤
## （IATROGENIC TRAUMA TO THE FEMORAL HEAD）

成长过程中股骨头是软骨，常规剖检时股骨近端骨骺与股骨分离的髋关节脱落是很常见的。圆韧带和关节囊经常拉扯关节软骨，并且偶尔股骨骨骺从股骨颈脱离，留在髋臼内。这种骨骺分离暴露了深色、粗糙且有凹陷的长骨生长部分。这不是病变，而是人为造成的。骨骺分离可能在粗暴处理活禽时自然发生，是创伤性骨骺脱离。

# Ⅶ. 骨质疏松症
## （OSTEOPOROSIS）

患此病长骨脆弱且生长板异常，因此在剖检时股骨更易发生骨折。股骨头没有出现坏死。否则任何导致骨骼脆弱的疾病都有可能在剖检时导致股骨颈碎裂，例如：软骨病，或所谓的吸收不良消化不良综合征等。

# Ⅷ. 骨髓炎
## （OSTEOMYELITIS）

股骨近端的生长板患细菌性骨髓炎导致易碎，且常规剖检时关节脱臼可能会致股骨颈破裂。在骺软骨板和干骺部可见骨髓炎（图1）病灶。

# Ⅸ. 骨髓炎或滑膜炎
## （OSTEOMYELITIS/SYNOVITIS）

骨髓炎通常是一种显著的全身性疾病。此病发生在菌血症之后，在骨形成一个感染性病灶。从病变部位最常分离到埃希氏大肠杆菌和奥里斯葡萄球菌，不常分离到的病菌有沙门氏菌、耶尔森氏鼠疫杆菌、链球菌、巴斯德菌以及亚利桑那菌。近期，在肉鸡和肉用种禽可见与盲肠肠球菌相关的胸椎骨髓炎发病率上升。长骨的骨骺、椎体以及附近的关节是常发部位。长骨的病变包括黄色病灶区域出现干酪样渗出或细胞裂解。脊椎炎会导致脊柱压力和局部麻痹。发病关节肿胀且充满脓性渗出（图1）。治疗鲜有作用。预防要基于对败血性疾病的充分治疗。

# Ⅹ. 骨质疏松症
## （OSTEOPOROSIS）

（笼养蛋鸡疲劳症，Cage Layer Fatigue）

骨质疏松指的是骨骼体积变小，但密度没有损失，笼养蛋鸡最易发病，且在产蛋周期的后期最常见。临床症状各异，包括后躯麻痹（图1）或伴随或不伴随产蛋变化的急性死亡。瘫痪的母鸡开始时警觉，且可能呈侧卧姿势（图2）。死后检查，禽鸟有易碎的、脆的骨骼，皮质薄（图3）、有时骨折。胸骨通常有变形，且在肋骨连接处有特征性的内折（图4）。甲状旁腺突出或严重肿大（图5）。在急性死亡病例中，鸡蛋在卵壳腺内，卵壳部分或全部钙化，没有肉眼可见的病变。有种假说认为这类急性病例是由急性低血钙症导致的。骨质疏松症可能由于维生素 $D_3$、钙或磷的缺乏或者是钙磷比不平衡所致。在饲料中额外添加维生素 D 和钙可能有积极作用。一般认为缺乏运动、禽鸟的品种、鸡舍结构是重要的风险因素。笼养蛋鸡疲劳症可以是整个鸡群的问题，但由骨质疏松症导致的骨折则在经济损失和动物福利方面都是严重的问题。

# Ⅺ. 锰缺乏症 PEROSIS（肌腱滑脱）
## （SLIPPED TENDON）

锰缺乏症是描述腓肠肌肌腱半脱位或滑脱的术语，这种病继发于生长板损伤（软骨营养障碍）而导致的长骨变短或跗关节骨节肿大。营养缺乏影响生长板发育，典型的例子是锰缺乏，不太常见的也会涉及胆碱、生物素、叶酸、烟酸或维生素 $B_6$ 缺乏。年轻禽鸟的跗关节扭曲变形，更多常见于体重较大的禽鸟。明显易位可见于单侧或双侧的跗关节远端。早期病例，跗关节变平、加宽，且轻微肿胀。严重病例，腿从跗关节远端起严重偏离正常位置，通常向外侧偏。解剖通常发现腓肠肌肌腱从跗关节的滑车关节面中滑脱。

## XII. 佝偻病
（RICKETS）

见营养性疾病部分。

## XIII. 摇摆腿
（SHAKY LEG）

8～18 周龄火鸡严重跛行。病因不明，缺乏具体的病变。发病禽鸟多数时间呈坐姿，受到刺激时行走困难，出现"摇摆腿"。目前认为跛行是软组织（肌肉或肌腱）疼痛诱发的。多数火鸡康复后生长缓慢，但其他病变，例如胸部水疱，可能继发于长时间坐姿。作为一种群体问题，摇摆腿继发于爪皮炎造成的活动缺乏，有报道称是由于垫料潮湿导致的。

## XIV. 八字腿
（SPLAY LEG）

本病出现在年轻禽鸟，从孵化到 2 周龄。腿向外侧偏离（图1），通常发生在膝部，但偶尔在臀部。八字腿可能是单侧或双侧的。本病是禽鸟在光滑的地面上导致的。在牛皮纸上孵育的小火鸡发病率高。

## XV. 脊椎前移
（SPONDYLOLISTHESIS）

脊椎前移影响肉鸡，其特征为后肢麻痹和瘫痪，这是由于第四胸椎变形移位导致脊髓压迫造成的（图1）。目前认为这是一种受身体结构和生长率影响的发育性问题。患病的禽鸟共济失调或者可能出现跗部坐姿，双脚稍微抬离地面，并用翅膀移动（图2）。严重患病的禽鸟通常出现侧躺，如果不淘汰会死于脱水。本病在过去称为"曲背"。胸椎的骨髓炎也会导致相似的临床症状。

## XVI. 肌腱撕脱和断裂
（TENDON AVULSION AND RUPTURE）

对生长期的肌肉发达的肉用禽鸟的跗骨间关节施加正常或过度的物理压力，常会导致腓肠肌或腓骨肌肌腱断裂。在患病部位可见肿胀和由红到绿的变色（图1）。有人提出病毒诱导的腱鞘炎可能使禽鸟易患腓肠肌撕裂，但本病从未观察到任何曾患腱鞘炎的证据。

## XVII. 胫骨软骨发育不良
（TIBIAL DYSCHONDROPLASIA）

软骨发育不良是快速生长的肉禽（肉鸡和火鸡）非常常见的生长板软骨异常，其特征是软骨中持久性存在无血管的前生长软骨细胞清除失败。原因是多因素的，但一般认为快速生长和电解质不平衡导致代谢性酸中毒是主要的风险因素。软骨发育不全的常见饮食因素是氯化物和磷过量（与钙的水平比较）。某些镰刀菌属（*Fusarium* spp.）真菌毒素也可产生这种病变。对发病机制的了解很少，目前提出了三个机制：快速产生的前生长软骨细胞生长的速度赶不上它们产生的速度，以至于干骺端血管无法渗透，软骨的血管浸入不足，不能引发生长，或者软骨溶解有缺陷。没有生长和血管渗透，就不会发生变性和钙化，大量前生长软骨残留在干骺端。病变特征是在生长板下面的异常软骨团块（图1）。如果团块很小，则会呈现亚临床症状。而如果残留的软骨团块很大，则会出现跛行，虚弱的骨骼可能最终会弯曲或者断裂（图2）。病变最常见于胫跗骨近端，可能是因为尸检时会在此进行常

规切开检查。

在胫骨扭转中，腱保持在原位。

## XVIII. 胫骨扭转
### （TIBIAL ROTATION）

（腿扭曲）（Twisted Leg）

本病影响年轻肉鸡和火鸡。胫骨远端在其长轴方向向外侧旋转，导致小腿向外侧偏离（图1和图2）。旋转通常是单侧的并可以接近90°（图3）。发病率低（肉鸡中少于1%，但在火鸡偶尔高达5%），病因不明。胫骨扭转必须与肌腱滑脱区分开，因为

## XIX. 趾扭曲
### （TWISTED TOES）

趾扭曲在体重重的品种中较常见。多个或单个趾向外侧或者内侧弯曲（图1）。没有发现经济上的影响，但脚趾的异常承重可能导致溃疡，进而发展成趾皮炎。这不同于由于瘫痪和继发于核黄素缺乏所致的脚趾的向下卷曲。

# 骨骼弯曲畸形

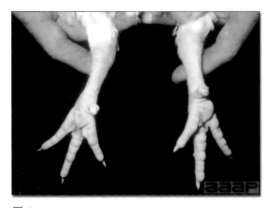

**图 1**
年轻肉鸡足外翻畸形。

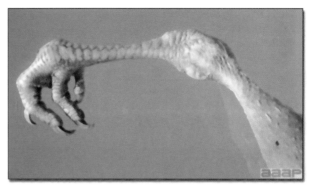

**图 2**
火鸡弓形腿畸形。

# 软骨营养障碍

**图 1**
年轻火鸡软骨营养不良导致长骨缩短,跗关节肿大,以及继发性外翻或内翻畸形。

# 足垫接触性皮炎

**图 1**
肉鸡种母鸡患足皮炎。

# 深部胸肌病

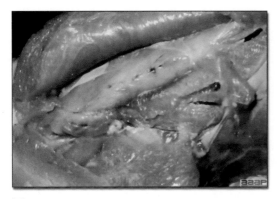

**图 1**
深部胸肌病。

**图 2**
深部胸肌病。

# 骨髓炎

**图 1**
股骨头的骨髓炎灶。

# 骨髓炎或滑膜炎

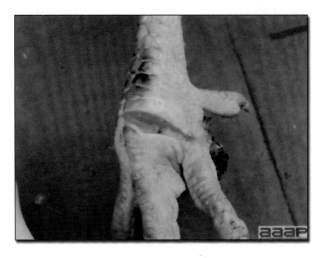

**图 1**
发病关节肿胀并充满脓性渗出物。

# 骨质疏松症

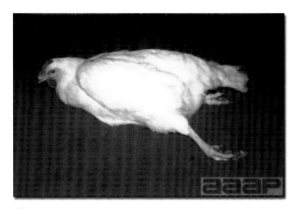

图1
来航鸡笼养蛋鸡疲劳症，表现为后躯麻痹。

图2
急性麻痹；瘫痪的母鸡最初警觉且呈侧卧姿势。

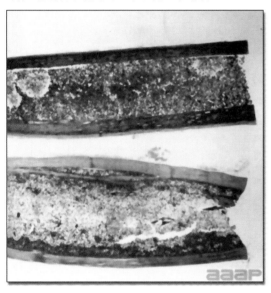

图3
正常（上）和患有骨质疏松症的蛋鸡（下）的股骨组织学纵切。

图4
特征性肋骨连接处的肋骨内折。

图5
甲状旁腺突出或严重肿大（箭头）。

# 八字腿

图 1
肉仔鸡八字腿。

# 脊椎前移

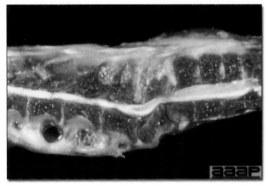

图 1
第四胸椎变形和移位，导致脊髓压迫。

图 2
发病禽鸟共济失调，并采取跗部坐姿，爪稍微抬离地面，用翅膀移动。

# 肌腱撕脱与断裂

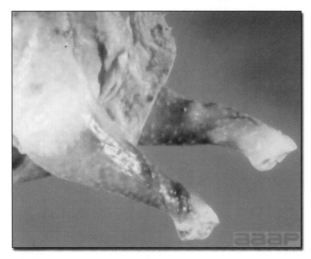

图 1
屠宰场肉鸡胴体断裂的腓肠肌腱。

# 胫骨软骨发育不良

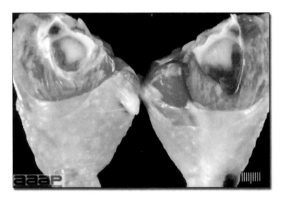

**图 1**
胫骨软骨发育不全的特征为在胫骨近端的矢状截面处观察到生长板下方的异常软骨团块。

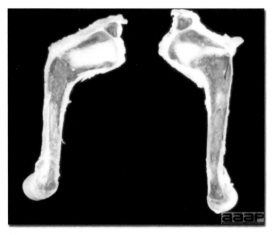

**图 2**
如果软骨遗留的团块非常大,脆弱的骨骼可能最终弯曲或折断。

# 胫骨扭转

**图 1**
胫骨扭转的肉仔鸡。

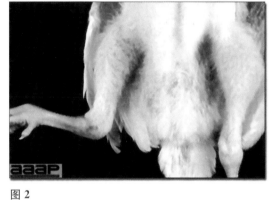

**图 2**
胫骨远端沿长轴向外侧旋转,导致小腿向外侧偏离。

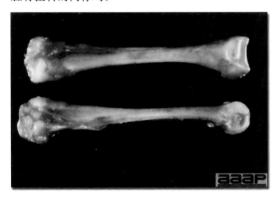

**图 3**
旋转通常是单侧的,且可以达 90°。

# 趾扭曲

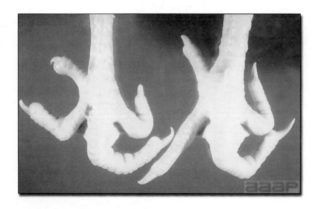

**图 1**
8 周龄肉仔鸡趾扭曲。

# 生殖系统异常

## REPRODUCTIVE DISORDERS

### Ⅰ. 卵巢病变
(OVARIAN LESIONS)

1.卵巢的萎缩和失活可能是生产年龄母鸡最令人困扰的病变。在没有其他疾病的情况下,以下情况说明有严重的应激,例如:缺乏饲料和饮水,并常伴有颈部或身体脱毛以及其他问题,包括消瘦脱水等。

2.肿瘤对卵巢的侵袭相当频繁,包括受到马立克氏病、淋巴性白血病和骨髓母细胞瘤等的侵袭。腺癌、颗粒细胞瘤和卵巢含睾丸母细胞瘤也见于母鸡。腺癌是特别常见的,且由于许多可经体腔转移到腹部器官表面而引人注目。卵巢肿瘤通常通过组织病理学检查容易确诊。

3.卵巢炎或滤泡退化与多种传染病有关。正常膨胀的黄色卵变皱、出血或变色(绿、灰黄、米黄色等)(图1和图2),并且多次有证据表明其过早破裂,卵黄溢出到腹腔。在极端脱水情况下也经常发现卵泡萎缩和破裂,腹部有卵黄。造成卵巢发病的臭名昭著的传染病有新城疫强毒株、禽流感、禽霍乱、鸡白痢、家禽伤寒以及一些沙门氏菌和埃希氏大肠杆菌菌株。

4.产蛋鸡偶尔会出现卵巢囊肿,有时见于活跃的功能性卵巢中。通常这些囊肿壁非常薄,且包含透明液体。通常难以通过组织学方法鉴定卵巢囊肿的起源,但据推测大多数是由卵泡起源的。

### Ⅱ. 输卵管病变
(OVIDUCT LESIONS)

1.产蛋日龄母鸡的输卵管闭锁、发育不全和萎

缩已有文献记载。单纯萎缩十分普遍,与严重应激、慢性感染、某些中毒等相关。尚未性成熟的小母鸡早期感染传染性支气管炎可导致发育不全,可能导致母鸡中的"假蛋鸡"状态,母鸡具有完全发育的卵巢和部分发育的输卵管,许多母鸡具有蛋鸡活跃的外观,但是卵黄沉积在腹腔中,导致典型的"卵黄腹膜炎"。已经报道了遗传性的输卵管闭锁,并且该病可能影响部分或整个输卵管。蛋黄和周围的蛋清也沉积且不能通过输卵管,并回流到腹腔中。

2.输卵管的肿瘤是罕见的或很少识别。输卵管腺癌主要发生在膨大部,并且倾向于扩散性高,常常导致广泛的腹膜转移。肿瘤更常发生于输卵管系膜的韧带中心的平滑肌。这些平滑肌瘤总是质地较硬且有囊包裹,大小从勉强可测到直径几厘米。大型平滑肌瘤可能偶尔干扰输卵管功能。

3.尽管禽群有支原体、沙门氏菌感染且一些群体有巴斯德菌病和大肠杆菌病暴发,这种病变有很高的发生率。输卵管炎通常视为零星的个体问题。发生在左腹气囊或腹膜腔的感染有可能延伸到输卵管,在此管状器官向下形成炎症过程。然而,在许多病例中,输卵管感染起源于远端,提示感染由泄殖孔上行。在输卵管炎的早期阶段,仅有浅表的变化,黏膜表面不规则,包括糜烂或小溃疡、黏膜褶皱水肿和附着性纤维脓性渗出物的聚积等。随着病变进一步发展,腔内渗出物的量迅速增加,最终输卵管变成充满黄色干酪样层状渗出物的不规则薄壁囊腔(图1)。输卵管在感染早期变得无功能,发病母鸡的卵巢通常是萎缩的。然而,输卵管炎中的一些输卵管内容物可能是压缩的鸡蛋成分(图2)。除了上述存在于输卵管炎早期阶段的特定细菌感染外,末期腔内渗出物可产生广泛的细菌甚至真菌。

4.淘汰母鸡偶见压缩或卵堵塞的输卵管。此病在过早(在全身发育完全之前)进入生产期的小

母鸡或者极度肥胖的母鸡更为普遍。输卵管阻塞物无论是一个卡住的蛋、还是破碎蛋壳的混合物、壳膜或蛋白和蛋黄的凝块，结果都是相同的。当子宫部或阴道部发生阻塞时（通常是这种情况），在腹腔中可见由壳膜包裹的蛋。这表明鸡蛋在继续形成，但逆流到腹膜腔。腹部有多个蛋的母鸡会采取类似企鹅的姿势。

5. 囊性输卵管很少表现出临床症状，但右侧输卵管的囊性残留物非常普遍。鸡的一对胚胎生殖系统只有左侧会在孵化后生长。右侧输卵管的部分节段可能发展到不同的程度。这些节段是封闭的（无前端或后端间的流通），并且如果输卵管管壁有明显的腺组织，则液体分泌物将积累，导致囊肿产生。这些囊肿通常发生在右侧，位于泄殖孔附近，大小从几乎不可察觉到占据大部分腹腔的巨大囊肿。受影响的母鸡似乎有腹水（水腹），但如果小心打开腹部，会发现液体包含在囊肿内。也有报道囊肿在左输卵管中，但不常见。左输卵管囊肿可能刚好在输卵管中，在输卵管壁中或在邻近输卵管的输卵管系膜中形成。输卵管囊肿在尸检时可能是有趣的发现，但很少，如果有的话，对群体性能没有明显的影响。

6. 输卵管末端脱垂或外翻在一些蛋鸡鸡群中惊人的普遍，范围从阴道黏膜凸出于泄殖孔的几乎不可察觉的外翻，到垂脱输卵管延长的体外节段（图 3）。这个问题最严重的情况有：发育不良而刚刚产蛋的小母鸡，鸡群的笼养密度远高于推荐量，与鸡群高度活跃（癔病）或者鸡群光照强度突然加强（如在春天最初光照强的白天，在开放的禽舍里）相关的同类相残水平增加，肥胖水平提高，以及断喙不良且鸡群大量喙尖再生等。当产蛋时，围绕蛋的子宫部或阴道部黏膜会正常外翻。发育不良或肥胖的家禽，外翻的黏膜可能之后会收缩缓慢。如果鸡群中存在促使同类相残的情况，笼中或者围栏中的同伴会啄食其外翻的黏膜，引起创伤和水肿，这将进一步减慢或阻止黏膜回缩。持续刺激暴露的黏膜可能促进输卵管的紧绷和明显脱垂。同时观察到外翻和脱垂的趋势与输卵管炎发病率增加之间的关联。此外，在子宫部或阴道部脱垂率高的鸡群，同类相残和淘汰的损失也增加。这种病的控制可以在一定程度上通过以下方式实现：小母鸡发育完全后再开始产蛋，保持笼养或饲养室适当的饲养密度，注意控制照明强度，恰当地断喙，维持饲料配方和消耗水平以避免肥胖，特别是对老龄母鸡。

# 卵巢病变

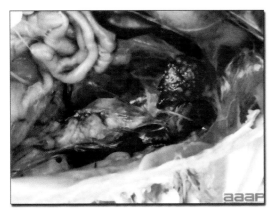

图 1
卵巢和输卵管闭锁。

图 2
卵巢和输卵管闭锁。

# 输卵管病变

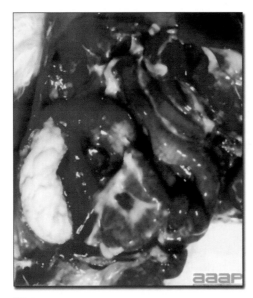

图1
输卵管炎：输卵管腔内的纤维脓性渗出，并伴有腹膜炎。

图2
输卵管炎：输卵管中压实的蛋成分和干酪样渗出物。

图3
死于输卵管脱垂的蛋鸡。

# 泌尿系统疾病
## （URINARY DISORDERS）

## 尿道结石病
### （UROLITHIASIS）

（肾病、肾痛风、笼养蛋鸡肾炎）（Nephrosis, Renal Gout, Caged Layer Nephritis)

### 定义

尿道结石病是流行病学上未定义，尤其笼养蛋鸡可见的病症，特征是尿酸盐凝结物阻塞一侧或双侧输尿管，伴随阻塞输尿管连通的一个或多个肾叶的萎缩。

### 发病

很多年来认为此病是蛋鸡鸡群散发的个体禽鸟问题。最近，由于英格兰、美国和世界其他国家笼养蛋鸡的大量死亡，尿道结石病已报道为群体问题。

### 病原学

许多诱发因素牵涉促进尿酸盐在肾脏、关节或全身的浆膜表面的沉积。包括脱水，日粮中蛋白质过量（30%～40%）、日粮中钙过量（3%或更高）、碳酸氢钠中毒、真菌毒素（卵孢霉素、赭曲毒素）、维生素A缺乏和传染性支气管炎病毒的肾病毒株。然而，最近描述的笼养蛋鸡中的尿道结石病表现与小母鸡在生长期期间饲喂钙的水平相对高（3%或更高）有关。给生长鸡提供磷似乎有作用，因为当磷水平低于0.6%时尿道结石病增加。许多临床医生认为传染性支气管炎病毒，甚至"热门"疫苗毒株可能参与该过程，并且还有证据表明日粮电解质失衡（低钠和钾、高氯化物）可能也有影响。最后，许多诊断医生认为当前对此病症的所有的病因解释都是未经证实的，或者至多是证据不足的假设。

### 临床症状

在众多尿道结石病的病例中，除了死亡率增加外，没有临床症状。与此病相关的症状是精神沉郁、体重减轻和发病禽鸟有隐藏倾向。粗糙或薄的蛋壳在发病鸡群中略有增加，且总产蛋量将随着死亡率的增加而降低。母鸡在整个产蛋期的死亡率逐渐增加并有持续性（每月2%～4%），甚至更迅猛。发病严重的鸡群的总死亡率已接近50%。

### 病理变化

发病输尿管通常由于浓厚的黏液包围圆柱状结构而显著膨胀。虽然通常是单侧的，但也可能双侧输尿管发病。通过阻塞输尿管排尿的肾的一个或多个肾叶经常严重萎缩（图1）。对侧有功能的肾可能会肥大。许多发病母鸡的各种内脏器官的浆膜上有白色粉状物质（尿酸盐沉积物）。

### 诊断

诊断是基于多数死亡家禽尸检时的典型输尿管和肾脏病变。偶尔在死亡的禽鸟观察到尿道结石病提示是偶发的个体禽鸟问题，并不重要。确认以上提到的流行病学因素通常是困难的，除非有饲料样品保留用于分析。

### 防控

除非流行病学因素更好地确认，否则很难提出具体的建议。建议在生长期间遵守钙和有效磷的比例，避免电解质失衡、霉菌毒素和失水。

# 尿道结石病

**图 1**
肾传染性支气管炎毒株；肾脏肥大伴有部分肾叶萎缩。

# 被皮系统疾病
## （INTEGUMENT DISORDERS）

## Ⅰ. 角膜结膜炎
### （KERATOCONJUNCTIVITIS）

（氨烧伤，Ammonia Burn）

角膜结膜炎是在通风不良的禽舍中由氨水平过高引起。鸡比火鸡对氨中毒更易感。损伤包括角膜炎、结膜炎和伴有可能由溃疡引起的角膜浑浊(图1)。禽鸟可能致盲，但根据角膜损伤的严重程度，可能会恢复。因为氨是在垫料中由尿酸通过细菌降解产生的，控制垫料湿度和适当的通风可防止这个问题。

图1
暴露于氨浓度高环境中的肉鸡种公鸡，角膜浑浊、溃疡。

## Ⅱ. 臀部结痂综合征
### （SCABBY HIP SYNDROME）

臀部结痂综合征是在屠宰厂观察到肉鸡的病变，其特征是表面溃疡和大腿皮肤结痂(图1)。这是一个多因素问题；羽毛脱落、饲养密度高、垫料状况差都有关系。受影响的酮体评级下降。近年来，改善垫料管理和使用乳头饮水器有助于降低此病的发生率。

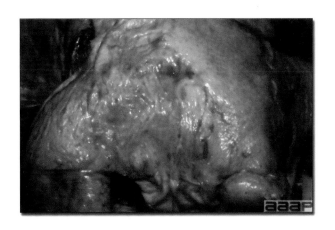

图1
屠宰场的肉鸡胴体，臀部结痂。

## Ⅲ. 胸骨滑液囊炎、胸囊肿或胸烧伤或扣状胸
（STERNAL BURSITIS BEAST BLISTER or BREAST BURN or BREAST BUTTON）

胸骨滑囊炎是位于家禽龙骨腹侧面的充满液体的病变（图1）。鸡和火鸡有一个滑膜囊，经过反复的创伤，胸骨囊体积增加且可能会继发感染。这种病变与重型禽鸟的运动问题密切相关，并增加与垫料的接触时间。这种水泡，如果不是太大，在处理时从胴体上修整掉，导致评级降低。术语胸囊肿、扣状胸、胸烧伤也用于此病。

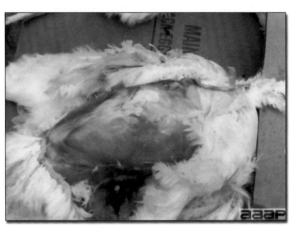

**图1**
胸骨滑液囊炎：肉种鸡长时间的腹侧卧位之后，总充满液体鸡龙骨腹侧的病变。

## Ⅳ. 黄瘤病
（XANTHOMATOSIS）

黄瘤病是一种不常见的病症，其特征是鸡皮下异常细胞内积累胆固醇，伴随着多核巨细胞和巨噬细胞混合。皮肤损伤最初是柔软的，伴随波动的蜂蜜色液体，随后变得坚硬，有明显的增厚和表面不规则（图1）。在过去这种疾病是罕见的，并且可能是由于饲料脂肪的烃污染所致。

但黄瘤病可能表现为脂肪坏死和肉芽肿形成，可发生在包括家禽在内的各种禽鸟的身体的各个部位。

**图1**
黄瘤病的特征是表面不规则和皮肤增厚。

# 行为异常
## （BEHAVIOR DISORDERS）

## Ⅰ. 同类相残
### （CANNIBALISM）

在一些家禽群中同类相残会造成严重损失。报道过许多种同类相残方式,最常见的是啄羽、啄肛、啄头(图1)和啄脚趾,啄羽可发生在任何年龄的禽鸟。在严重的情况下,禽鸟死于出血,并且尸体被啄食并被畜栏中的同伴吃掉。在超重的禽鸟中笼养母蛋鸡的啄肛现象最常见。产蛋时阴道部外翻和垂脱是正常的。如果母鸡肥胖,阴道部黏膜的暴露时间延长,而同笼的母鸡会被闪亮的红色黏膜吸引。被袭击的母鸡会流血死亡,干血渍会存在于周围羽毛以及腿后侧。尽管禽鸟已经断喙,在家禽中常会建立啄食顺序,头部病变在火鸡中很常见。啄脚趾发生在年轻的小鸡,从啄食纸或层架式鸡笼开始,且通常由饥饿引发。几种诱发因素,例如:光强度,饲养密集,饲料中动物蛋白降低,饲料中缺少维生素、氨基酸或盐,由热应激导致的钠不平衡,缺乏饲料时间过长,以及外部寄生虫的刺激等上面都有提及。最近的工作表明,啄羽可能与饮食中的不溶性纤维水平低有关。一旦禽鸟产生这种习惯,将会继续。有时通过使用红光或降低光强可以控制本病暴发。在蛋鸡群和商品火鸡群中用激光或电烙术修剪前三分之一上喙是广泛使用的预防措施。

## Ⅱ. 癔病
### （HYSTERIA）

据报道癔病是具有极高活跃水平的肉鸡和补充小母鸡群的偶发病例。病因未知,但补充色氨酸可缓解相关问题。

图 1
肉鸡种母鸡的头啄食。

# 与管理相关的疾病
## （MANAGEMENT－RELATED DISORDERS）

## Ⅰ. 雏鸡或小火鸡的脱水或饥饿
### （DEHYDRATION／STARVATION OF GHICKS／POULTS）

由所谓的"正常死亡率"造成的损失在生长期前10天内不应超过1%。任何高于此值的死亡率应予以调查。

### 定义

脱水和饥饿是雏鸡和小火鸡第一周最常见的死亡原因。一旦卵黄吸收后，即第五天之前，找不到水和饲料的幼禽最终会死于饥饿和营养缺乏。但是，脱水和饥饿也可发生在任何年龄的各种禽鸟。

### 病原学

饮食和/或饮水缺乏可能与农场管理条件有关。由于刚孵出的雏鸡或小火鸡是变温的，最佳的环境温度是育雏期的必备条件。必须在禽舍内建立一个舒适区域，其环境温度对雏鸡或小火鸡是理想的。由于理想温度依禽鸟的年龄和种类不同而变化，所以要常检查温度记录。饲料和水必须位于禽鸟舒适区的明亮的区域内（60～100 lx），以便幼禽进入。

严重的腹泻和高温环境也会引起脱水。

### 临床症状

脱水或饥饿的禽鸟在死亡前通常不会显示出除虚弱之外的其他病症。请记住，不舒服的雏鸡或小火鸡在沉郁之前会很吵。受影响的个体通常体型较小。

### 病理变化

脱水的尸体颜色较浅，脚趾和喙颜色较深。腿部显得较细且跖静脉突出。皮肤紧贴深色胸肌。

从上面再打开体膜腔，可在许多浆膜表面（图1、图2和图3）观察到白色粉状物质（尿酸盐沉积物）（图4），包括关节。由于非结晶尿酸盐的增加，肾脏常会变得苍白、肿大，输尿管扩张（图5）。肌胃里没有或有很少的饲料。

### 诊断

基于组织学和病变。

### 治疗和控制

检查孵化区的温度、光照和禽鸟在育雏区域的分布以及水和饲料的供给。感到寒冷的禽鸟会挤在一起，而热的禽鸟会喘气，卧在地上，且往往因为太虚弱而没兴致去找水。

## Ⅱ. 肉鸡严重低血糖死亡综合征
### （HYPOGLYCEMIA-SPIKING MORTALITY SYNDROME INBROILER CHICKENS）

### 定义

严重低血糖死亡综合征（HSMS）的特征是在7～21日龄，之前健康、外观正常的肉鸡群，至少连续3天死亡率突然增加（>0.5%）。已发现两种临床形式；A型更严重但病程短，B型比较温和但持续时间更长。

### 病原学

虽然该病已通过组织匀浆物进行复制，且病毒颗粒已在发病禽鸟进行鉴定，但流行病学仍然未知，病原仍然有待进一步确定。临床症状和死亡是由低血糖造成的。低血糖既可以用病毒阻断胰腺的胰高血糖素产生来解释，也可以与褪黑素缺乏症以致影响肝糖原分解假说有关。褪黑素缺乏可能是由于缺少长时间的黑暗所致。应激和/或突然断食可能会触发严重低血糖死亡综合征。

## 临床症状

鸡群发生快速、无法解释的死亡率增加，又在几天内迅速下降。活的小鸡被发现躺卧且不协调（图1），经常胸部着地、腿伸展地躺着，可见失明和高度兴奋的迹象。血糖值低于150 mg/dL，常在几小时内迅速死亡。常发现血糖水平非常低的禽鸟，从检测不到到小于60 mg/dL。

## 病变

没有特殊的大体或微观病变。禽鸟表观正常，且通常嗉囊中有食物。在肝脏偶见血窦充血或少量出血（图2）。

## 诊断

死亡率模式（7～21日龄的死亡率曲线高峰）和临床病禽鸟的低血糖是具有诊断意义的。如果化学分析仪不易获得，葡萄糖测试条和手持测试仪监视器可以相当精确地测量禽鸟的血糖水平。Thera-Sense自由式葡萄糖仪（雅培实验室）用于检测禽类血液（注：其他血糖仪也可以，但尚未尝试或报告）。

## 控制和治疗

虽然给1日龄的雏鸡24 h充足的光照非常重要，但逐渐减少日照长度让每日黑暗时间延长通常可预防这个问题。

## Ⅲ. 热应激与体温过高
### (HEAT STRESS and HYPERTHERMIA)

高温对家禽是应激，经常导致体温过高死亡。每年有数以百万计的禽鸟因高温而死亡，通常是因为环境温度高，但还因为封闭式建筑物的电力故障。鸟类没有汗腺，通过非蒸发冷却（辐射、传导和对流）进行体温调节。周围温度对体温的影响随身体产热的变化而不同，这又与体重和摄食量（代谢）直接相关。如果喘气不能防止体温升高，禽鸟会变得沉郁，然后昏迷，很快会死亡。雏鸡的致命体内高温为116°F，成年鸟为117°F。死鸟通常胸部着地，状态良好。胸部肌肉可能有一个熟的、苍白的外观。预防体温过高主要基于适当的建筑隔热、良好的通风和蒸发、早晨移除饲料以减少代谢热量产生，以及充足的饮用水供应。

喘气和增加的呼吸频率影响酸碱平衡并引起呼吸性酸中毒。更高的血液pH会降低血浆离子钙，这是形成蛋壳所需的，因此夏季产蛋鸡群产薄壳蛋的风险会增加。

## Ⅳ. 疫苗反应
### (VACCINE REACTION)

（波动反应，Rolling Reaction）

## 定义

在孵化场免疫后的一周内发生疫苗接种后的正常呼吸道（新城疫或感染性支气管炎）疫苗反应。然而，如果环境条件差，或者鸡群垂直传染了支原体，这种反应可能会加重并可能会继发埃希氏大肠杆菌（*Escherichia coli*）或支原体（*Mycoplasma spp.*）病。

## 临床症状和病理变化

发病小鸡会出现头部抖动，眼睛因鼻分泌物而潮湿，以及轻度咳嗽或打喷嚏（图1）。小鸡会出现沉郁，并会挤在一起或在热源下。死亡率增加，生长障碍，鸡群均一性丧失。尸检可见上呼吸道出现浆液性至干酪性分泌物，继发细菌感染的气囊炎。

## 诊断

诊断是根据恶劣的环境条件、临床症状和病变。感染性支气管炎的ELISA抗体滴度正常。

## 治疗和预防

必须给小鸡提供最佳的环境温度和饲养条件。如果有继发性细菌感染，可以给予抗生素。

# 雏鸡或小火鸡的脱水或饥饿

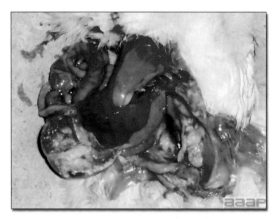

**图 1**
雏鸡脱水：白色粉状物质（尿酸盐沉积）出现在多处浆膜表面。肾脏苍白，输尿管肿胀。

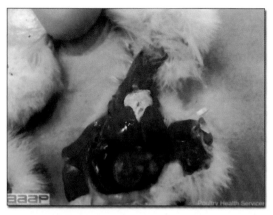

**图 2**
心包膜的尿酸盐沉积。

**图 3**
肌肉表面尿酸盐沉积。

**图 4**
关节出现尿酸盐沉积。

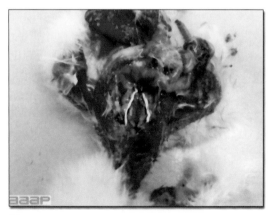

**图 5**
双侧肾脏苍白、肿大以及双侧输尿管扩张。

# 肉鸡严重低血糖死亡综合征

图 1
活仔鸡低血糖。

图 2
肝脏小的出血点。

# 疫苗反应

图 1
仔鸡有眼部分泌物。

（寇秋雯,译;张涛,王馨悦,匡宇,校）

# 鸭病

## DISEASES OF THE DUCK

由 Peter R. Woolcock 和 Martine Boulianne
编写

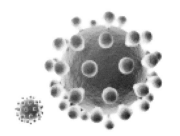

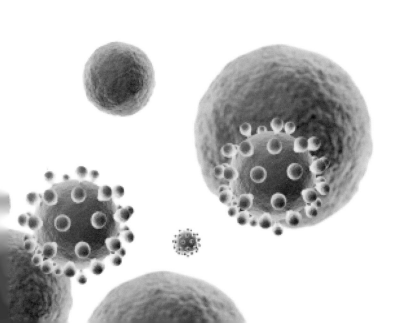

| 疾病名称 | 病因 | 易感性 | 临床症状与病变 | 注释 |
|---|---|---|---|---|
| 曲霉菌病 | 通常由烟曲霉菌 (Aspergillus fumigatus) 引起 | 幼鸟比成鸟更易感 | 通常先出现呼吸道症状，随后表现中枢神经系统症状 | 在脑经肉眼可见黄霉菌结节。曲霉菌病的病变在肺或气囊，也可能在结膜囊或眼球上 |
| 禽肉毒梭菌 (鸡垂颈病) | 摄取肉毒梭菌 (Clostridium botulinum) 产生的毒素 | 大数种类的禽鸟 | 经常致命的疾病，特点是麻痹和瘫痪。没有肉眼病变 | 重要的环境因素是导致禽鸟肉毒梭菌毒素中毒发生。该病通过一咀循环系发并持续存在 |
| 禽流感 | 正黏病毒 (Orthomyxovirus) (毒株致病性的差异很大) | 火鸡、鸭、野鸡、鹌鹑、许多野生禽鸟、其他家禽。鸭子是禽流感病的主要储存宿主，但并不是明显致病的病原。2002年香港出现 H5N1 禽流感致死野生水禽事件 | 高度易变。轻度症状：鼻窦肿胀、眼睛流泪和流鼻涕；重度症状：呼吸道、消化道、泌尿生殖、心血管等多个系统上出现出血，局灶性坏死 | 美国地方性流行病，通常轻度至中度严重，涉及呼吸系统。火鸡一般表现为产蛋下降和蛋完畸形。美国大多数禽流感是在火鸡和鸭子中暴发。2003年香港第一次报道火鸡高致病死亡。H5N1 病毒导致常驻和迁徙的水禽死亡。2005年，中国新疆460只鹅死于 H5N1 病毒流感，欧洲和非洲洲也有禽流感疫情发生 |
| 禽1型副黏病毒 (鸡新城疫) 和其他副黏病毒 (4、6、8、9) | 禽1型副黏病毒 (Paramyxovirus 1) 和其他副黏病毒 (4、6、8、9) | 除蛋鸭外，所有年龄段的鸭子均易感在中国，新城疫病毒曾在鹅上发现 | 产蛋量下降、脱毛。Essex 70 毒株使全部实验感染雏鸭致死。鹅接种新城疫能引起严重病理变化和高死亡率（中国） | Essex 70 毒株在英国流行时期没有在鸭子上发病的报道。2002年至2003年10月，外源性的新城疫在美国没有感染鸭子的报道 |
| 禽结核病 | 鸟型结核分枝杆菌 (Mycobacterium avium) | 所有鸟的种类 | 结核结节 (肉芽肿) 附着到肠道的浆膜上。许多器官上有局灶性肉芽肿。严重病例可出现极性消瘦 | 通常出现在年龄较大的禽鸟。可对圈养禽鸟群致病。可通过对病变玻片抗酸染色鉴定病原菌 |
| 鹦鹉热、衣原体病 (鹦鹉热、鸟疫) | 鹦鹉衣原体 (Chlamydophila psittaci) | 火鸡、鸽子、鸭子、笼养和野生禽鸟 | 急性、亚急性或隐性的。心包炎、经常带黏性的，也带有气囊炎、纤维素性肝周炎、脾肿大和肝肿大 | 是一种人畜共患病，并与公共卫生有关 |
| 大肠杆菌病 | 败血性埃希氏大肠杆菌 | 火鸡、鸡、商品鸭 | 心包炎、经常黏连 | 气囊炎、纤维素性肝周炎 |
| 鸭病毒性肝炎I型 (DHV-1) 现在在中国，韩国已更名为 DHAV-1 DHAV-2 和 DHAV-3 | 小RNA病毒属：禽肝炎病毒 (Picornavirus Genus: Avihepatovirus) | 小鸭、典型感染小于4周 | 症状：急性发作、周期短、高发病率和死亡率。肝脏肿胀并有许多出血点 | 小鸭的典型症状可确诊，世界范围内发病，是养鸭业中造成经济损失最重大的疾病 |

续表

| 疾病名称 | 病因 | 易感性 | 临床症状与病变 | 注释 |
|---|---|---|---|---|
| 鸭病毒性肝炎II型 | 星状病毒科 (Astrovirus) | 6周龄以内的小鸭。鸭病毒性肝炎I型和败血症并发。成年鸭易感 | 肝脏出血，肾脏肿胀 | 与鸭病毒性肝炎I型相似，死亡率稍低 仅在英国报道过 肝的切片会出现大量胆小管增生，类似黄曲霉毒素中毒。中国也有报道 |
| 鸭病毒性肝炎III型 | 星状病毒科 (Astrovirus) | 3~5周龄的小鸭，鸭病毒性肝炎I型和败血症并发。成年鸭不易感 | 肝脏出血 | 与鸭病毒性肝炎I型相似，高发病率，低死亡率，只在美国有报道 |
| 鸭病毒性肠炎 (鸭瘟) | 疱疹病毒 (Herpesvirus) | 主要是成年鸭子，也有2周龄发病报道。（也在鹅，天鹅中存在） | 胃肠道黏膜血管损伤，淋巴器官和实质器官广泛的出血，严重的肠炎。在食道，盲肠，泄殖腔或泄氏囊有坏死脱落的组织。在淋巴性咽环或肠管有出血或坏死 | 水禽的流行性损失提示为此病 典型病变和身体状况有利于诊断 外来的可报道的疾病 |
| 东部马脑 (脊髓)炎 | 甲病毒 (Alphaviruses) | 野鸡，鹧鸪，火鸡，北京鸭，鹌鹑 | 转圈运动，蹒跚，随后呈现瘫痪症状。恢复的鸟可能失明。经常有高发病率和高死亡率 | 只有显微镜下病理变化。由蚊子传播 |
| 禽霍乱 (家禽霍乱，出血性败血症) | 多杀性巴氏杆菌 (Pasteurella multocida) | 水禽，家禽，猎禽 | 病禽出现昏睡或闭目瞌睡，头颈姿势异常，运动失调，失去平衡。败血症病变(浆膜表面出血，水肿)，肝脏有点状坏死灶 | 急性感染非常常见，可能会引起速死亡和"暴发性"死亡。慢性感染一般死亡率较低 |
| 鹅细小病毒(GPV) 其他名字：Derzsy病，鹅流行性感冒，鹅瘟 | 细小病毒 (Parvovirus) | 感染只0~4周龄。鹅和疣鼻栖鸭易感，幼龄禽鸟更易受到感染。1~10天的雏鹅死亡率更高，成年鹅不易感，但是有免疫反应 | 小于1周龄时，厌食，衰竭迅速死亡 年龄大的，厌食，烦渴，虚弱，鼻和眼睛有分泌物排出，白痢，摇头不定，眼睑红肿，羽毛生长迟缓 心肌苍白，充血，肝脏，脾脏和胰腺肿胀 | 1956年在中国出现，欧洲和法国是1960年发生，目前在美国没有出现。被视为一种外来动物疾病 |
| 鸡住白细胞虫病 | 住白细胞虫 (Leukocytozoon sp.) | 火鸡，鸭，鹅，珍珠鸡，鸡 | 引起鸡冠和肉垂苍白，脾肿大，血涂片可以看到住白细胞虫，裂殖子通常住在肝脏，脾脏，大脑中 | 炎热夏季伴随着苍蝇和蚊虫的大量增多易导致疫病暴发 |

续表

| 疾病名称 | 病因 | 易感性 | 临床症状与病变 | 注释 |
|---|---|---|---|---|
| 番鸭细小病毒 | 细小病毒（Parvovirus） | 只感染幼龄番鸭 | 类似于鹅细小病毒，但引起骨骼肌苍白，并病变更严重 | 1989年，第一次在法国发现，同时在欧洲和日本也有发现。1998年在美国有可用的疫苗 |
| 肾球虫病 | 艾美耳球虫属（Eimeria）是种特异性的，许多导致肾球虫病鸭：头艾美耳球虫（E. boscha-di），体艾美尔球虫（E. soma-tarie）鹅：截头艾美耳球虫（E. truncata Swan）；天鹅：克里斯琴森艾美耳球虫（E. ghristiansemi） | 鸡，火鸡，鸭，鹅，在大多数禽鸟中都易感 | 感染禽鸟瘦弱，有突出的龙骨，严重感染时，肾脏肿大，呈淡灰色，肾组织上有点状或丝状性感染大部分报道的肾球虫病或者禽鸟寄生是无症状的或感染禽鸟寄生虫后没有明显病理和生理改变 | 寄生虫生活周期的一部分在肾脏幼禽和有各种肾疾病的禽鸟最可能有肾球虫病的临床症状自由放养野生鸭，绿头野鸭，双一冠鸬鹚出现过死亡家鹅通常是急性疾病，只持续2~3天，死亡率较高 |
| 鸭疫里默氏杆菌新鸭病、鸭败血症 | 鸭疫里默氏杆菌（Riemerella anatipestifer） | 各个年龄段的鸭和火鸡其他的水禽，鸡和野鸡都有可能发病 2~7周龄的鸭子最易感 | 眼睛和鼻有分泌物，轻微的打喷嚏，头颈震颤，共济失调和瘫痪，败血症。通常浆膜表面有纤维性渗出。在幼龄鸭子中死亡率2%~75% | 世界范围内流行，是养鸭业中影响经济效益最重要的传染病通过良好的生物安全管理和卫生措施进行预防。通过各感染禽舍的扑杀和消毒是有效的。一些国家已经有疫苗可以使用 |
| 肉孢子虫病 | 瑞氏肉孢子虫属（Sarcocystis rileyi） | 在涉猎鸭中可见大体病变，在其他品种的鸭，鹅和天鹅很少见。主要是成年禽鸟 | 没有引起死亡的病例，但是严重感染会导致肌肉损耗十分虚弱肌肉多处出血，类似稻米的圆柱状囊腔与肌纤维平行 | 在北美寄生虫感染某些种类的水禽很常见。发病的动物尸体应该丢弃，不仅是因为肌肉缺乏美观的外表，而且该病可能对人类健康有潜在危害烧煮可以破坏肉孢子虫 |
| 西尼罗病毒 | 黄病毒属（Flavivirus） | 鸭子和鹅 | 野鸟有死亡，脑出血，脾炎，脾肿大，肾炎 | 1999年纽约有报道。在以色列，罗马尼亚也有报道 2002年在加拿大幼鹅大约25%的死亡率禽鸟之间的传播大多数是通过蚊子叮咬 |
| 湿痘 | 痘病毒属（Poxvirus） | 大多数的禽鸟，包括家禽 | 在口腔黏膜，咽，食道有1~5 mm黄灰色斑块，很少的在鼻窦或结膜 | 皮肤病理变化发生在脸，眼皮，鸡冠，脚，腿，耳叶，肉髯和冠 |

（弓云飞，译；赵继勋，孙洪磊，匡宇，校）

# 猎禽病

## DISEASES OF THE GAMEBIRDS

由 Eva Wallner-Pendleton 编写

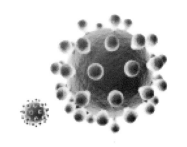

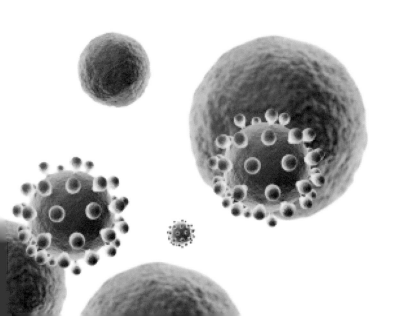

| 疾病名称 | 病原学 | 易感性 | 临床症状与病变 | 注释 |
|---|---|---|---|---|
| 曲菌病（孵化期肺炎） | 通常为烟曲霉（Aspergillus fumigatus） | 年轻禽鸟比成年禽鸟更敏感 | 呼吸道症状占主导，通常先于中枢神经系统病征。少数发展至中枢神经系统 | 肺部、气囊、气管分叉处、鼻窦，偶尔在大脑或眼睛可见黄色霉菌结节 |
| 禽肉毒杆菌素中毒（鸡垂颈病） | 摄入肉毒梭状芽胞杆菌（Clostridium botulinum）产生的毒素 | 大多种类的禽鸟 | 麻痹，通常致命的疾病。特点是上升的麻痹和瘫痪。没有大体病变 | 重要环境因素（不能检查到飞行中死亡的禽）导致禽鸟肉毒中毒暴发，然后在鸟一组循环环中延续 |
| 禽结核病 | 禽结核分枝杆菌（Mycobacterium avium） | 所有禽鸟种类 | 圆形结节（肉芽肿）附着在肠道浆膜。许多其他器官的局灶性肉芽肿。在晚期极度消瘦 | 通常出现在年龄大的禽鸟。在笼养禽群造成同题。在抗酸染色的病变涂片容易看到细菌 |
| 环节毛细线虫（嗉囊线虫） | 环节毛细线虫（Capillaria annulata） | 野鸡（雉）、鹧鸪、鹌鹑、火鸡、松鸡、珍珠鸡 | 在食管和嗉囊的严重毛细线虫病。流涎和体重减轻。也会导致死亡 | 蚯蚓也作为中间宿主。显微镜下检查嗉囊黏膜刮取物是否特有征性的卵囊 |
| 大肠杆菌病 | 埃希氏大肠杆菌（Escherichia coli） | 所有禽鸟种类易感 | 死亡率和发病率可能存在很大差异。常见败血症和多发性浆膜炎 | 疾病常继发于应激在恶劣的环境条件以及其他呼吸道和胃肠道传染病之后 |
| 黑头病 | 火鸡组织滴虫（Histomonas Meleagridis） | 火鸡、鸡、野鸡（雉）、欧石鸡、鹧鸪、鹌鹑和孔雀 | 黄色腹泻和黄疸，体重减轻。可见严重的坏死性盲肠炎和肝炎 | 频繁的蠕动，防止重盲肠的蠕虫感染。马来酸甲氧苄二胺也可以加入饲料用于预防 |
| 东方马脑（脊髓）炎 | 甲病毒（Alphaviruses） | 野鸡（雉）、鹧鸪、火鸡、北京鸭、鹧鹑 | 麻痹导致的转圈或蹒跚。恢复过来的个体可能会出现失明。发病率和死亡率通常较高 | 只有微观病变。由蚊子传播 |
| 禽霍乱（禽霍乱或禽巴斯德菌病） | 多杀性巴氏杆菌（Pasteurella multocida） | 水鸟、家禽、猎禽 | 病禽出现昏睡或采滞。头颈姿势呆滞、共济失调，不能保持平衡。败血症（浆膜出血和瘀血）和肝脏出血点。禽鸟经常在死亡时身体状况良好 | 急性感染常见，通常导致快速死亡和高死亡率。也会发生低死亡率的慢性感染 |
| 住白细胞虫病 | 住白细胞虫属（Leukocytozoon sp.） | 火鸡、鸭、鹅、珍珠鸡、鸡 | 苍白、脾肿大，肝变性以及在一些禽鸟出现肝肿大。可在血涂片见住白细胞虫。通常在肝脏、脾脏、脑出现裂殖体 | 疾病暴发于炎热季节，当小蝇和类毛虫较多时，这些苍蝇沿着河道繁殖。幸存的禽鸟（野生或家养）通常作为载体。禽鸟症状为贫血 |

续表

| 疾病名称 | 病原学 | 易感性 | 临床症状与病变 | 注释 |
|---|---|---|---|---|
| 大理石脾病 | Siadeno病毒（Ⅱ型腺病毒）Siadenovirus (Type Ⅱ adenovirus) | 野鸡（雉），可以在小火鸡、珍珠鸡鸡中扩散 | 较大日龄禽鸟猝死，通常从12周龄至成年禽鸟。抑郁，急性肺炎、充血和水肿，脾脏肿大并有斑驳 | 没有野鸡（雉）可用的商业化疫苗 |
| 支原体疾病（MG）传染性鼻窦炎 | 鸡毒支原体 Mycoplasma Gallisepticum | 鸡、火鸡、猎禽 | 鼻窦炎，可见上、下呼吸道疾病 | 常见猎禽接近感染家禽。然而，在猎禽发现其他支原体的意义又了解甚少 |
| 痘病毒感染 | 禽痘病毒（Avipox virus） | 大多数禽鸟，包括猎禽 | 头部、颈部和脚的无毛区域可见皮肤病变，口腔、咽，气管或食管黏膜有1~5mm的黄灰色斑块 | 鹌鹑痘病毒疫苗可用于鹌鹑，有时用于其他家禽 |
| 鹌鹑支气管炎 | 家禽Ⅰ型腺病毒（腺病毒血清Ⅰ型）Fowl adenovirus-Ⅰ (Serotype Ⅰ adenovirus) | 白喉鹑、日本鹌鹑 | 急性呼吸道疾病（"深吸气"结膜炎、咳嗽、鼻窦炎）。1~3周龄鹌鹑死亡率太高。在老长禽鸟疾病表现太不严重。黏液增加和气管黏膜增厚。肺炎、气囊炎、肝肿大、脾肿大 | 普遍发生大肠杆菌继发感染。日龄较大的鸟较耐受。无有效的治疗方法，但恢复种禽的母源抗体可以减轻后代感染发病的严重程度 |
| 气管比翼线虫感染（怕天虫） | 气管比翼线虫 Syngamus trachea | 野鸡（雉）、小火鸡和小鸡最敏感 | 可见咳嗽、喘气、体重减轻。特征是气管腔内的红色蚯蚓 | 生长在户外禽鸟接触感染的中间宿主（如：蚯蚓）可发病，特别是大雨过后，大量蚯蚓来到了地面 |
| 西尼罗河病毒 | 黄病毒（Flavivirus） | 松鸡、观赏类野鸡（雉）、鹑科和被猎食禽鸟 | 发病率和死亡率不同。脑出血、脾炎、脾肿大、肠炎、肾炎 | 1999年在纽约有报道，在以色列、罗马尼亚也有报道。有人报道在禽鸟间传播，但大多是由蚊子传播的 |

（常建宇，译；赵继勋，孙洪磊，匡宇，校）

# 附　录

Drs Linnea J. Newman 和 Jean E. Sander 修订

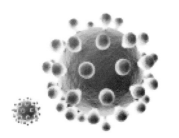

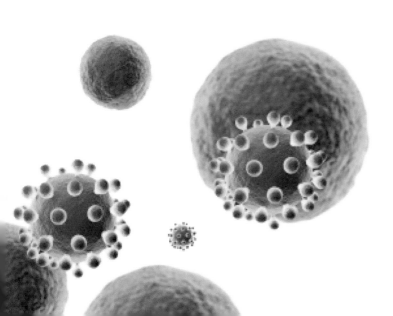

## 鸡和火鸡与年龄相关联的疾病

通过了解发病禽鸟的品种、临床特征以及禽群年龄，我们常可以列出一系列可能的需要鉴别诊断的疾病。在以下的表格中，对一些常见病从年龄和临床症状两方面进行了分类。当然，这些内容不是绝对的，仅作为参考。

### 肉鸡，年轻鸡，蛋鸡

7周大时的死亡占总死亡的4％～5％。在前2周死亡的比例占总死亡的30％～50％。

Ⅰ.孵育期(0～2周)

　　1.死亡或生长不良

　　　　A.非正常的孵卵条件——弱小的雏鸡或者增加感染的概率

　　　　B.脐和卵黄囊感染(例如,沙门氏菌,埃希氏大肠杆菌,葡萄球菌,变形杆菌等)

　　　　C.多囊性小肠炎或发育迟缓吸收障碍综合征

　　　　D.饥饿或脱水——地面温度,饮水管理

　　　　E.疫苗污染

　　　　F.雏鸡肾病

　　2.呼吸疾病

　　　　A.曲霉病(雏鸡肺炎)

　　　　B.疫苗问题——呼吸系统反应

　　3.肌肉与骨骼疾病

　　　　A.佝偻病

　　　　B.腿外翻(八字腿)

　　4.中枢神经系统疾病

　　　　A.禽脑脊髓炎

　　　　B.脑软化(维生素E缺乏)

　　　　C.低血糖症(严重死亡)

　　　　D.疫苗接种反应不良(卵内接种痘、马立克氏病疫苗)

　　5.眼病

　　　　A.角膜结膜炎(氨灼伤)

　　　　B.真菌性角膜结膜炎

Ⅱ.生长期(2～8周)

　　1.死亡

　　　　A.腹水

　　　　B.曲霉病

　　　　C.鸡传染性贫血病

　　　　D.典型的传染性法氏囊病

　　　　E.球虫病

　　　　F.坏疽性皮炎

　　　　G.组织滴虫病(黑头病)

H. 包涵体肝炎

I. 马立克氏病

J. 坏死性肠炎

K. 溃疡性肠炎

2. 呼吸疾病

A. 禽流感

B. 禽偏肺病毒（头肿胀综合征）

C. 大肠杆菌病

D. 传染性支气管炎

E. 传染性喉气管炎

F. 支原体病

G. 新城疫

3. 肌肉与骨骼疾病

A. 骨关节畸形（外翻—内翻畸形）

B. 传染性滑膜炎

C. 马立克氏病

D. 骨髓炎（例如：葡萄球菌病、盲肠肠球菌）

E. 蹄皮炎

F. 佝偻病

G. 脓毒性关节炎（例如：葡萄球菌病、埃希氏大肠杆菌、盲肠肠球菌）

H. 脊椎炎（盲肠肠球菌）

I. 脊椎前移（曲背）

J. 胫骨软骨发育不良

K. 中毒〔离子载体类药物中毒或 3 -硝基,肉毒（梭菌毒素）中毒〕

L. 病毒性关节炎

4. 中枢神经系统疾病

A. 虫媒病毒感染（东部马脑炎病毒）

B. 禽脑脊髓炎

C. 脑软化（维生素 E 缺乏）

D. 马立克氏病

E. 新城疫

5. 皮肤疾病

A. 渗出性皮炎（维生素 E 缺乏）

B. 禽痘

C. 坏疽性皮炎

D. 马立克氏病（皮肤型白血病）

6. 其他疾病

A. 念珠菌病（嗉囊霉菌病）

B. 蜂窝（组）织炎

C. 免疫抑制—IBD,CIA

D. 肠道寄生虫（毛细线虫属、蛔虫、绦虫等）

E. 霉菌毒素

Ⅲ. 小母鸡时期(8～20周)

    1. 呼吸疾病

        A. 禽流感

        B. 传染性支气管炎

        C. 传染性鼻炎

        D. 传染性喉气管炎

        E. 支原体病

        F. 新城疫

    2. 肿瘤病

        A. 淋巴白血病

        B. 马立克氏病

    3. 全身性疾病

        A. 禽霍乱(巴氏杆菌病)

        B. 大肠杆菌病

    4. 肠道疾病

        A. 球虫病

        B. 坏死性肠炎

Ⅳ. 产蛋期(＞20周)

    1. 呼吸疾病

        A. 禽流感

        B. 传染性支气管炎

        C. 传染性鼻炎

        D. 传染性喉气管炎

        E. 支原体病

        F. 新城疫

    2. 产蛋下降

        A. 禽脑脊髓炎

        B. 禽流感

        C. 戊型肝炎病毒

        D. 传染性支气管炎

        E. 传染性鼻炎

        F. 管理不善(光、饮水、营养等)

        G. 支原体病(鸡毒支原体)

        H. 新城疫

    3. 肿瘤病

        A. 淋巴白血病

        B. 马立克氏病

        C. 各种其他肿瘤(癌、肉瘤)

    4. 中枢神经系统疾病

        A. 禽霍乱(巴氏杆菌病)

        B. 新城疫

    5. 笼养蛋鸡疲劳

6. 同类相残(啄癖)

7. 脂肪肝出血综合征

8. 禽螨

9. 癔病(歇斯底里)

10. 寄生虫病(毛细线虫病、异刺线虫病、蛔虫等)

11. 输卵管炎或腹膜炎

12. 阴道部脱垂

Ⅴ. 散发病

1. 虫媒病毒感染

2. 禽结核

3. 肉毒毒素中毒

4. 其他寄生虫病

5. 沙门氏菌病(鸡白痢、伤寒)

6. 链球菌病

# 火鸡

Ⅰ. 育雏早期(0～3周)

1. 死亡或发育不良

A. 念珠菌病

B. 同类相残(啄癖)

C. 球虫病

D. 隐孢子虫病

E. 脐炎(沙门氏菌、亚利桑那沙门氏菌、埃希氏大肠杆菌、变形杆菌等)

F. 管理不善(饿死、脱水、断喙不良等)

G. 幼禽肠炎与死亡综合征或发育障碍综合征

H. 幼禽吸收不良发育障碍综合征

I. 火鸡病毒性肝炎

2. 呼吸疾病

A. 曲霉病(幼禽肺炎)

B. 火鸡鼻炎(波氏杆菌病)

3. 肌肉与骨骼疾病

A. 佝偻病(软骨病)

B. 腿外翻(八字腿)

C. 葡萄球菌病

D. 胫骨扭转

4. 中枢神经系统疾病

A. 禽亚利桑那菌病

B. 禽脑脊髓炎

C. 脑软化(维生素 E 缺乏)

D. 真菌性脑炎(曲霉菌、赭霉)

5. 眼病

A. 氨灼伤

B.禽亚利桑那菌病

C.外伤

D.真菌性角膜结膜炎（曲霉菌）

## Ⅱ.育雏晚期或生长早期(3～12周)

1. 死亡

    A.主动脉破裂（壁间动脉瘤）

    B.出血性肠炎

    C.组织滴虫病（黑头病）

    D.火鸡猝死综合征或肾周围出血综合征

    E.住白细胞虫病

    F.坏死性肠炎

    G.圆心病（扩张型心肌病）

    H.溃疡性肠炎

2. 呼吸疾病

    A.禽流感

    B.波氏杆菌病（火鸡鼻炎）

    C.大肠杆菌病

    D.禽霍乱（巴氏杆菌病）

    E.支原体病（MM，MS，MG）

    F.新城疫

    G.禽偏肺病毒感染（火鸡鼻气管炎）

3. 肌肉与骨骼疾病

    A.细菌性关节炎（葡萄球菌、埃希氏大肠杆菌）

    B.足垫接触性皮炎

    C.脊椎前移（曲背）

4. 其他疾病

    A.霉菌毒素

    B.蛔虫

## Ⅲ.育成期(大于12周至上市)

1. 死亡

    A.主动脉破裂（壁间动脉瘤）

    B.同类相残（啄癖）

    C.丹毒

2. 呼吸疾病

    A.曲霉病

    B.禽流感

    C.衣原体病

    D.禽霍乱（巴氏杆菌病）

    E.新城疫

    F.鼻气管鸟疫感染（ORT）

3. 肌肉与骨骼疾病

    A.角骨畸形（外翻—内翻畸形）

B. 细菌性关节炎（葡萄球菌、埃希氏大肠杆菌、丹毒、多杀性巴氏杆菌）

C. 骨髓炎

D. 脊柱侧凸

E. 胫骨软骨发育不良

4. 其他疾病

A. 扣状胸或水疱

B. 外寄生虫（螨虫、虱子）

C. 内寄生虫（蛔虫、盲肠蠕虫）

D. 嗉囊下垂

E. 火鸡痘

Ⅳ. 育种期（＞30 周），发生在育种期的疾病也可能发生在产蛋期。

1. 死亡

A. 曲霉病

B. 禽霍乱（巴氏杆菌病）

C. 输卵管炎或腹膜炎

2. 肿瘤

A. 淋巴白血病

B. 网状内皮增生症

3. 产蛋率下降

A. 虫媒病毒感染（EEEV,WEEV,HJV）

B. 禽流感

C. 禽偏肺病毒感染

D. 管理不善（光、饮水、营养等）

E. 支原体病

F. 新城疫

## 有心血管系统病变的疾病

| 疾病名称 | 病原学 | 发病动物种类 | 病理变化 | 备注 |
|---|---|---|---|---|
| 腹水 | 新陈代谢，与肉鸡的快速生长率和高产量相关 | 年轻、成长迅速的鸡（公＞母） | 心肌肥大。腹水。肝肿大或硬化。严重病例会出现纤维蛋白渗出 | 孵化时的低氧条件、高海拔、粉尘多、肺部病变均可导致病情恶化。通过控制照明减缓生长 |
| 衣原体病 | 鹦鹉热衣原体 | 火鸡、鸽子、鸭、笼养和野生禽鸟 | 心包炎，经常是黏性的 | 通常伴有肺泡炎、纤维素性肝周炎、脾肿大以及肝肿大 |
| 大肠杆菌病 | 埃希氏大肠杆菌败血症 | 火鸡、鸡、商品鸭 | 心包炎，经常是黏性的 | 通常有肺泡炎、纤维素性肝周炎 |
| 壁间动脉瘤、夹层动脉瘤或夹层主动脉瘤（主动脉破裂） | 未知。没有传染性。受营养（尤其是铜代谢）影响较大 | 火鸡，偶尔有鸡 | 破裂的主动脉。经常是腹部主动脉，极少情况在主动脉弓。大量内出血 | 在快速生长、高密度的禽鸟会出现突然死亡的情况。死亡率可以很高。通常发生在雄性身上 |
| 心内膜炎 | 各种细菌：丹毒、巴氏杆菌、葡萄球菌、链球菌 | 鸡和火鸡 | 心脏瓣膜上有黄色、不规则斑块 | 发生概率低 |
| 马立克氏病 | 疱疹病毒 | 鸡 | 在心肌有灶性或多灶性肿瘤 | 可能和其他器官的肿瘤有关联 |
| 鸡毒支原体感染 | 鸡毒支原体 | 火鸡、鸡、其他家禽、禽鸟 | 心包炎，经常是黏着性的 | 通常有肺泡炎、纤维素性肝周炎 |
| 鸡白痢、禽伤寒、可能有副伤寒 | 鸡白痢沙门氏菌、鸡伤寒沙门氏菌、其他沙门氏菌 | 鸡、火鸡和鹅 | 心肌层有结节。黏着性心包炎 | 一些成鸟发生卵巢炎或睾丸炎。幼禽会有肠道疾病或败血病性疾病并伴随腹泻 |
| 圆心病 | 可能对于火鸡来说是毒物（抗腹蛋白酶和呋喃唑酮与之密切关联） | 火鸡和鸡 | 一个严重肿大的圆形心脏。腹水。严重情形下会出现纤维蛋白渗出 | 在鸡中不常出现。多数暴发与垫料有关。死亡率不同。用呋喃唑酮治疗火鸡会增强其效果 |

## 有中枢神经系统症状的疾病

| 疾病名称 | 病原学 | 发病动物种类 | 病理变化 | 备注 |
|---|---|---|---|---|
| 曲霉病 | 通常为烟曲霉 | 通常为雏鸡和小火鸡或被捕的猎禽 | 多种中枢神经症状。呼吸症状通常出现在中枢神经症状之前,并为主要症状。少数涉及中枢神经症状 | 在脑肉眼可见黄色霉菌结节。在肺、气囊可能在结膜囊或眼睛球有曲霉病的病变 |
| 禽脑脊髓炎(流行性震颤) | 肝病毒(小RNA病毒) | 雏鸡、小火鸡和野鸡 | 头、颈和腿振颤。局部麻痹,进一步发展到瘫痪和全身表现 | 中枢神经系统显微病变。白内障。诊断强调振颤 |
| 细菌性脑膜炎 | 沙门氏菌,副伤寒类亚利桑那沙门氏菌,埃希氏大肠杆菌 | 小火鸡、雏鸡 | 多种中枢神经症状。有些小火鸡会出现眼炎和脐炎 | 脑膜和脑室有肉眼可见的分泌物。通过培养确认 |
| 肉毒中毒 | 肉毒梭菌产生的毒素 | 通常为鸡 | 局部麻痹发展为腿、颈、翅膀和眼睑瘫痪。羽毛松散 | 没有有价值的肉眼或显微病变。嗉囊中有腐烂食物和蛆 |
| 脑软化症(疯雏鸡病) | 维生素E缺乏 | 雏鸡(一般小于8周龄),火鸡(一般小于2~4周龄) | 共济失调,向后飞行,失去平衡,脚趾弯曲,头、颈后仰 | 出血,可见小脑软化。通过显微变确诊。可能应泄殖腔内坏死处有渗出性素质 |
| 盲肠球菌病 | 盲肠球菌 | 鸡 | 不协调,步态不正常肉鸡和肉鸡的脊椎 | |
| 马脑脊髓炎病毒 | 甲病毒 | 野鸡、山鹑、火鸡、北京鸭,鹌鹑和鸡 | 麻痹后的旋转和蹒跚。恢复的禽鸟也许会失明。常出现高发病率和死亡率 | 只有显微病变。由蚊子传播 |
| 禽霍乱 | 多杀性巴氏杆菌 | 火鸡、鸡,也许其他品种 | 头颈姿势异常。共济失调,失去平衡 | 地方性慢性禽霍乱。有(或没有)伴有急性暴发,病变出现在头骨或内耳 |
| 严重低血糖死亡综合征 | 未知。沙粒病毒、轮状病毒、硫胺素(维生素B$_1$)缺乏、霉菌毒素与其密切相关 | 雏鸡和幼禽(<3周) | 共济失调和死亡。经常是腹卧,头颈伸长的死亡姿势 | 发病突然,高死亡率可能会持续1~2天。常与应激相关,如从孵化室转移到鸡舍。可能会出现肝被膜或实质出血。与正常禽相比发病的血糖水平非常低 |
| 马立克氏病 | α疱疹病毒 | 经常是6~20周的鸡 | 麻痹发展成一条腿或翅膀瘫痪。一般躺着的禽鸟一条腿向前伸,一条腿向后伸 | 镜检下,发病的神经干和中枢神经系统可见肿瘤细胞浸润。发病神经干的病变为肉眼 |
| 新城疫 | 副粘病毒 | 鸡常发,但是多数禽鸟易感 | 小鸡表现中枢神经系统症状,常会继续出现呼吸症状。进行性局部麻痹,然后是瘫痪疾和死亡 | 出现显微病变。有助于诊断。只有一小部分禽鸟有呼吸症状的同时伴有中枢神经症状 |
| 霉菌病(真菌)(以前被称为霉菌性指霉) | 奔马赭霉(真菌)(以前被称为奔马性指霉) | 火鸡雏鸟、小鸡 | 不协调、颤抖、斜颈、瘫痪,可能出现眼眶浑浊 | 局灶性脑损伤,经常是肺泡炎或肺结节。真菌经常存在于垫料中 |
| 痘疫苗接种反应 | 禽痘疫苗 | 小于两周的雏鸡。5~7天有低发生率 | 共济失调、轻微的伸肌强直。翅膀张平,跛脚行走 | 在卵期注射痘苗;错误的皮下注射,可能和疫苗菌剂相关 |

\* 禽鸟马中枢神经症状疾病的症状有共济失调,瘫痪,瘫疾,原地打转,振颤,头和颈的扭动,向后摔倒以及失去平衡。任何中枢神经症状的组合都可能出现。

## 有口、咽、食管、嗉囊、腺胃和肌胃病变的疾病

| 疾病名称 | 病原学 | 发病动物种类 | 病理变化 | 备注 |
|---|---|---|---|---|
| 念珠菌病（嗉囊霉菌病） | 白色念珠菌 | 家禽、猎鸟、可能还有其他禽 | 黏膜上有灰色、薄的伪膜斑块。轻度炎症 | 常继发于寄生虫病、营养不良、卫生条件差、拥挤、使用抗生素、其他的疾病等。任何在标题列举的器官可发病 |
| 毛细线虫病 | 捻转毛细线虫、环形毛细线虫 | 鸡、火鸡、猎禽 | 线虫移行到发发炎、增厚的黏膜 | 在食道和嗉囊。常见于猎鸟。需要刮片确诊 |
| 鸭瘟（鸭病毒性肠炎） | 疱疹病毒 | 鸭子、鹅、天鹅 | 食道和泄殖腔组织的坏死和大出血。肝有出血点 | 被感染的组织产生核内包涵体 |
| 真菌中毒症 | 单端孢霉烯 | 所有家禽 | 口腔溃疡 | 由镰刀霉菌属霉菌产生 |
| 嗉囊下垂 | 如果是流行的，可能受粗饲料影响；或者火鸡遗传性的 | 火鸡、鸡、可能还有其他种类 | 嗉囊和食管扩张，可能是受到了（内部食物）挤压 | 继发性霉菌病经常出现在松弛的嗉囊或食管中。偶见于迷走神经麻痹 |
| （毛）滴虫病（鸽子溃疡、猎鹰 frounce） | 鸡毛滴虫 | 猛禽、鸽子、火鸡、鸡 | 口、咽、食管、嗉囊黏膜上的圆锥形突起 | 唾液中有很多滴虫。有时前胃有病变。鸽子和一些猛禽的肝脏也有。病变经常具有扩散性 |
| 维生素 A 缺乏 | 维生素 A 不充足 | 鸡、火鸡 | 食管上有脓疱样的损伤，有可能存在于口咽和咽中。各种鼻炎、鼻窦炎、结膜炎。在尿道或泄殖腔可能有过多的非晶形尿酸盐 | 幼鸟只出现的大体病变和症状是眼睑粘黏和共济失调。在食管黏膜和鼻黏膜柱状上皮上皮的鳞状上皮细胞化生 |
| 湿痘 | 禽痘病毒 | 大多数禽鸟，包括家禽 | 口腔、咽、食道黏膜上有 1~5 mm 黄灰菌斑。鼻窦或眼睛结膜很少出现 | 皮肤病变常在面部、肉垂、眼睑、冠、脚、腺、耳垂、肉冠、肉瘤 |

## 有肠道病变的疾病

| 疾病名称 | 病原学 | 发病动物种类 | 病理变化 | 备注 |
|---|---|---|---|---|
| 亚利桑那病 | 亚利桑那沙门氏菌 | 雏鸟，小鸡 | 小肠炎，无法吸收的卵黄。肝脏肿大的，有斑点，可能有腹膜炎或者眼内浑浊 | 雏鸟经常生长缓慢且死亡率过高。可能有腹泻 |
| 禽结核 | 禽分枝杆菌结核菌 | 鸡，大多数其他家禽和禽鸟 | 在肠系膜附着有圆形结节（肉芽肿）。很多其他器官有局灶性肉芽肿。严重病例出现极度变形 | 经常在超过一个蛋周期的老鸡身上发现。对病变部位涂片的抗酸染色可以便利地确诊致病菌 |
| 球虫病 | 多种的艾美耳球虫 | 鸡，火鸡，鸭子，鹅，可能在多数禽鸟中部有发病 | 在不同部位和不同严重程度的小肠炎。堆型艾美耳球虫—小肠上部。毒害艾美耳球虫和巨型艾美耳球虫—小肠中部。柔嫩艾美耳球虫和布氏艾美耳球虫—肠后段 | 列举了针对鸡的五种主要病原体。细节看青正文。球虫病经常和其他疾病同时发生。这种病在鸭子和鹅中不常见 |
| 大肠杆菌病 | 埃希氏大肠杆菌 | 鸡，火鸡 | 小肠炎，脐炎，输卵管炎，腹膜炎，关节炎以及全眼球炎是常见病变。呼吸系统疾病经常和心包炎，肝周炎，肺泡炎有关。见注释 | 很多综合征已经确认。在非常年幼和成年鸡都可见。大多数发病与三种血清型的病原相关。经常是继发感染 |
| 大肠杆菌性肉芽肿 | 黏液型大肠杆菌 | 鸡，火鸡 | 沿着盲肠，十二指肠有肉芽肿，进入肠系膜肝脏 | 和禽结核相似，但是损伤中没有抗酸菌。必须和禽结核区分。一种罕见的疾病 |
| 鸭病毒性肠炎（鸭瘟） | 疱疹病毒 | 野鸭或家鸭，鹅，天鹅 | 广泛出血，严重的小肠。可能在食道，盲肠，泄殖腔或者上囊会有斑块。淋巴环或者肠样有出血和/或坏死 | 水禽的流行性死亡是可能的。典型的病变和包涵体有利于诊断。一个外来的，可报告的疾病 |
| 鸡伤寒 | 鸡沙门氏菌 | 鸡，火鸡，偶尔有其他家禽 | 在刚孵化的小鸡中出现，和鸡白痢一样（见下）。在老年禽鸟中会出现苍白的尸体，严重肠炎，脾肿大，肝脏中的灰色病灶以及被胆汁染色（青铜色）的肝脏 | 刚孵化的小鸡和雏鸟的症状与鸡白痢极其相似，但是死亡率持续到成年。成年禽鸟会出现贫血 |
| 火鸡出血性肠炎（HE） | 腺病毒（Siadeno病毒） | 一般是6～12周龄的火鸡 | 小肠有严重的小肠。且伴随肠道严重出血。早期脾肿大且有斑点 | 常出现带血的粪便。死亡率可能会高。一个相似的病毒导致野鸡的大理石脾病。亚临床的出血性肠炎可能和抑制免疫抑制继发性埃希氏大肠杆菌感染相关 |
| 六鞭原虫病（新名字是鸡螺旋核原虫症） | 火鸡鸡螺旋核原虫，鸽螺旋核原虫 | 火鸡，雏鸟，猎禽，鸽子 | 小肠上半部分出现卡他性肠炎。在局部发病肠道发生球状扩张。螺旋核虫出现在肠腺虫的腺管 | 埃希氏大肠杆菌感染的禽鸟有水样腹泻。常抽搐死亡。与副伤寒和传染性肠炎症状相似 |

续表

| 疾病名称 | 病原学 | 发病动物种类 | 病理变化 | 备注 |
|---|---|---|---|---|
| 组织滴虫病（黑头病） | 组织滴虫 | 火鸡雏鸟、猎禽、鸡、后备雏蛋鸡 | 盲肠水肿和一般有盲肠芯。肝有圆形或椭圆形凹陷病变 | 在盲肠和肝脏的典型病变是有病理特征的 |
| 传染性法氏囊病 | 禽双RNA病毒属 | 鸡，尤其是3～6周大 | 法氏囊严重的炎症，先水肿，然后萎缩。脾肿大。重肌一般有出血 | 常见症状有腹泻、不协调、脱水、啄肛等。病程大约一周。免疫系统损伤，接下来可能继发感染，如：包涵体肝炎、坏殖性皮炎、溃疡性或坏死性肠炎等 |
| 内寄生虫感染 | 蛔虫、绦虫、盲肠蠕虫，毛细线虫的多个种 | 很多禽鸟，包括家禽 | 在合适的位置的寄生虫肉眼可见。不同程度小肠炎。明显消瘦 | 镜检制片对鉴别毛细线虫是必要的 |
| 马立克氏病 | α疱疹病毒 | 鸡 | 肠道某一区域有弥漫性肿瘤 | 弥漫性肿瘤灶一般在其他内脏器官明显可见，例如心、肝、脾、生殖腺、肾、肺 |
| 坏死性肠炎 | 产气荚膜梭状芽孢杆菌 | 鸡 | 尤其是回肠，黏膜有灶性或者弥漫性坏死 | 在没有使用抗生素的禽群，有球虫病、肠道刺激，如：非淀粉多糖（小麦、大麦、黑麦饮食）和生物胺类存在的情况下中最常出现 |
| 非特异性肠炎 | 多种传染性病原体 | 家禽和其他禽鸟 | 肠炎伴发许多传染病，能引起其他系统更严重病变，更有诊断的意义 | 其他可能引起肠炎的疾病包括：霍乱、丹毒、沙门氏菌病、孤菌性肝炎、螺旋体病、肉毒中毒、黄曲霉毒素中毒、流行性感冒、念珠菌病等 |
| 副伤寒 | 沙门氏菌（约有20个主要种类） | 幼禽、小鸡、其他的幼鸟。有时也有成年家禽 | 严重的肠炎。经常有黏膜斑和/或奶酪样盲肠芯。偶尔鸡白痢其他病变也会出现 | 一般是小于8周，但是偶尔也有更大的禽鸟患此病。年轻的火鸡雏鸟经常发病。可能会在物种间传播 |
| 鸡白痢 | 鸡白痢沙门氏菌 | 鸡、火鸡。偶尔有其他家禽 | 肠炎、脱水、未吸收的卵黄。肺、心脏、肌胃有结节。可能有黏膜斑块、盲肠芯，以及局灶性坏死性肝炎。肉鸡可出现滑膜炎 | 特征流行于4周龄的禽鸟。孵化之后短期内开始。常见白色黏性的腹泻。一些成年禽鸟持续存在卵巢炎、睾丸炎或者心肌炎 |
| 火鸡冠状病毒性肠炎 | 冠状病毒 | 火鸡，尤其是幼禽 | 明显的黏液性肠炎、脱水 | 持续腹泻。雏鸟死亡率可能会很高。大的火鸡不严重 |
| 溃疡性肠炎（鹌鹑病） | 鹑鸫梭菌 | 被捕获的猎禽、火鸡、鸡 | 早期为急性肠炎。通常沿肠道有很多深的溃疡。脾肿大。肝脏有灶性或弥漫性散的黄色区域 | 猎鸟常见疾病。类似于鸡的球虫病。在鸡常为继发 |

## 有肝脏病变的疾病

| 疾病名称 | 病原学 | 发病动物种类 | 病理变化 | 备注 |
|---|---|---|---|---|
| 黄曲霉毒素中毒（真菌中毒症） | 毒性一般来自于黄曲霉 | 雏鸟、野鸡（雉）、小鸡、小鸭 | 肝脏苍白且有斑点，胆管增生。卡他性肠炎 | 饲料含有毒素，尤其是花生食品；垫料中涌出的同料、单独的垫料。症状包括供济失调，抽搐、角弓反张。单独的症状可能是瘦弱，增重不良，低产量 |
| 禽结核 | 禽分枝菌 | 一般存在于鸡。也在其他家禽和野鸟中 | 肝脏中有壮性肉芽肿。一般为多病变。结节（肉芽肿沿肠道周围。病变可见于多数器官和更严重时骨髓也有。消瘦 | 一般发生于大于1周岁的老鸡。极度消瘦是结核病的特点 |
| 1型鸭肝炎病毒（DHV-1） | 微小核糖核酸病毒 | 小鸭，通常小于4周龄 | 肝脏肿大且有很多出血 | 症状：急性发病，病程短，高发病率和死亡率。年幼的小鸭的典型损伤基本上是特定的 |
| 3型鸭肝炎病毒（DHV-3） | 星状病毒 | 5周龄及以下的小鸭 | 肝脏肿大且有很多出血 | 临床症状开始后1~2 h 死亡。抽搐、角弓反张。死亡率很少高于30%，但是发病率很高 |
| 禽霍乱 | 多杀性巴氏杆菌 | 家禽、野鸟，尤其是水禽 | 急性病例在肝脏快速分散。之后可能有1~3 mm的壮性肝坏死 | 壮性肝脏病变与沙门氏菌病、结核病、利斯特氏菌病极其类似。家禽霍乱常有败血病 |
| 组织滴虫病（黑头病） | 火鸡组织滴虫 | 火鸡、猎禽、鸡 | 有可达2 cm圆形变成椭圆形的肝脏病变。有/无盲肠芯的盲肠炎 | 典型的肝脏和盲肠病变同时存在即为病理特征。经常发生在火鸡与鸡同时或之后养的火鸡。病原体通过盲肠蠕虫和蚯蚓的卵进行传播 |
| 包涵体肝炎 | 腺病毒 | 特别是5~8周龄的鸡 | 黄褐色肝脏区域随出血。细胞核内出血。可能有黄疸。多处出血（皮肤、肌肉、浆膜下层） | 经常继发传染性法氏囊病。这会损害免疫系统 |
| 白血综合征 | 逆转录病毒 | 鸡，也许还有其他种类 | 肝脏壮性或弥漫性肿瘤病变。其他器官经常变到壮性或弥漫性肿瘤病变的影响 | 如果在小于5个月的鸡中间流行，疾病有可能是马立克氏病。在老年禽鸟则可能是淋巴白血病。请看手册中关于病毒性肿瘤的部分 |
| 沙门氏菌病、鸡白痢、禽伤寒、副伤寒 | 鸡白痢沙门氏菌，火鸡沙门氏菌，其他沙门氏菌 | 鸡和火鸡。很多种家禽、禽鸟、和哺乳动物有副伤寒 | 有时有1~3 mm的壮性肝坏死。小肠炎，有的时候黏膜有凸起白色的斑块，肠道或者盲肠有奶酪样块状物。有些盲肠病可能没有病变，尤其是幼鸟 | 中沙门氏菌主要是经卵感染。很多都是经卵感染。副伤寒可通过种间传染。沙门氏菌的感染通常可引起败血病 |
| 溃疡性肠炎 | 鹌鹑梭菌 | 被捕获的猎禽、火鸡、鸡 | 肝脏有壮性和/或弥漫性黄色区域。肠道中散布着较深的溃疡 | 捕获猎禽的一种常见疾病。在雏鸟和鸡增强 |
| 孤菌性肝炎 | 胎儿弯曲杆菌属菌的多个种 | 鸡，一般是刚开始或者是成年鸡 | 具有星状或者菜花样的肝坏死病灶。有时出血。被膜下血肿，腹水或者心包积水 | 只有10%发病鸟有肝脏病变。很多其他禽病可以有肝脏病变。胆汁通常可以培养弯曲杆菌 |

* 这个表格只包括了常发的，且更有经济学意义的，或有诊断价值的肝脏病变的疾病。很多其他禽病可以有肝脏病变，比如鹦鹉热、亚利桑那病（副大肠杆菌）感染、火鸡病毒性肝炎、滑膜炎、鸭传染性浆膜炎、葡萄球菌病和李氏杆菌病等。

## 有造血系统病变的疾病

| 疾病名称 | 病原学 | 发病动物种类 | 病理变化 | 备注 |
|---|---|---|---|---|
| 鸡传染性贫血（CIA） | 环转病毒（环病毒科） | 鸡（2～4 周龄） | 贫血症，胸腺萎缩。浅粉到黄色的骨髓 | 经常与坏疽性皮炎相关。尤其是在翅膀上（蓝翅病）。病程常持续 1 周。发病肉鸡可以追溯到传播鸡传染性贫血的种鸡群 |
| 鸭病毒性肠炎（鸭瘟） | 疱疹病毒 | 野生或者家鸭、鹅、天鹅 | 广泛出血。严重的肠炎。可能在食道、盲肠、直肠、泄殖腔或法氏囊有斑块。肠道淋巴环（盘）出血和/或者坏死 | 在水禽流行的损失具有重要意义。典型病变和包涵体有助于诊断。是一个重要的应报告性疾病 |
| 传染性法氏囊病 | 禽双 RNA 病毒 | 3～6 周龄的鸡较典型 | 法氏囊严重的炎症，早期肿大后期萎缩。脾肿大。重肌普遍出血 | 腹泻，不协调，脱水，啄肛是常见症状。病程约 1 周。免疫系统损伤。可能继发包涵体肝炎或者坏死性皮炎 |
| 住白细胞虫病 | 住白细胞原虫 | 火鸡、鸭子、鹅、珍珠鸡、鸡 | 有些禽鸟会出现苍白、脾肿大，肝脏变性并肥大。血图片中可见住白细胞原虫。肝脏、脾、脑经常出现裂殖体 | 发病时间与小蝇和蠓较多的较热的月份一致。这些苍蝇在水边产下后代。存活的禽鸟（野生或者家养）常成为携带者。禽鸟的症状和贫血症相关 |
| 淋巴白血病 | 逆转录酶病毒 | 鸡，可能有其他种类 | 体内肿瘤。淋巴母细胞出现在法氏囊和很多其他器官中 | 可能与马立克类似。一般大于 4 月龄的鸡可见。肝脏、脾、肾频繁地有瘤形成；法氏囊有结节性淋巴结瘤 |
| 马立克氏病 | α 疱疹病毒 | 鸡，可能有其他种类 | 体内肿瘤。肿瘤多形性淋巴细胞渗透、中枢神经症状、脾、肝脏、肾、神经干、虹膜、卵巢以及很多其他器官 | 一般流行于 6～20 周龄的鸡。在年龄更大的鸡中持续存在。可能与淋巴白血病极其类似。法氏囊很少有瘤 |

## 有肌肉骨骼病变的疾病

| 疾病名称 | 病原学 | 发病动物种类 | 病理变化 | 备注 |
|---|---|---|---|---|
| 生物素缺乏 | 生物素缺乏 | 小火鸡 | 大的扭曲的跗骨关节和弯曲的胫骨。单侧脚和脚趾皮肤角化过度 | 病变包括嘴角和眼角皮肤的角化过度 |
| 笼养蛋鸡疲劳症(骨质疏松症,成年骨软化) | 病因有争议。有可能是因为低磷、低钙,或者不平衡。笼养是一个因素 | 鸡(笼养蛋鸡) | 骨易破裂并裂成碎片。骨折,有时有脊椎骨折。消耗骨质 | 腿无力或者不能站立。如果立即移走放到地上可能会恢复 |
| 脚掌接触性皮炎(跖皮炎或者禽掌炎) | 脚上继发性细菌感染的创伤 | 鸡、火鸡、隼、其他禽鸟 | 脚或垫肿大,经常有开放的病变。可以涉及关节或脚趾或脚 | 一般偶发。在很多病例中,没有垫料的水泥地可导致较多病例。猎鹰(此病)与小而硬的栖枝有关 |
| 脚趾畸形(弯曲) | 未知 | 鸡、火鸡 | 发病脚趾向外侧或内侧扭曲 | 偶然发现。不能确定跛脚原因是否核黄素缺乏 |
| 深层胸肌病(绿肌病) | 缺血后用力 | 鸡、火鸡 | 单侧或双侧的深胸肌的绿色坏死区域 | 应激后肌肉非细菌性坏死,导致肌肉肿胀 |
| 盲肠肠球菌 | 盲肠肠球菌 | 鸡 | 不协调,步态异常 | 脊椎炎,股骨头坏死,肉鸡及肉种鸡种骨髓炎相关 |
| 痛风(关节痛风) | 代谢疾病伴随尿酸盐结晶蓄积 | 鸡、火鸡,可能还有其他禽鸟 | 白色到灰色的半固体的痛风石沉淀在关节及其周围。发病关节肿大扭曲。在胸和腿最明显上。消瘦 | 类似的尿酸晶体可沉积在内脏,尤其是心包膜和肝脏包膜。也可能在输尿管 |
| 传染性滑膜炎 | 滑液囊支原体 | 鸡、火鸡 | 关节和鸭子的腱鞘肿大,在跗关节、胫骨、胸最明显。黏着的滑液分泌物。有时肝脏是绿色的 | 很多禽鸟瘫腿蹲在地上。胸部的水泡是常见后果。其他支原体可以产生类似病变 |
| 营养性肌病 | 维生素E、硒、含硫氨基酸缺乏 | 鸡、火鸡、鸭。 | 鸡和鸭子的胸肌肌纤维坏死、腿部出现白色的条纹或者白色团块。在火鸡中是砂囊肌肉组织有灰白色斑块 | 在小鸡肌肉损伤中可伴随脑软化或渗出性素质 |
| 骨髓炎 | 各种细菌转移到骨髓 | 家禽和其他禽鸟 | 骨髓炎在不同的位置。一般在股骨、胫骨,或椎骨 | 偶发。非特异 |

续表

| 疾病名称 | 病原学 | 发病动物种类 | 病理变化 | 备注 |
|---|---|---|---|---|
| 骨骼石化症 | 和逆转录病毒感染相关 | 鸡 | 胫骨和其他长骨增厚、加重、密度变大，并且伴随变小的骨髓腔 | 在公鸡中发生概率更高。骨的病变是非正常肿瘤的 |
| 软骨营养障碍（雏鸡锰缺乏症或肌腱滑脱） | 经常是锰或胆碱缺乏，有时是烟酸、维生素缺乏 | 家禽和笼养猎禽 | 腓肠肌肌腱经常在附关节滑车和腿的附部滑脱（一般是外侧）。腿远端到附关节有奇特的部位 | 可以是单侧或双侧。快速成长的疾病，一般发生在主要饲喂玉米的禽群 |
| 佝偻病 | 钙或磷或维生素 $D_3$ 不平衡或缺乏 | 笼养家禽和其他禽鸟 | 幼鸟：软的喙和骨头、珠状肋骨、龙骨弯曲，骨骺增大和扩大的副伤寒 | 一般见于几周龄的禽鸟；维生素 $D_3$ 缺乏是常见原因 |
| 八字腿（腿外翻） | 禽鸟脚下地面光滑 | 雏鸡，火鸡 | 腿在臀部向外偏离 | 在光滑的纸上孵化的禽群发生概率高 |
| 葡萄球菌性关节炎 | 多处关节感染黄金色葡萄球菌 | 火鸡，鸡 | 发病关节肿大、疼痛，一般有渗出。病变为广泛性的，但是通常都包括附腰部和胸。可能涉及胸腰部的连接处 | 发病禽鸟一般严重瘸腿。关节炎一般在败血病之前发生。火鸡的常见病 |
| 胫骨软骨发育不良 | 可能受基因型影响。有可能和过量的磷或者其他饲喂因素有关 | 肉鸡雏鸡，小火鸡 | 胫骨在前面偏向一侧。胫骨近端和/或跖骨大量软骨异常。可能此处有骨折。甲状旁腺正常。常同时出现骨髓炎 | 蹲，不愿意走动，姿势和步态异常。生长缓慢。鸭有类似的症状 |
| 病毒性关节炎（呼肠孤病毒感染） | 呼肠孤病毒 | 鸡（肉用型），火鸡 | 一般是靠近附关节的肌腱和腱鞘肿大 | 有的时候导致腓肠肌肌腱断裂 |

## 有生殖道病变的疾病

| 疾病名称 | 病原学 | 发病动物种类 | 病理变化 | 备注 |
|---|---|---|---|---|
| 卵黄性腹膜炎 | 卵黄排入腹膜腔。具体原因未知 | 蛋鸡 | 腹部器官中有蛋黄物质。不同严重程度的腹膜炎 | 极少与卵巢或输卵管异常相关。偶尔伴发一些急性疾病 |
| 体内产卵 | 卵黄逆行进入腹膜腔 | 蛋鸡 | 腹膜腔内有硬壳或软壳蛋。腹膜炎 | 可能有些病例是传染性支气管炎造成的输卵管病变导致的 |
| 淋巴白血病 | 逆转录酶病毒 | 鸡，可能还有其他种类 | 卵巢肿瘤。法氏囊灶性或结节性肿瘤 | 伴发很多肿瘤病变。一般在性成熟禽鸟，详见淋巴白血病(禽白血病病毒(ALV)或肉瘤病毒)注释 |
| 马立克氏病 | α疱疹病毒 | 鸡，可能还有其他种类 | 卵巢肿瘤。法氏囊萎缩 | 经常伴发多种其他肿瘤病变。一般是未性成熟的禽鸟。详见马立克氏病注释 |
| 输卵管脱垂 | 未知。经常伴随肥胖 | 蛋鸡 | 输卵管脱垂且经常被同类啄食 | 在幼小、肥胖开始产卵的小母鸡发 |
| 鸡白痢禽伤寒、副伤寒 | 鸡白痢沙门氏菌，鸡伤寒沙门氏菌，沙门氏菌 | 成年鸡和火鸡 | 卵巢炎伴有充血的、干酪样的、萎缩的卵泡，睾丸炎 | 有时伴有左侧心肌炎和心包炎 |
| 输卵管炎 | 可伴有支原体病或继发感染性的支气管炎。通常是非特异性的。通常有大肠杆菌 | 蛋鸡 | 不同程度的输卵管炎。输卵管可能因为分泌物而扩张 | 产蛋母鸡日常死亡的常见原因。肉鸡偶发，有肺泡炎病史 |

## 有呼吸道病变的疾病

| 疾病名称 | 病原学 | 发病动物种类 | 病理变化 | 备注 |
|---|---|---|---|---|
| 曲霉病 | 烟曲霉 | 大多数家禽和禽鸟易感。通常发生在鸡、火鸡、水禽、企鹅和笼养猎禽 | 霉菌性肉芽肿一般出现在肺，有可能沿着气道出现。气囊中有霉菌性斑块或者毛茸茸的菌丝体。病变可转移到体内器官、脑、眼球。极少出现在结膜囊 | 通常通过发霉的饲料、垫料、污染的孵化室进行传播。弃马赭粉菌和其他真菌可能产生相似的症状和病变 |
| 禽衣原体病 | 鹦鹉热衣原体 | 偶尔发生在火鸡、鸭子。更多发生在野生外来禽鸟 | 症状不同，但常有肺泡炎、心包炎、纤维素性肝周炎。脾肿大可能是唯一的慢性病变 | 家禽中出现，火鸡中更常见。可能会感染处理感染家禽的工人，导致类似流感症状 |
| 禽流感（AI） | 正黏病毒（毒株的致病性不同） | 火鸡、鸭、野鸡（雏）、鹌鹑、很多野生禽鸟、其他家禽 | 高度不同。温和型：常见鼻窦肿大、眼或鼻有分泌物。严重型：出血、心血管、泌尿生殖、或多个系统的局灶性坏死。见AI部分 | 美国的地方性动物传染病，严重度经常从温和到中度，且涉及呼吸系统。产蛋量下降、蛋壳异常。美国禽流感多数在火鸡和鸭暴发 |
| 禽偏肺病毒感染 | 同质肺病毒 | 任何年龄段的鸡和火鸡、野鸡（雏）、珠鸡 | 上呼吸道症状，伴有眼或鼻的分泌物，头和鼻窦肿大 | 临床表现的不同取决于继发染。产蛋量下降 |
| 禽波氏杆菌病（火鸡鼻炎） | 禽波氏杆菌 | 火鸡、鸡 | 眼、鼻和鼻窦有分泌物。气管炎、气管可能会变平。在不复杂的病例中肺炎很少见 | 气管纤毛导致更容易受到其他呼吸疾病的影响 |
| 传染性支气管炎（IB） | 冠状病毒 | 鸡 | 呼吸道轻微到中度的炎症。偶尔发生肾病。因并发支原体病，严重的肺泡炎、心包炎，纤维素性肝周周炎等而变得复杂 | 主要是呼吸症状。除非是多数雏鸡小于10周龄并有并发症，一般不会死亡。在蛋鸡产蛋量可能下降50%。可导致产有皱纹的蛋壳和/或囊性输卵管炎 |
| 传染性喉气管炎 | 线状病毒（疱疹病毒科） | 鸡。偶尔有野鸡（雏） | 常为严重的出血性喉气管炎伴有血样渗出物，并可能有纤维蛋白性或干酪样栓塞。偶尔只有轻度的喉气管炎伴有结膜炎 | 一般发生在半成年或成年鸡。比其他病毒性疾病传播缓慢。可能导致高死亡率。严重呼吸困难。伴随大的喘气声并痰气中带有血性渗出物。温和型有少症状和病变 |

续表

| 疾病名称 | 病原学 | 发病动物种类 | 病理变化 | 备注 |
|---|---|---|---|---|
| 鸡毒支原体感染(MG) | 鸡毒支原体 | 主要是鸡、火鸡,但是在很多其他家禽或禽鸟中也会发生 | 严重程度不同的肺泡炎。通常心包炎和可能出现的纤维素性肝周炎 | 常继发其他疾病和疫苗接种(尤其是新城疫和感染性支气管炎)以及反应激。通常是一个慢性的呼吸疾病 |
| 新城疫(ND) | 副黏液病毒(不同毒株的致病性有较大差异) | 多数家禽和禽鸟易感。鸡常见 | 各种病毒株高度不同。地方流行的新城疫又较少或不产生肉眼病变。但外来新城疫产生很多不同的病变:眼和颈部周围肿大,多部位出血,包括肠黏膜,严重气管炎。见新城疫的病变部分 | 新城疫在美国地方性流行,通常是呼吸疾病,但是一部分幼鸟可同时或随后出现中枢神经系统症状。外来新城疫在美国很少出现。在蛋鸡中,新城疫使产蛋量急剧下降或停止产蛋 |

- 呼吸症状包括以下一个或多个:咳嗽、喷嚏、呼吸困难、喘、快速呼吸、啰音、眼部或鼻子有分泌物、鼻窦肿大。肉鸡的症状可能会很严重,即使只感染温和菌株。继发埃希氏大肠杆菌病很常见。
- 除非是特别说明,病变即为对鸡和火鸡的这些病变。
- 呼吸症状包括以下一个或多个:咳嗽、喷嚏、呼吸困难、喘息、眼或鼻有分泌物、鼻窦肿大。即使是温和毒株、肉鸡产生的症状也可能会很严重。常继发大肠杆菌病。
- 除非是特意声明,鸡和火鸡的病变即为这些。

# 有皮肤病变的疾病

| 疾病名称 | 病原学 | 发病动物种类 | 病理变化 | 备注 |
|---|---|---|---|---|
| 生物素缺乏症 | 生物素(维生素H)缺乏 | 小鸡,火鸡雏鸟 | 小腿和脚上有炎。嘴角或可能在眼角有硬壳,结痂样病变 | 火鸡跗关节肿大和跗骨弯曲通常很明显,且先于或伴有皮肤病变。有时牵涉锰缺乏症,尤其是在幼禽 |
| 蜂窝组织炎 | 埃希氏大肠杆菌 | 雏鸡 | 腹部出现黄色,增厚的皮肤。同时有水肿性到干酪样的皮下渗出物 | 继发于皮肤擦伤的细菌感染 |
| 丹毒 | 红斑丹毒丝菌 | 火鸡,一般是年龄大一些的雄性 | 皮肤有急性脓毒性疾病,伴有浆膜,皮肤和肌肉出血,并且脾肿大 | 细菌存在于土壤中,并从雄性打斗产生的伤口进入皮肤。多数常见于放养的雄性 |
| 外寄生虫 | 螨,虱子等 | 所有家禽种类 | 外寄生虫的移动快速,但在泄殖孔附近可见。其粪便和/或卵在皮肤或羽轴可见。 | 外寄生虫造成不适不利于侵袭 |
| 鸡痘、鸽痘、金丝雀痘,火鸡痘 | 痘病毒 | 可能是所有禽鸟 | 在没有羽毛的皮肤上有黄色脓疱或是深棕红色的痂(脸,鸡冠,肉垂的眼睑;肉冠;火鸡的肉垂;泛养或者野生禽鸟的脚及脚趾) | 口腔,咽,结膜,鼻窦中可能出现黄色或者灰色斑块。可以通过蚊虫传播。在病变上皮细胞的胞浆包涵体 |
| 坏疽性皮炎 | 皮肤创伤伴随继发葡萄球菌,梭菌等 | 鸡 | 皮肤外伤伴随深层的蜂窝组织炎 | 在4~16周龄的鸡和火鸡中严重损失。有的继发于传染性法氏囊病或腺病毒感染 |
| 雏鸡泛酸缺乏症 | 泛酸(维生素B₅)缺乏 | 雏鸡,可能还有其他家禽 | 小腿和脚有皮炎。嘴角或可能眼角有硬痂皮样的病变 | 供济失调,不能站立。神经里多发性髓鞘变性 |
| 核黄素缺乏 | 核黄素(维生素B₂)缺乏 | 火鸡雏鸟和雏鸡 | 雏鸟,脚,小腿有皮炎。嘴角,眼睑,泄殖孔有角质层。雏鸡;翅膀下垂。两者皆有:神经干肥大,髓鞘变性 | 雏鸟和雏鸡可能用卷曲的胸趾爬行。这是一个常见的缺乏 |
| 水疱皮炎(光敏作用) | 光敏种子,植物,有或没有真菌的饲料,阳光;皮肤需要的阳光 | 鸡,可能有其他禽鸟 | 没有羽毛的皮肤有小水疱或者结痂。(鸡冠,肉冉,脸,腿阜,脚) | 小水疱破裂后,发病皮肤起皱纹,形成溃疡,干燥 |
| 黄瘤症 | 病因不确定。有可能是动物脂肪里含有毒性物质 | 鸡 | 皮肤增厚,变粗糙的黄色肿大。下颌间肉垂肿大 | 永久性皮肤病变。发病鸟屠宰时报废。发病皮肤内出现胆固醇结晶和大的泡沫巨噬细胞 |

## 鸡常见呼吸疾病的鉴别诊断

| 辅助诊断 | 中发型新城疫 | 传染性支气管炎 | 传染性喉气管炎 | 鸡毒支原体感染 | 传染性鼻炎 |
|---|---|---|---|---|---|
| 禽群中的传播速度 | 快速 | 快速 | 适度 | 缓慢;持续 | 快速 |
| 群中症状持续时间 | 2周 | 2周 | 2～4周 | 数周到数月 | 数周到数月 |
| 产蛋下降 | 接近完全中断下蛋 | 高达50% | 1%～20% | 1%～20% | 1%～20% |
| 3周龄以下雏鸡的死亡率 | 25%～90% | 5%～60% | 雏鸡极少发生 | 5%～40%(雏鸡很少发生) | 雏鸡很少发生 |
| 成年死亡率 | 0～5%(外来新城疫死亡率很高) | 一般是0 | 高达50% | 低,淘汰较多 | 低,淘汰较多 |
| 经卵传播 | 否 | 否 | 否 | 否 | 否 |
| 病因 | 副黏液病毒 | 冠状病毒 | 线状病毒(疱疹病毒属) | 鸡毒支原体 | 副鸡杆菌 |
| 是否有疫苗 | 有 | 有 | 有 | 有 | 有 |
| 自然携带的鸡群 | 极少 | 有,小于2周(也要接种疫苗) | 有,可能终生(也要接种疫苗) | 有 | 有 |
| 临床诊断 | 成年:3天之内停止产蛋。雏鸡,部分为急性呼吸系统症状,伴有中枢神经系统症状,且死亡率高 | 急性禽呼吸性疾病,不伴随中枢神经系统症状,但是产蛋量和蛋壳质量都极速下降 | 严重呼吸困难,鼻孔有血样黏液,成鸡死亡率高 | 慢性呼吸症状,受到天气和季节的影响 | 呼吸症状伴随面部水肿,眼和鼻有分泌物。分泌液有腐烂气味 |
| 病原特征 | 导致出血性皮肤和鸡胚死亡。凝集集红细胞 | 胚胎卷曲,发育迟缓,不凝集红细胞 | 尿囊膜(CAM)有斑点,尿囊膜和气管上皮细胞有细胞核内包涵体 | 在特殊培养基上生长;最初在血琼脂上生长,不凝集红细胞 | 在烛罐血琼脂上形成小露珠状菌落(需要葡萄球菌饲养菌落)。形态多样,革兰氏阴性 |

续表

| 辅助诊断 | 中发型新城疫 | 传染性支气管炎 | 传染性喉气管炎 | 鸡毒支原体感染 | 传染性鼻炎 |
|---|---|---|---|---|---|
| 血清学检测 | 5天后血凝抑制实验（HI检测）效价；10～21天后病毒中和实验检测效价，可进行 ELISA 检测 | 病毒中和实验检测效价，可进行 ELISA 检测 | 可进行 ELISA 检测。血清抗体变化慢 | 平板和试管凝集试验。血凝抑制实验（HI）检测。可进行 ELISA 检测。血清抗体变化慢 | 没有检测 |
| PCR | 是（RT-PCR） | 是（RT-PCR） | 是（PCR/RFLP） | 是（有商品化试剂盒） | 是（ERIC-PCR） |
| 肉眼病变 | 没有。可能会有轻微的肺泡炎和气道炎症 | 可能没有。常见肺泡炎和气管炎 | 面部，喙有带血的黏液。死鸟有严重的气管炎和干酪样栓塞 | 严重的肺泡炎。纤维蛋白性肝周炎。粘连性心包炎 | 面部水肿。眼睑黏连。眼和鼻有黏液样分泌物 |

\* 曲霉菌病、禽流感和衣原体病已从此表中删除，尽管其可以归类为呼吸疾病。如果禽鸟病情严重，分泌的黏液积累在呼吸道，在伴发特定其他疾病时偶尔可听到呼吸噪声。

（王馨悦，译；张涛，匡宇，校）

# 家禽药物使用指导

## POVLTRY DRUG USE GUIDE

Drs Linnea J. Newman 和 Jean E. Sander 编写

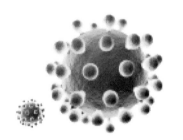

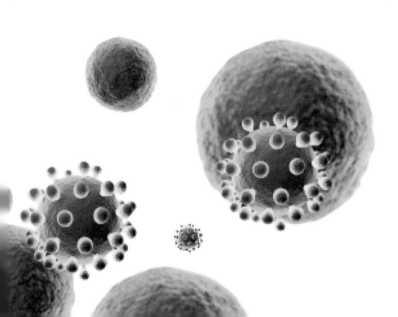

以下列出了在美国批准用于家禽的药物的一般指导性用药剂量和屠宰前停药时间。在计算停药时间时，每天以完整的 24 h 计算，从鸟最后一次给药时间算起。以下所列的既不包括所有情况，也不是专用的，是可以调整的。这里列出的一些药物可与其他药物联合使用。药物的使用许可不意味着交叉使用的许可。有关许可联合或单独用药物的使用说明的信息，读者可以翻阅列在本章节最后的索引。斜体字的药物不能用于蛋鸡。在治疗决定使用抗菌剂时，兽医应尽量提高疗效，减少抗菌剂的耐药，以保护公众和动物的健康。

| 有效成分 | 英文名称 | 给药途径 | 停药时间(天) | 剂量 |
|---|---|---|---|---|
| 安普罗利 | Amprolium | 饮水 | 0 | 0.006％～0.024％ |
| 安普罗利[A] | Amprolium[A] | 饲料 | 0 | 36.3～227 g/t |
| 杆菌肽亚甲基双水杨酸盐 | Bacitracin methylene disalicyclate | 饮水 | 0 | 27.5～158 mg/L |
| 杆菌肽亚甲基双水杨酸盐[B] | Bacitracin methylene disalicyclate[B] | 饲料 | 0 | 4～200 g/t |
| 杆菌肽锌 | Bacitracin zinc | 饮水 | 0 | 100～400 mg/gal |
| 杆菌肽锌[B] | Bacitracin zinc[B] | 饲料 | 0 | 4～50 g/t |
| 斑贝霉素 | Bambermycins | 饲料 | 0 | 1～2 g/t |
| 头孢噻呋纳[C] | Ceftiofur sodium[C] | | 0 | 0.08～0.20 mg/头 |
| 氯四环素 | Chlortetracycline | 饮水 | 1 | 100～1 000 mg/gal |
| 盐酸氯四环素 | Chlortetracycline | 饲料 | 1 | 10～500 g/t |
| 氯羟吡啶/氯吡多 | Clopidol | 饲料 | 5 | 113.5～227 g/t |
| 环丙氨嗪[D] | Cyromazine[D] | 饲料 | 3 | 0.01 lb/t |
| 地可喹酯 | Decoquinate | 饲料 | 0 | 27.2 g/t |
| 地克珠利 | Diclazuril | 饲料 | 0 | 0.91 g/t |
| 红霉素 | Erythromycin | 饮水 | 1 | 0.500 g/gal |
| 硫酸庆大霉素 | Gentamicin sulfate | 注射 | 35 | 0.2 mg |
| 溴氯哌喹酮氢溴酸盐 | Halofuginone Hydrobromide | 饲料 | 4 | 2.72 g/t |
| 拉沙里菌素 | Lasalocid | 饲料 | 0 | 68～113 g/t |
| 洁霉素 | Lincomycin | 饲料 | 0 | 2～4 g/t |
| 盐酸洁霉素 | Lincomycin HCI | 饮水 | 0 | 16 mg/L |
| 洁霉素/大观霉素[E] | Lincomycin/Spectinomycin[E] | 饮水 | 3 | 833 mg 抗菌作用/L |
| 莫能霉素 | Monensin | 饲料 | 0 | 90～110 g/t |
| 甲基盐霉素 | Narasin | 饲料 | 0 | 54～72 g/t |
| 甲基盐霉素/尼卡巴嗪 | Narasin/nicarbazin | 饲料 | 5 | 54～90 g/t 联合用药 |
| 新霉素/土霉素 | Neomycin/Oxytetracycline | 饲料 | 3 | 10～50 g/t |
| 尼卡巴嗪 | Nicarbazin | 饲料 | 4 | 113.5 g/t |
| 硝苯肿酸 | Nitarsone | 饲料 | 5 | 170.1 g/t |
| 盐酸土霉素 | Oxytetracycline hydrochloride | 饮水 | 0 | 200～800 mg/gal |
| 土霉素 | Oxytetracycline | 饲料 | 0～3 | 10～500 g/t |
| 青霉素(自普鲁卡因青霉素) | Penicillin(from procaine penicillin) | 饲料 | 0 | 2.4～50 g/t |

续表

| 有效成分 | 英文名称 | 给药途径 | 停药时间(天) | 剂量 |
|---|---|---|---|---|
| 哌嗪 | Piperazine | 饮水 | 14 | 50～100 mg/只 |
| 盐酸氯苯胍 | Robenidine hydrochloride | 饲料 | 5 | 30 g/t |
| 硝酚胂酸 | Roxarsone | 饮水 | 5 | 5 mg/gal |
| 硝酚胂酸 | Roxarsone | 饲料 | 5 | 22.7～45.4 g/t |
| 盐霉素 | Salinomycin | 饲料 | 0 | 40～60 g/t |
| 赛杜霉素 | Semduramicin | 饲料 | 0 | 22.7 g/t |
| 盐酸大观霉素 | Spectinomycin dihydrochloride | 饮水 | 5 | 0.5～2 g/gal |
| 盐酸大观霉素C | Spectinomycin dihydrochloride[C] | 注射 | 0 | 2.5 mg/只 |
| 硫酸链霉素 | Steptomycin Sulfate | 饮水 | 4 | 0.5～1.5 g/gal |
| 磺胺地索辛 | Sulfadimethoxine | 饮水 | 5 | 1.875 g/gal |
| 磺胺地索辛/奥美普林 | Sulfadimethoxine/ormetoprim | 饲料 | 5 | 113.5 g/t<br>68.1 g/t |
| 磺胺二甲嘧啶钠 | Sulfamethazine sodium | 饮水 | 10 | 61～89 mg/(lb·天) |
| 磺胺喹噁啉 | Sulfaquinoxaline | 饮水 | 10 | 0.025～0.04% 10～45 mg/磅/天 |
| 盐酸四环素 | Tetracycline hydrochloride | 饮水 | 5 | 89 mg/L |
| 酒石酸泰乐菌素 | Tylosin tartrate | 饮水 | 1 | 100～500 mg/L |
| 泰乐菌素F | Tylosin[F] | 饲料 | 0～5 | 4～1 000 g/t |
| 维吉尼亚霉素 | Virginiamycin | 饲料 | 0 | 5～20 g/t |
| 3,5-二硝基邻甲苯甲酰胺 | Zoalene | 饲料 | 0 | 36.3～113.5 g/t |

[A]36.3～113.5 g/t 蛋鸡饲喂量。

[B]10～25 g/t 蛋鸡饲喂量。

[C]只用于大日龄的鸡。特别标注:FDA 禁止先锋霉素族抗生素用于鸡。

[D]在美国只用于蛋禽或种禽。

[E]7 日龄以上可用。

[F]蛋鸡给药剂量 20～50 g/t。最高剂量水平(1 000 g/t)需停药 5 天。

# 火鸡药物列表

| 有效成分 | 英文名称 | 给药途径 | 停药时间(天) | 剂量 |
|---|---|---|---|---|
| 安普罗利 | Amprolium | 饮水 | 0 | 4～16 液量盎司/50 gal |
| 安普罗利 | Amprolium | 饮水 | 0 | 113.5～227 g/t |
| 杆菌肽亚甲基双水杨酸盐 | Bacitracin methylene disalicyclate | 饮水 | 0 | 400 mg/gal |
| 杆菌肽亚甲基双水杨酸盐 | Bacitracin methylene disalicyclate | 饲料 | 0 | 4～200 g/t |
| 杆菌肽锌 | Bacitracin zinc | 饲料 | 0 | 4～50 g/t |
| 班贝霉素 | Bambermycins | 饲料 | 0 | 1～2 g/t |
| 头孢噻夫钠[A] | Ceftiofur sodium[A] | SQ | 0 | 0.17～0.5 mg/幼禽 |
| 氯四环素 | Chlortetracycline | 饮水 | 1 | 100～400 mg/gal |
| 氯四环素 | Chlortetracycline | 饲料 | 1 | 10～400 g/t |
| 氯羟吡啶/氯吡多 | Clopidol | 饲料 | 5 | 113.5～227 g/t |
| 地克珠利[B] | Diclazuril[B] | 饲料 | 0 | 0.91 g/t |
| 红霉素 | Erythromycin | 饮水 | 1 | 57.8～115.6 mg/L |
| 苯硫哒唑[B] | Fenbendazole[B] | 饲料 | 0 | 14.5 g/t |
| 庆大霉素 | Gentamicin | 注射 | 63 | 1 mg/头 |
| 溴氯哌喹酮氢溴酸盐 | Halofuginone Hydrobromide | 饲料 | 7 | 1.36～2.72 g/t |
| 拉沙里菌素 | Lasalocid[B] | 饲料 | 0 | 68～113 g/t |
| 莫能霉素 | Monensin | 饲料 | 0 | 54～90 g/t |
| 新霉素/土霉素 | Neomycin/Oxytetracycline | 饲料 | 5 | 10～200 g/t |
| 硫酸新霉素 | Neomycin sulfate | 饮水 | 0 | 10 mg/(lb·天) |
| 硝苯胂酸 | Nitrasone | 饲料 | 5 | 170.1 g/t |
| 盐酸土霉素 | Oxytetracycline hydrochloride | 饮水 | 5 | 200～400 mg/gal |
| 土霉素 | Oxytetracycline | 饲料 | 0 | 10～200 g/t |
| 青霉素(G 钾盐) | Penicillin(G potassium) | 饮水 | 1 | 1.5 百万单位/gal |
| 青霉素(自普鲁卡因青霉素) | Penicillin(fromprocaine penicillin) | 饲料 | 0 | 2.4～50 g/t |
| 硫酸哌嗪 | Piperazine sulfate | 饮水 | 14 | 100～200 mg/头 |
| 莱克多巴胺 | Ractopamine Hydrochloride | 饲料 | 0 | 4.6～11.8 g/t |
| 硝酚胂酸 | Roxarsone | 饲料 | 5 | 22.7～45.4 g/t |
| 硝酚胂酸 | Roxarsone | 饮水 | 5 | 5 mg/gal |
| 盐酸大观霉素 | Spectinomycin dihydrochloride | 注射 | 0 | 1.0～5 mg/只 |
| 磺胺地索辛 | Sulfadimethoxine | 饮水 | 5 | 0.938 g/gal |
| 磺胺地索辛/奥美普林 | Suffadimethoxine/Ormetoprim | 饲料 | 5 | 56.7 g/t, 34.05 g/t |

续表

| 有效成分 | 英文名称 | 给药途径 | 停药时间(天) | 剂量 |
|---|---|---|---|---|
| 磺胺二甲嘧啶钠 | Sutfamethazine sodium | 饮水 | 10 | 53～130 mg/(lb·天) |
| 磺胺喹噁啉 | Sulfaquinoxaline | 饮水 | 10 | 0.025～0.04%<br>3.5～55 mg//(lb·天) |
| 三磺胺(磺胺二甲嘧啶,磺胺甲嘧啶,磺胺喹噁啉) | Triple Sulfa ( sulfamethazine, sulfamerazine, sulfaquinoxaline) | 饮水 | 14 | 0.025%溶液 |
| 酒石酸泰乐菌素 | Tylosin tartrate | 饮水 | 3 | 500 mg/L |
| 维吉尼亚霉素 | Virginiamycin | 饲料 | 0 | 10～20 g/t |
| 3,5-二硝基邻甲苯甲酰胺[B] | Zoalene[B] | 饲料 | 0 | 113.5～170.3 g/t |

[A] 只用于日龄高的家禽。FDA 禁止头孢菌素用于火鸡 Extralabel use。

[B] 不用于种火鸡。

参考文献

1. Arriuja-Dechert,A. (ed)1999. Compendium of Veterinary Products,5th ed. Adrian J. Bayley,Pub,. Port Huron,Mi.

2. FDA Website:www. accessdata. fda. gov/scripts/animaldrugsatfda/index. cfm? gb=1&showtype=adv(last consulted July 20th,2012).

3. Lundeen,T. (ed.) 1999. 2011. Feed additive Compendium,The Miller Publishing Co.,Minnetonka,MN

(匡宇,译;王明安,校)

# 家禽的尸体剖检

NECROPSY OF THE FOWL

由 Drs Richard J. Julian 和 Martine Boulianne
编写

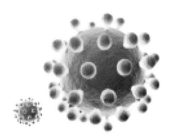

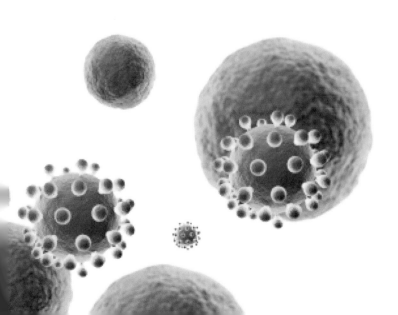

## 历史

其他物种在流行病调查时,清晰的历史信息可以提供有助于解决问题的线索。所以要获得有关禽鸟的种类、年龄、饲料、饮水来源和消耗率,生长,生产,发病率和死亡率,主人描述的病例,免疫程序,药物使用等方面的信息。

在家禽养殖场许多问题都与管理,环境因素和应激的关系比传染病要大,所以现场要认真检查畜舍条件。通风是否充分? 氨水味道是否严重? 是否过热或过冷? 垫料过湿或是过干并形成粉尘? 房间是否过亮? 是否有足够光照时间并已达到最佳产量? 巢的位置是否较暗? 憩息处是否过高? 禽鸟是否舒服? 鸡可打鸣,它们发出的声音可表明是否舒服、饥饿、痛苦、恐慌或生病。

### 检查活样本

检查个体或群体的一般表现并尽量判断哪个器官或系统发病。记录有诊断价值的症状和病变。如果禽鸟表现出跛行或麻痹,损伤是否在神经系统、骨骼、关节、肌肉或皮肤? 有些疾病尤其是影响运动的,在活禽是非常容易诊断的。例如:肉毒杆菌中毒在鸡可引起颈部麻痹(在火鸡、鸭和野鸡翅膀和腿麻痹更常见)。

虱子和螨可检查头部、身体和腿的皮肤病变(特别是人畜共患的),脱皮,肿胀,发绀或葡萄球菌或梭菌性皮炎等。听到不正常的呼吸声(划痕声、汩汩声)并寻找喘气或摇头的禽鸟,这表明呼吸道异常。口呼吸(喘)在天气炎热时是正常的。鼻孔和眼有分泌物,干燥的羽毛也提示呼吸道感染。检查排泄物确定是否有腹泻和出血。

如果进行尸体剖检,就要选择在群体中发病有代表性的禽鸟。如果出现死亡,则发病和死亡的禽鸟都要进行剖检。只挑选两只鸟不能提供答案。如果出问题的是产品中的少数,要寻找近期停止产蛋的禽鸟。同时进行外在和内部检查,寻找特异性特征,避免错过重要损伤是非常重要的。如果禽鸟是活着的,家禽需通过以下三种方法之一进行处死。

(1)在合适的密闭容器内实施 $CO_2$ 气处死。

(2)头部进行寰枕关节脱臼(图1)。

(3)静脉注射巴比妥酸盐(图2)。

用含有去垢剂的水湿润羽毛。如果怀疑是鹦鹉热,禽鸟要浸泡于5%来苏儿并在层流柜中进行尸体剖检。

如果希望用拭子进行培养,要用无菌器械切开眶下窦、关节或器官。所有非必要的操作和培养之前的延迟都会增加污染的可能。肠道培养最后进行。

### 尸体剖检

1. 检查头部,包括眼,耳,鼻孔,鸡冠,口和喙(图3)。

如果是呼吸系统疾病,例如:传染性鼻窦炎(鸡败血性支原体感染),传染性鼻炎,传染性喉气管炎(ILT),传染性支气管炎(IBV)和新城疫(新城疫)等,眼部感染和结膜炎都很常见。角膜中心溃疡性角膜结膜炎提示为氨水烧伤。

鸡的传染性鼻炎、火鸡和野鸡的传染性鼻窦炎、隐孢子虫和博德特氏菌感染都可见鼻窦肿胀。同时也可能是其他传染病的症状,例如:禽流感(AI)。

慢性禽霍乱导致成年鸡肉髯肿胀。鸡痘导致鸡冠、眼睑和肉髯的结痂,必须与外伤区分。鸡痘也发生在火鸡、鸽子、金丝雀和其他种类的禽鸟。花斑状鸡冠和肉髯一般是指坏疽前红白相间的斑块。

如果禽鸟进行了断喙,要检查是否正常恢复,是否下喙的过度生长或过度断喙(剪得过短)。

头、颈、胸或背的外伤表明有食肉动物。嘴和眼周围的皮炎和结痂或硬皮现象提示为维生素 B 缺乏。

2. 沿上喙剪开(图4)并检查鼻窦(图5)。然后将无菌剪刀的一侧插入眶下窦。在每个窦的侧壁做纵向切口并检查(图6)。沿口一侧的嘴角(图7)并沿食管向下切开至嗉囊(图8)。检查口腔,记录食管和嗉囊的内容物和气味。

在口、食管或嗉囊的白斑可能由毛线虫属蠕虫、酵母感染(念珠菌病),或毛滴虫或维生素 A 缺乏所致。但最常见的是鸡痘(湿形式)。母鸡和产蛋火鸡唾液腺管口腔开口附近的单个白斑较常见。单端孢霉烯真菌毒素中毒症在雏鸡和火鸡可产生同样的损伤。

如果嗉囊扩张并充满食物,可能是坚实的或是有酸嗉囊(嗉囊下垂)。问题可能由过度饮水、嗉囊本身缺陷、部分阻塞前胃(或砂囊)或马利克病造成的。由饲喂器喂养的麻雀和其他鸣禽的嗉囊坏死是由沙门氏菌感染造成。

3.检查软腭和喉并切掉气管(图9)

湿鸡痘病变可见于口腔顶壁和喉。

传染性支气管炎病毒、埃希氏大肠杆菌、传染性鼻炎和博代菌病在气管内可见肉芽、充血和黏液。ILT,偶尔在新城疫或传染性鼻炎出现出血和血凝块并可导致严重气喘。

野鸡、鹌鹑和其他鸟的哈欠虫病是由比翼线虫属所致,并引起气喘。Cyanthastoma在水禽导致类似的感染,并在热带水禽可见气管吸虫。

4.在翅膀腹侧(图10)和腹部检查虱子和螨虫,泄殖孔病变。

切割大腿内侧与腹部之间的疏松皮肤(图11),向侧面折转大腿并使髋关节脱臼(图12)。由腹部中间向两外侧切口做一横向皮肤切口,并上翻胸前皮肤(图13)。黏附紧密的皮肤和暗色组织说明组织脱水。检查皮肤、覆盖物和肌肉。

禽鸟消瘦并伴随器官变小提示为营养不良、喙损伤(断喙不良)、啄食(行为的)问题、慢性疾病(球虫病)、禽掌炎或其他跛行,或慢性中毒等(铅,杀虫剂等)。

由于维生素E-硒缺乏导致肌肉变性可引起跛行,特别是在鸭子常发生。肉孢子虫包囊可在水禽肌肉产生小的白色病变。

葡萄球菌或脓毒性梭菌感染可造成坏疽性皮炎。梭菌感染表现为非常典型的气肿或是感染部位的出血性蜂窝织炎。大腿上可见臀部结痂综合征,这与过度拥挤、褥草条件差、羽毛缺少相关。蜂窝织炎以腹下皮部出现干酪样斑为特征,常出现在泄殖孔附近。

皮肤白细胞性增生是马立克病毒在毛囊内引起的病毒性皮炎。在处理过程中此病容易与臀部结痂综合征或其他因素引起的皮炎相混淆。

5.检查脚、跖面,然后是下肢的骨和关节的畸形和变形。破坏跖骨以检验其强度(图14)。用一把锋利的刀或外科手术刀打开胫跗关节并检查关节液作为分泌物的标志(图15)。沿胫骨头前内侧纵向将其切开,暴露雏鸟的骺板(图16)。用骨凿纵向劈开一侧股骨以检查骨髓。

由内侧或外侧的胫跗骨和跖骨弯曲引起跗关节的隔骨变形(内翻-外翻)在肉鸡是常见问题。由许多的可能因素(营养的,遗传,管理的等)所致。雏鸟的生长缓慢可有助于防止腿部变形。

其他类型的跗关节和膝关节病跛行常见于体重重的肉鸡和火鸡,主要由过重的体重和快速生长造成的损伤所引起。

检查骨折力量的减少(骨质疏松或笼养蛋鸡疲劳症),或雏鸟的橡胶骨、软喙、串珠状肋骨(软骨病)表明钙、磷或维生素 $D_3$ 的失衡。笼养蛋鸡疲劳是由于营养因素造成,也与持续高产量有关。

雏鸟的卷曲脚趾说明核黄素(维生素 $B_2$)缺乏,但对成鸟和火鸡则可能是由于遗传因素或栖息处缺乏造成。脚破裂和脚部皮炎可能是由于泛酸或维生素 H 缺乏造成,但笼养鸟的鳞足病可能是寄生虫(螨)引起的。雏鸟的脚趾损伤是其他鸟啄或机械损伤造成。

脚部、跗关节或其他关节肿胀提示关节痛风、传染性滑膜炎(滑液支原体)或其他局部细菌感染。这些细菌感染经常发展为骨髓炎。鸽子翅膀关节感染常由于沙门氏菌所致。肉鸡和肉种鸡的病毒性关节炎可导致跛行或肌腱断裂。如果生长中的禽鸟跛行且没有感染或软骨病的迹象,则可劈开一些骨,寻找由骨髓炎或软骨发育不良引起的坏死灶。跛行可能需要劈开第4胸椎查看是否脊椎滑脱症。也可以考虑马立克氏病,通过分离或切割内收肌来检查坐骨神经(图17)。

6.通过切除龙骨突两侧和肋骨结合处的胸肌,小心去除胸部骨骼(图18)。检查器官,特别要注意气囊(图19)、肺和肝。小心将肝和肌胃推向左侧,切开腹膜(图20)并切开食管连接前胃的部位(图21)并横断直肠后,从腹中取出整个胃肠道。

如果在肝和/或心包上有纤维蛋白,则怀疑是大肠杆菌的继发感染。这些病变在火鸡和笼养鸟也可能是由于鹦鹉热衣原体引起的,在鸭子由鸭疫里默氏杆菌感染造成。

蛋鸡的腹膜炎通常是"坠卵性腹膜炎",经常继发大肠杆菌感染,然而急性禽霍乱也可以引起腹膜炎。

在心包、肝脏及其他组织和器官的白色结晶是尿酸结晶(内脏痛风),继发于由肾炎或水分丧失引起的高尿酸血症。

在器官内部或表面的肿瘤可由马立克氏病、淋巴白血病或其他肿瘤引起。成年母鸡在器官和腹膜上的多个小肿瘤往往是从输卵管和胰腺转移来的恶性肿瘤,可以导致腹水。腹水也有可能由心脏或肝脏疾病,或由摄入毒物引起。

器官上局灶性白色病变可能是结核病（鸟分支杆菌）或其他细菌性败血症引起的。组织滴虫在火鸡、野鸡和孔雀的肝脏引起大而不规则的局限性病变，但在鸡少见。

在雏鸟，检查肺和气囊上由曲霉病引起的黄白病灶或斑（禽曲菌病）。雏鸟气喘是气管或支气管病变、受阻、烟雾刺激或病原体感染的症状。

小鸡要检查卵黄囊感染（脐炎），腹膜炎或心包炎，可使腹腔膨胀、潮湿和变色。卵黄囊可以感染大肠杆菌、沙门氏菌、葡萄球菌、假单胞菌等。

小鸟也会死于未学会采食（饿死）或喝水（脱水）。死亡主要发生在卵黄囊被吸收的 4～6 日龄。

肉鸡的突然翻转死亡（突然死亡综合征，心力衰竭），中暑，窒息（拥挤）会导致充血、肺水肿、消化道充满和胸肌充血性斑块等病变。

火鸡（6～18 周龄）不明原因突然死亡，并出现肾周围出血、脾肿大、肝和肺充血。大动脉破裂的火鸡在腹腔有大的凝血块，有脂肪肝的鸡或火鸡也有出血和肝肿大的病变。

死于贫血的禽鸟发白并且血液是水样的。禽鸟可以流血致死（啄死，脂肪肝破裂，急性盲肠球虫病，主动脉破裂，小肠炎出血等）并表现苍白。

辨别红细胞内寄生虫引起的贫血症（鸭的白细胞原虫，金丝雀的疟原虫），需要从活的病禽取血涂片，并由 Wright'sstain 或 Diff Quick 染色进行检查。

磺胺中毒在组织中广泛出血也会造成贫血。鸡传染性贫血可产生类似病变。

7. 分离并检查心脏（图 22）和心包腔。切开心脏呈现瓣膜。

肉鸡有时可见右心室扩张，肥大；小火鸡可见双侧扩张的心肌病变；以上两者都经常伴有继发性腹水。

败血症病变有时可见心包炎和心内膜炎。

8. 淋巴系统检查：脾脏位于前胃和肌胃的交界处（图 23），法氏囊位于泄殖孔背侧（图 24），颈部淋巴组织（胸腺）。肠道淋巴组织（派尔氏结和盲肠扁桃体）可在打开肠道时检查。

传染性法氏囊病（IBDV）感染法氏囊，开始时法氏囊肿大（感染后 4～5 天），随后萎缩（感染后 7 天）。此病导致免疫抑制且继发感染的易感性增加。

肝脏、脾脏和淋巴组织的肿胀、充血和出血，伴有或不伴有灶性坏死提示为败血病（禽霍乱，禽伤寒，链球菌感染，大肠杆菌性败血病或丹毒）或病毒血症（新城疫和高致病性禽流感）。

马立克氏病和鸡淋巴白血病在淋巴组织中产生肿瘤，除了淋巴白血病只感染腔上囊（偶尔马立克病变发生在腔上囊基质）。

9. 用剪子或肠刀对前胃做纵切（图 25）。打开前胃、肌胃（图 26）、小肠（图 27）和大肠，直到泄殖孔。仔细检查泄殖孔的啄伤。

如果母鸡断喙不全或太肥，由"啄脱肛"造成死亡很常见。整个肠道可从泄殖孔托出。继发损伤和炎症可导致阴道部（和泄殖孔）下垂。

检查消化道病变和各种肠炎（出血的，坏死的，溃疡的等），寄生虫（圆虫，线虫，绦虫，盲肠蠕虫和球虫），及胃肠道意外伤。肉鸡肥大的前胃可能是由于饲料中缺乏纤维并导致肌胃发育不全。

消化道绿色是胆汁造成的，说明鸟没有进食。肝脏和脾脏很小（如果鸟很瘦），胆囊满胀。

检查盲肠，肠道和肝脏组织是否有滴虫病，禽结核病，球虫或肿瘤的病变，由各种细菌、病毒或原虫引起的肝炎，胆道肝炎等，以及胰腺肿瘤。

大而黄的肝脏对蛋禽也许是正常的脂肪储备（雌激素刺激），但蛋禽可死于脂肪肝破裂。

肉鸡、鸽子、鸭、猛禽、猫头鹰和鹦鹉可见黄色或出血肝脏，尤其是伴有灶性坏死，则可能是病毒性肝炎。

10. 检查雄性睾丸（图 28）或雌性的单个左侧卵巢（图 29）并在成年雌鸟纵切输卵管。

卵的发育有助于辨别病程。萎缩的卵说明病已持续数日或从那日禽鸟已康复。小的囊样卵说明禽鸟已经停止产蛋一周或更长并已经在换羽期。

半固体（烹煮）卵说明有细菌感染。

输卵管阻塞可以继发于啄肛，卵遗留在输卵管中，或禽鸟产蛋困难。感染（支原体，传染性支气管炎病毒，大肠杆菌）也可导致输卵管炎。

在腹腔右侧泄殖孔旁有大或小的充满液体的囊腔是残留的右输卵管。

产量下降与系统疾病（传染性支气管炎病毒，支原体，禽脑脊髓炎，流感，新城疫等）或管理失误（缺乏光照，温度变化和缺水）或营养问题等相关。

蛋壳变形提示为传染性支气管炎病毒，软壳蛋（高于 1％～2％）表明钙或维生素 D 缺乏。

表现正常的死鸟壳腺内有蛋或近期生过蛋，则可能死于急性低血钙症。此鸟易骨折。

11.检查肾和输尿管(图 30)。输尿管由非结晶形尿酸盐或硬的石头样物质塞满(尿道结石病),肾脏苍白肿胀说明血液尿酸过多并有肾病。这也许是由于缺水或钙磷失衡造成。

肾脏肿胀和肾炎可以由传染性支气管炎病毒(促肾增大株)或大肠杆菌感染引起,并经常死于尿酸血症。

12.将肺从胸廓的肋骨附着处向内翻进行检查(图 31 和图 32)。火鸡肺炎由多杀性巴氏杆菌感染引起(禽霍乱)并且肺质地非常硬。新城疫、禽流感和大肠杆菌感染也可引起肺炎。

13.神经系统障碍可导致不协调、蹒跚、麻痹、后退(拍打翅膀保持平衡)、震颤、望天和其他古怪行为。如果跛行、局部麻痹、瘫痪或不协调则检查臂神经丛,通过移开覆盖上面的肾脏可暴露坐骨神经的盆腔内部分、脊髓和脑。为检查脑进行头部脱臼并剥离皮肤。通过与哺乳动物相同的方法用有力的剪刀去掉颅骨(图 33)。

当马立克氏病影响外周和/或中枢神经系统,可导致跛行、不协调和瘫痪。若父母未免疫,禽脑脊髓炎(AE)(流行性震颤)可影响到 3～4 周龄的禽鸟。新城疫可致鸽子中枢神经障碍,在所有年龄段的鸡、野鸡、火鸡和野生与笼养禽鸟也可产生呼吸系统、肠道和生殖道病变。细菌(巴氏杆菌,沙门氏菌,葡萄球菌等)和真菌(曲霉菌等)感染也可以导致脑膜脑炎,偶尔局部暴发。

维生素 E 缺乏(禽脑软化)导致小脑病变(软化,黑色)肉眼可见。

对氨基苯基胂酸及其他饲料添加剂和毒素可导致中枢神经系统障碍,而其他离子载体和咖啡大麻种子(肉桂)可导致类似瘫痪的肌肉损伤。

**图 1**
寰枕关节脱臼。

**图 2**
静脉注射巴比妥酸盐。

**图 3**
头部检查。

**图 4**
横断上喙。

**图 5**
暴露鼻道和鼻甲。

**图 6**
暴露眶下窦。

图 7

剪刀在喙接合处。

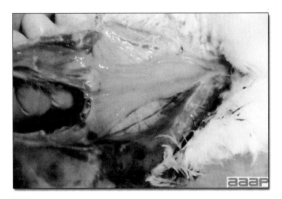

图 8

暴露食管。

图 9

剪开气管。

图 10

检查翅膀下和腹部的羽毛和皮肤。

图 11

切开大腿内侧和腹部疏松的皮肤。

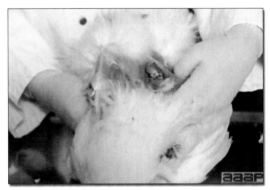

图 12

髋关节脱臼。

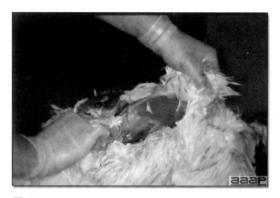

**图 13**
去除胸前皮肤。

**图 14**
折断跗骨以判断其强度。

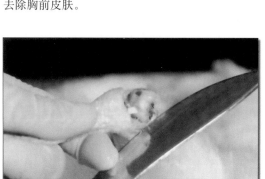

**图 15**
打开胫跗关节以观察关节液

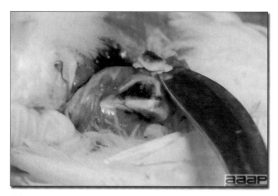

**图 16**
在胫骨头前内侧沿纵向切开暴露骺板。

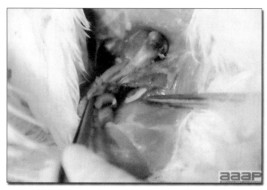

**图 17**
检查坐骨神经。

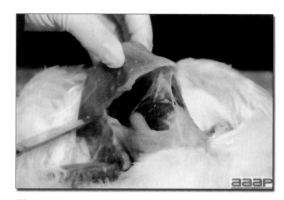

**图 18**
去除胸部。

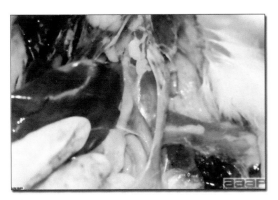

**图 19**
检查气囊。

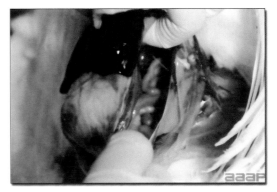

**图 20**
小心将肝和肌胃推向左侧，切开腹膜。

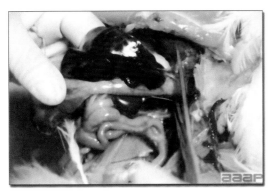

**图 21**
切开食管与前胃的连接处。

**图 22**
切除心脏。

**图 23**
检查在前胃和肌胃连接处的脾。

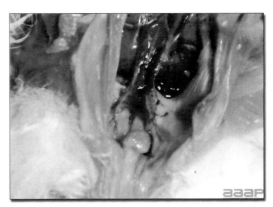

**图 24**
检查泄殖孔背侧的法氏囊。

**图 25**
纵向切开前胃。

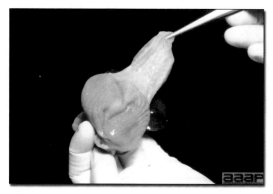

**图 26**
打开前胃和肌胃。

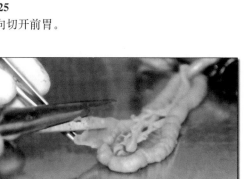

**图 27**
打开十二指肠。

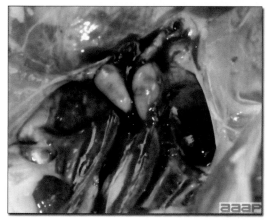

**图 28**
睾丸。

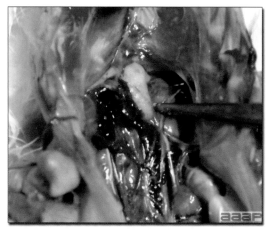

**图 29**
未成年母鸡的单个左侧卵巢。

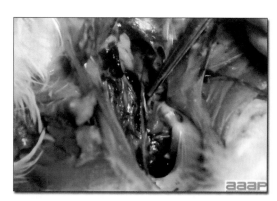

**图 30**
肾和输尿管（剪刀头部）。

图 31
取出肺。

图 32
暴露肺。

图 33
暴露大脑和小脑。

(匡宇,译)

# 图 索 引

# 索　引

(王馨悦,译;孙洪磊,匡宇,校)

# 致 谢
## ACKNOWLEDGEMENT

我们谨向以下文献提供者表示最诚挚的感谢！

American Association of Avian Pathologists (AAAP), *Avian Diseases*, 12627 San Jose Blvd, Suite 202, Jacksonville, Florida 32223-8638

American Association of Avian Pathologists (AAAP), Slide Study Sets 1 – 25, 12627 San Jose Blvd, Suite 202, Jacksonville, Florida 32223-8638

Saif, YM. (ed). 2008. *Diseases of Poultry*, 12th ed. Iowa State University Press, Ames, IA

Davis, JW, RC Anderson, L Karstad, and DO Trainer (ed). 1971. *Infectious and Parasitic Diseases of Wild Birds.* The Iowa State University Press, Ames, IA

Jordan, FTW. (ed). 2001. *Poultry Diseases*, 5th ed. W. B. Saunders, London; New York

Macwhirter, P. 1987. *Everybird. A Guide to Bird Health*, Inkata Press, Sydney, Australia.

Kahn, CM. 2005. *The Merck Veterinary Manual*, 9th ed. Merck and Co., Inc., Whitehouse Station, NJ.

Rosskopf, WJ and RW Woerpel (ed). 1996. *Diseases of Cage and Aviary Birds*, 3rd ed. Williams & Wilkins, Baltimore, MD.

*Proceedings of the Western Poultry Disease Conference,* 1973-2012. Cooperative Extension, University of California, Davis, CA

Dufour-Zavala, L, DE Swayne, JR Glisson, MW Jackwood, JE Pearson and WM Reed (eds). 2008. *A Laboratory Manual for the Isolation and Identification of Avian Pathogens*, 5th ed. AAAP, 12627 San Jose Blvd, Suite 202, Jacksonville, Florida 32223-8638

Randall, CJ. 1991. *Color Atlas of Diseases and Disorders of the Domestic Fowl and Turkey*, 2nd ed. Iowa State University Press, Ames, IA

Fletcher, OJ, T Abdul-Aziz. *Avian Histopathology*. 2008, 3rd ed. AAAP, 12627 San Jose Blvd, Suite 202, Jacksonville, Florida 32223-8638

Ritchie BW, GJ Harrison, and LR Harrison. 1994. *Avian Medicine: Principles and Application*, Wingers Publishing, Inc., Lake Worth, FL

Shane, SM. (ed.) 1995. *Biosecurity in the Poultry Industry*, AAAP, 12627 San Jose Blvd, Suite 202, Jacksonville, Florida 32223-8638

Steiner, CV and RB Davis. 1981. *Caged Bird Medicine*, Iowa State University Press, Ames, IA

Wobeser, GA. 1997. *Diseases of Wild Waterfowl*, Plenum Press, New York, NY

World Veterinary Poultry Association. *Avian Pathology*, Taylor & Francis Ltd., London